葡萄酒事典

[日] 木村克己◆主编　王美玲◆译

中国民族摄影艺术出版社

图书在版编目（CIP）数据

葡萄酒事典 / (日) 木村克己主编；王美玲译
. -- 北京：中国民族摄影艺术出版社，2016.11
ISBN 978-7-5122-0909-1

Ⅰ. ①葡… Ⅱ. ①木… ②王… Ⅲ. ①葡萄酒－基本知识 Ⅳ. ①TS262.6

中国版本图书馆CIP数据核字(2016)第208942号

策划制作： 北京书锦缘咨询有限公司（www.booklink.com.cn）
总 策 划： 陈 庆
策　　划： 陈 辉
设计制作： 王 青

书　　名： 葡萄酒事典
主　　编： [日] 木村克己
译　　者： 王美玲
责　　编： 连 莲 张 宇
出　　版： 中国民族摄影艺术出版社
地　　址： 北京东城区和平里北街14号（100013）
发　　行： 010-64906396 64211754 84250639
印　　刷： 北京利丰雅高长城印刷有限公司
开　　本： 1/16 170mm × 240mm
印　　张： 14
字　　数： 56千字
版　　次： 2018年1月第1版第2次印刷
ISBN 978-7-5122-0909-1
定　　价： 88.00元

目录

目录

第3章 葡萄酒的酿造方法

第4章 世界葡萄酒产地

目录

附录 迷你小知识

- 本书数据、内容会根据实际情况发生改变。
- 根据生产年份，同一品牌的葡萄酒和口感也存在差异。
- 酒瓶图像为抽象概念，其生产年份、标签标识、设计等均会存在差异。此外，也存在停止销售的情况。

本书阅读方法

第3章　葡萄酒的酿造方法 通过葡萄品种对葡萄酒进行介绍

葡萄酒既可以使用单一品种进行酿造，也可以使用两种以上进行混酿。该章节中介绍的葡萄酒也包括混酿类型，它们作为知名品牌，很好地体现着葡萄品种的特征。

第4章　世界葡萄酒产地

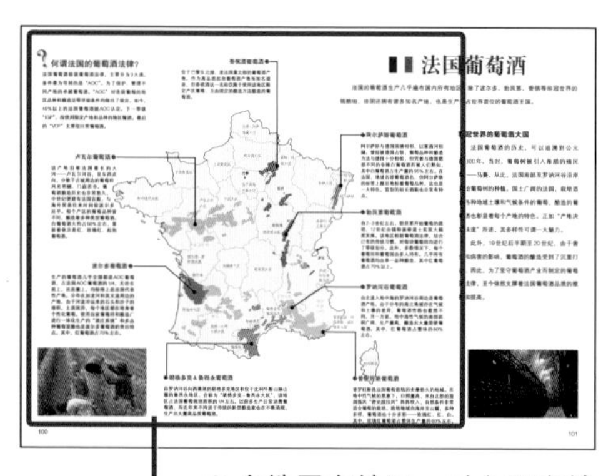

产地国家地图。对主要产地进行说明。本书对不常见的产地也进行了介绍。

对各产地的代表性葡萄酒进行介绍。
文中的收获年份和照片年份之间也会存在差异。
对品牌名称、生产者、容量进行说明。

第 1 章

葡萄酒的基础知识

葡萄酒由比人类历史更悠久的葡萄酿造而成。
无论在任何时代，
葡萄酒的魅力均令人们折服，
让我们共同学习其基础知识吧。

葡萄酒的魅力

葡萄酒，也有它的传说，宛若一部长篇连续剧：它的起源、宗教性作用、产业和贸易发展的历史、扎根于各种土壤的酿造厂的传统、葡萄品种的改良，以及该年份的栽培、酿造……

葡萄酒既是饮品，也是大自然赐予之物

世界的各种酒类，即酒精饮料可以大致分为“酿造酒”、“蒸馏酒”、“混合酒”三大类。根据原料等要素的不同，还可以对酿制方法进行更详细的分类。与谷物等不同，葡萄本身就含有糖分，不需要进行糖化，因此，葡萄酒可以称得上是工程最简单的酿造酒之一。压榨后的果汁通过微生物之力酿造成葡萄酒，可谓是大自然的赠品。

根据产地和葡萄、年代的不同，其味道会存在差异

葡萄酒主要受葡萄品种、土壤、产地气候和该年气象条件等因素的影响，同时能够如实地反映出葡萄的优劣，可谓是既纤细又深邃的饮品。即使能够对天气进行预报，但人类的力量并不能控制雨量、日照时长、气温等，优质年和劣质年的存在是不争的事实。然而，人类可以竭尽全力培育出更加优质的葡萄，以酿造优质的葡萄酒。根据品种的不同，生产量和栽培方法也存在差异，由稀少高价值的葡萄或良苦用心培育并严格筛选的葡萄酿造而成的葡萄酒也会存在不同。此外，还有需要长期熟成的葡萄酒和不需要长期熟成的葡萄酒，以及即使多年珍贵保存也不会变得美味的葡萄酒等，每种葡萄酒均有最适合它的饮用时间。就像“还有些生涩”、“过度熟成”等表达的那样，不错过饮用的最佳时机是非常重要的。

纯朴的感动正是乐享葡萄酒的本质

葡萄酒的标签上记载着原料葡萄的品种名、产地和生产者、年号等众多信息。可能人们会认为倘若不知晓这些信息，就不能享受到葡萄酒的乐趣，其实并非如此。与其痛苦地思考，不如轻松地试着去探寻。根据你的爱好，也许就会找到打开通往葡萄酒世界之门的金钥匙。不借助葡萄酒的名称，只是单纯的相识，就会产生至今为止从未有过的感动，再配以相得益彰的料理，其可能性将会进一步扩大。

该葡萄酒能否称得上美味，一切由您定夺

个人认为，葡萄酒的复杂性与它的价格区间之广也存在着密切的关系。有的人中意长期熟成的高价位葡萄酒，也有许多人对可以轻松买到手的廉价葡萄酒情有独钟。无论如何，百饮不厌才是乐享葡萄酒的重中之重。在从事侍酒师工作之时，有的客人会问到："肉类搭配红葡萄酒；鱼类搭配白葡萄酒，那么玫瑰红和起泡葡萄酒怎么搭配料理啊? "等问题。实际上，该问题并没有固定的答案，因为葡萄酒的味道多种多样，与料理口味相搭配的葡萄酒也不能一概而论。那么，到底怎样搭配才会美味呢? 答案只有一个——根据口感和经验去探寻。希望本书中的各种信息将会成为您探寻之旅的线索。

木村克己

葡萄酒的诞生

葡萄酒历史悠久，据说诞生于5000年前。通过了解葡萄酒历史，也许品尝到的葡萄酒口味也会发生些许变化。

葡萄酒词源和葡萄的存在

我们通常使用的葡萄酒（Wine）一词虽然是英语，但其词源是拉丁语中的Vinumu（表示由葡萄酿造而成的酒）。此外，Vinumu的词源被认为是Vitis（表示葡萄树、常春藤）。另外，也有一说认为古印度传说中意为“不死之约”神酒的“Vena”是其词源。

“充满生命力（Vitality）”可以用来形容精气十足、活力无限的人，这里的Vitality也是源于葡萄。总之，葡萄是人类活力之源。

人类诞生于距今200万年之前，与此相对，据说在6000万年前，地球上便存在与现在趋于相同的葡萄种子。也许，人类初次吃到的果实便是葡萄。作为果实的葡萄源于黑海周边。

酵母是发酵过程中必需的微生物，据说它在35亿年前便存在于地球上。葡萄皮中富有天然酵母，在进行果汁压榨时为发酵做准备。

葡萄酒的起源

那么，葡萄酒是何时诞生的呢？在当今伊拉克周边的美索不达米亚建立文明的苏美尔人留下了关于葡萄酒酿造的壁画，而此画创作于公元前3000年左右。此外，同一时期的文学史诗《吉尔伽美什》中也有国王宴请船工饮用葡萄酒的桥段。通常认为，葡萄酒源于该时期。

公元前3000~前1500年，埃及也进行着葡萄酒的酿造，但只有国王和贵族能够饮用，当葡萄酒传入古希腊之后，才在平民百姓中得以普及。

发展至与宗教相结合的欧洲

饮酒文化在古希腊的平民中得以发展，成为社交场合的根基。

葡萄酒自公元前200年左右从古希腊传播至古罗马，古罗马领域的扩张成为葡萄酒在欧洲全境得以发展的契机。

公元800年前后，建立法兰克王国的查理一世认定基督教为希腊正教，被崇为“基督之血”的葡萄酒渗透于人们的生活之中。

在列奥纳多·达·芬奇的知名画作《最后的晚餐》中，基督提到“这块面包是我的肉，这杯葡萄酒是我的血，请大家铭记”。对于基督教而言，葡萄酒的存在不可缺少。当然，葡萄酒的酿造中心是基督教修道院，也是利用栽培葡萄进行葡萄酒制造的酿造厂。

葡萄酒传播图

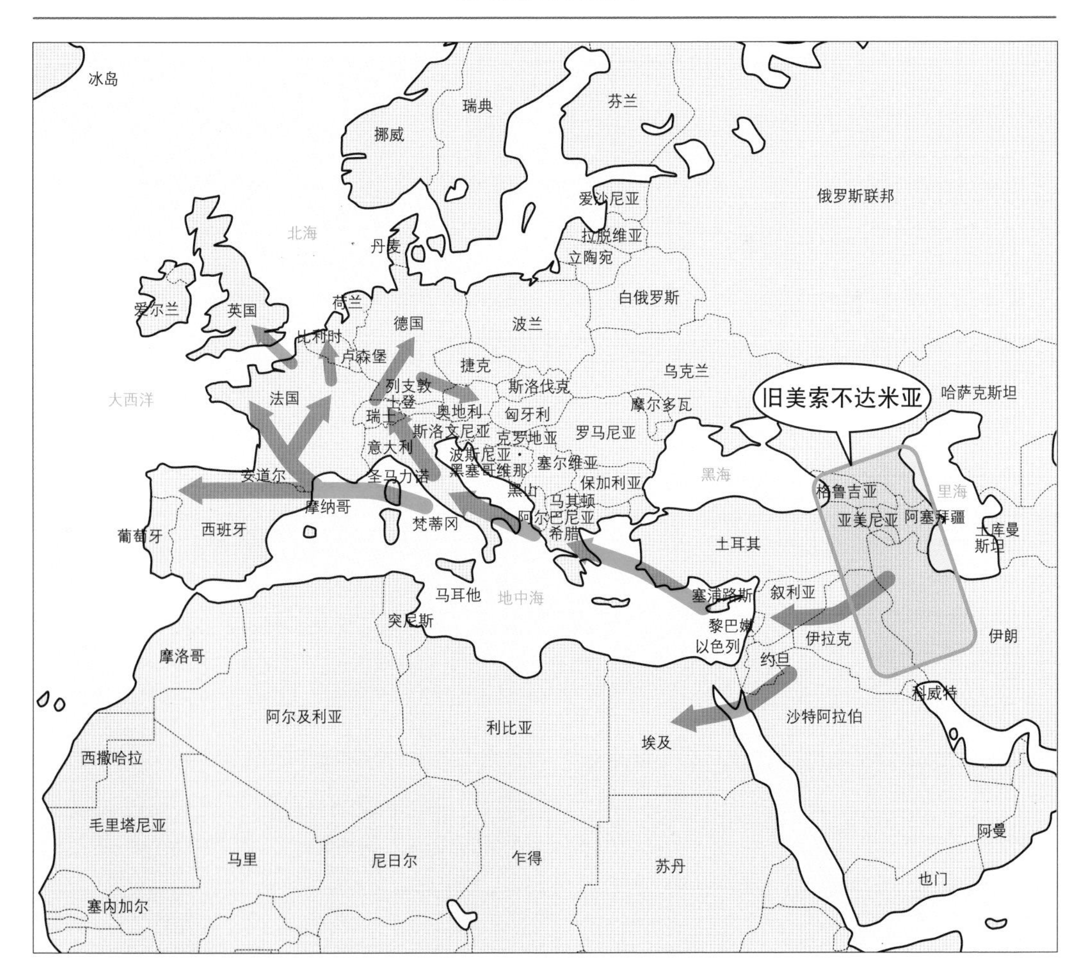

葡萄酒的世界传播之旅

葡萄的栽培、葡萄酒的酿造如今已扩展至全世界。越来越多的欧洲葡萄酒国家不断酿造品质毫不逊色于传统国的葡萄酒。葡萄酒的未来将会如何发展呢？

在大航海时代传至南美

在15世纪，欧洲迎来了大航海时代。通过以西班牙和葡萄牙为首的开拓者，葡萄被传至智利、阿根廷以及南非等地。

智利在16世纪前叶被西班牙人征服，而欧洲葡萄酒最初就被带到这里。以教会和修道院为中心，人们进行葡萄酒的酿造，并将其用于基督教节日之中。

同一时期，西班牙神父在阿根廷对葡萄酒进行传播，从法国移民至美国加利福尼亚的人们也开始从事葡萄酒的酿造。

葡萄酒酿造技术分别在17世纪中叶、18世纪末传至南非和澳大利亚。如今，这些国家均已成为知名酿造地。

世界的葡萄酒产量

世界的葡萄酒产量在20世纪70年代达到顶峰，之后逐步减少。酒精饮料的世界性消费减少，以及对低酒精的追求趋势是导致这一现象的原因。然而，由于高级葡萄酒市场的涨价趋势，也有专家分析认为应该将葡萄酒的需求从量向质这一方向进行转变。

国际葡萄和葡萄酒组织（OIV）以葡萄栽培、葡萄酒酿造的科学性、技术性领域为中心，对世界上的葡萄酒相关项目进行调查。据该机构调查得知，2012年的葡萄栽培面积约752万公顷。近10年内正在不断减少。欧洲葡萄酒生产国面对着农家继承者不断减少的问题，而美洲和大洋洲等地却在不断增加。这也体现在生产量上，2012年全世界的葡萄酒生产量约2500万升，其中欧洲各国的比例在减少，而美洲的生产量在提高。

世界葡萄田的面积

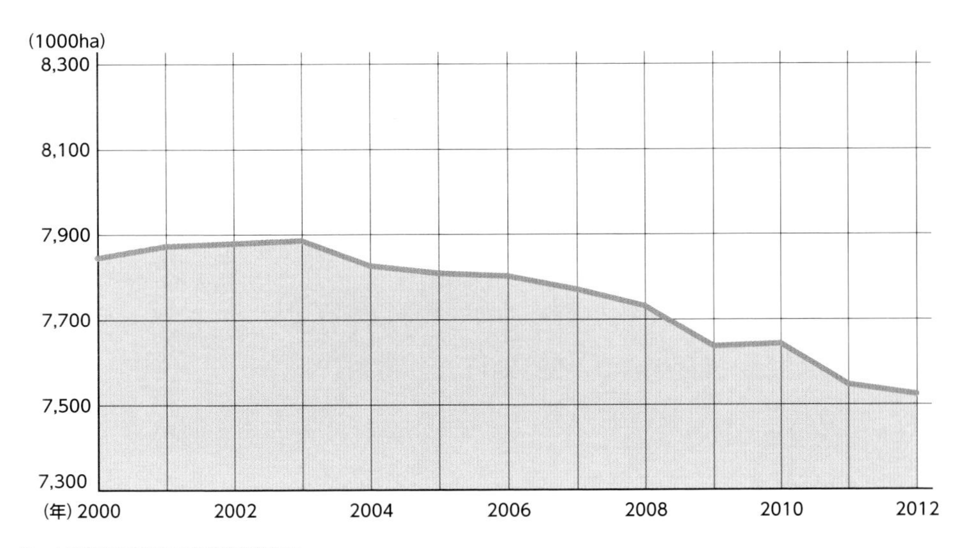

注：主要指专门用于酿造葡萄酒的葡萄田。

注：根据OIV（国际葡萄和葡萄酒组织）在2013年公布的资料。

世界的葡萄酒生产

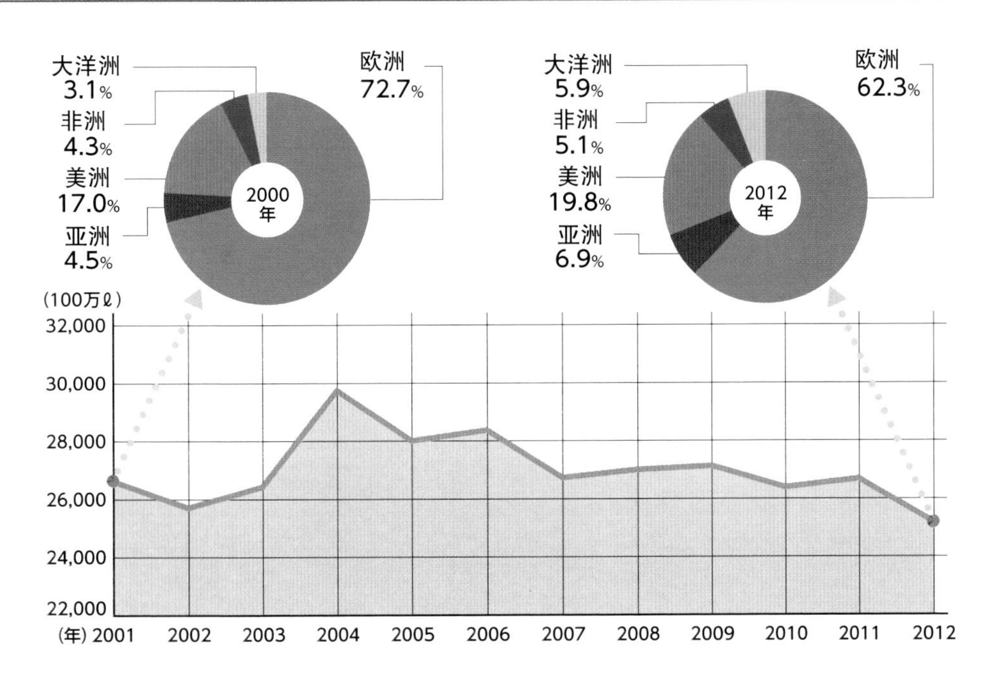

注：根据OIV（国际葡萄和葡萄酒组织）在2013年公布的资料。

葡萄树和葡萄的基础知识

葡萄先于人类存在于地球上。知晓葡萄这一植物的特征和品种，是发掘适合自己的葡萄酒的第一步。

葡萄营养充沛

葡萄的花呈穗状，果实呈串状。既可以直接食用，也可以加工成葡萄干、果汁、罐头等，其中用于食品加工的比例很大。

葡萄的果实由果皮、果肉、种子构成，虽然粒小，但营养充沛。果肉部分富含水分、糖分、酒石酸和苹果酸等有机酸、钾和纳等矿物质。其中，酒石酸是一种仅存在于葡萄之中的有机酸。果皮内侧的糖分最高，而种子的酸度较高。果皮中多富含单宁等酚类化合物等，汇集了多种营养要素。

欧洲VS美国

葡萄可以分为多个种类。主要包括欧洲系葡萄（Vitis Vinifera）和美洲系葡萄（Vitis Labrusca）。适合葡萄酒酿造的主要是欧洲系葡萄。美洲系葡萄主要用于直接食用和加工，虽然一部分品种也被用于葡萄酒的酿制，但却具有“狐臭”这种特殊气味。

酿酒葡萄的特征是粒儿小、果皮厚，糖分和酸度高也是非常重要的因素。与美洲系葡萄相比，欧洲系葡萄更加符合这一

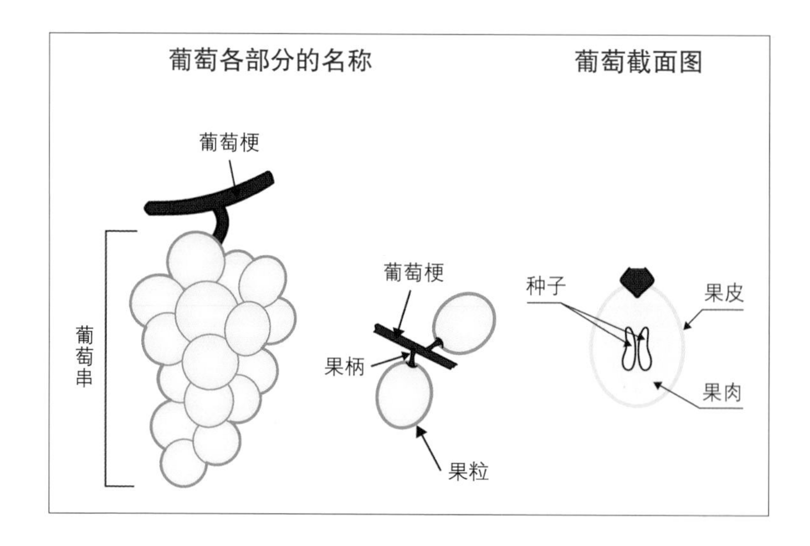

条件。美洲系葡萄的糖分和酸度稳定、均衡感佳，多用于果汁的酿造。

葡萄品种众多，以欧洲系为中心，适合作为葡萄酒原料的品种高达500余种，而实际上被栽培的仅有100种。

葡萄酒专用葡萄不美味吗?

与直接食用的葡萄相比，葡萄酒专用葡萄酸度高、甜味低，因此人们通常认为葡萄酒专用葡萄并不美味。

然而，事实上它的糖分要比直接食用的葡萄还高。通过糖分测定仪测定得知，直接食用葡萄的糖分为17~18度，而葡萄酒专用葡萄已超过20度。而该糖分正是形成酒精的重要成分。

那么，人们为什么会感觉到不美味呢? 水果的美味源于甘甜和酸味的均衡。葡萄酒专用葡萄主要用于葡萄酒的酿制，糖分和酸度、其他成分丰富是最重要的要素，因此没有必要保持各成分的均衡。此外，葡萄酒专用葡萄皮厚、籽儿大、果汁少也是原因之一。为了酿造美味的葡萄酒专用葡萄，葡萄味道应该浓厚、有力。

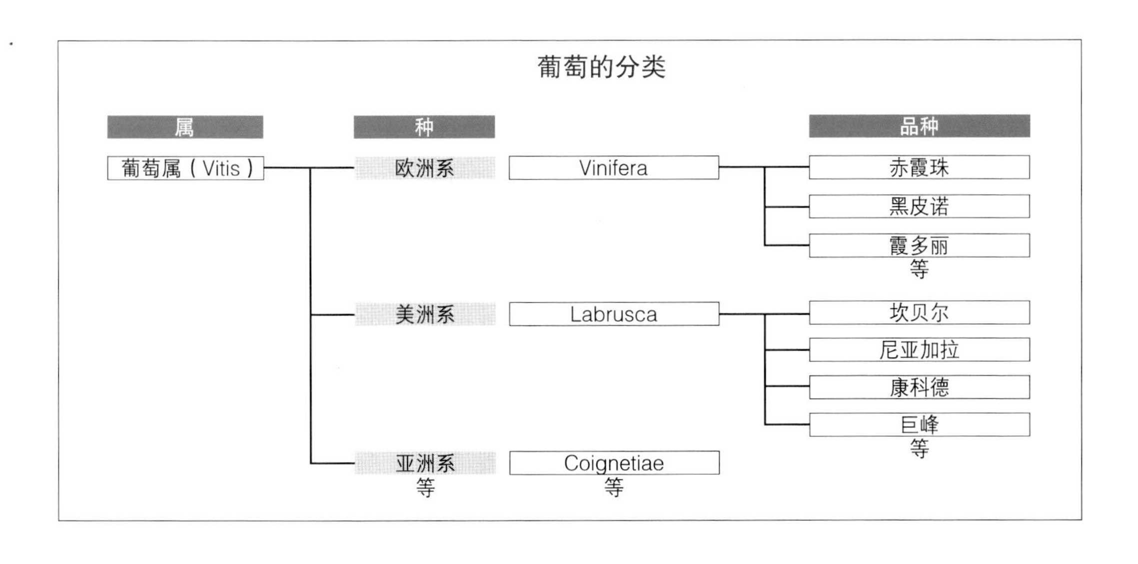

木质酒樽和不锈钢酒桶

用于葡萄酒酿造的木质酒樽和不锈钢酒桶存在哪些差异呢？此外，在葡萄酒酿造的过程中又起到什么作用呢？

分别利用各自特性

用于葡萄酒酿造的木质酒樽和不锈钢酒桶存在哪些差异呢?

关于具体差异如右页表格所示，二者在气密性和温度控制上存在较大的差异。仅使用果汁酿造而成的白葡萄酒，为了保留其香味特征，通常在不锈钢酒桶中进行酿制。由于不锈钢酒桶易于温度控制，红葡萄酒也多使用不锈钢酒桶，而倘若想要赋予葡萄酒特有的木质香味时，则使用木质酒樽。

无论哪一种方式，为了让发酵后的酒更加圆润地熟成，木质酒樽和不锈钢酒桶皆是葡萄酒悠闲歇息的场所。

新樽和旧樽

被使用过一次以上的酒樽称为旧樽。由于酒樽香味成分的提取情况要比新樽少，所以在不需要赋予葡萄酒酒樽香气，或者需要赋予其沉稳的酒樽香气时，多使用旧樽。新樽的香气易于浸透，在葡萄酒本身质量不佳的情况下，只能形成具有木樽味道的葡萄酒。根据葡萄品种和意向香味特性，可以调整比例和酒樽熟成时间。

法国橡木酒樽和美国橡木酒樽

酒樽的原料是橡木，法国出产的橡木木纹细腻，能赋予葡萄酒优质的香草气息，同时增加其复杂性。

而另一方面，美国橡木赋予了葡萄酒椰子和牛奶糖般甘甜香气，同时香草的香气也强烈浓厚。

烤制的香味特性

在酿造酒樽之时，会用火对酒樽内侧进行烤制。根据烤制程度，葡萄酒的香味特性便会发生变化。

烤制程度分为轻、中、重三个阶段。一旦烤制程度重，那么葡萄酒便会出现咖啡或熏制般的香气。

木质酒樽和不锈钢酒桶的特征

	不锈钢酒桶	木质酒樽
特征对比	由于气密性高，储存中的葡萄酒不易氧化，可保证新鲜度。	与不锈钢酒桶相比，通气性高。氧化缓慢，葡萄酒口感更加圆润。然而，非优质葡萄酒的耐氧化性差。
	由于温度易于控制，可安全地进行葡萄酒酿造。适合酿制具有清爽香味特性的白葡萄酒。	温度难以控制，因此伴随着风险。需要经验十足的工作人员进行操作、鉴定。同时要求保证葡萄质量的优质。
	耐久性强，便于清洁，十分卫生。根据容量的大小，可以大量生产。	难以保证所有酒樽品质均一化。清洗工作也有相关要求。根据使用频率和岁月的流逝，需要重新更换。
	全世界的多数葡萄酒皆使用不锈钢酒桶进行酿造。	在酿造厚重、香味复杂的葡萄酒时，多使用木质酒樽。这将赋予其酒樽本身的香味成分。

酒樽的熟成情况需要工作人员的经验和技术。此外，酒樽材质的香味成分、温度和温度的控制也是非常重要的。

为了发挥出葡萄特有的香味特性，白葡萄酒多使用不锈钢酒桶进行酿造。

专栏

传统国家和新世界

非洲也生产着高级葡萄酒。

全世界均进行着葡萄酒的生产，其中，欧洲以外的美洲和南美、大洋洲、非洲等生产地被称为新世界，其新型葡萄酒受到世界瞩目。

美洲葡萄酒多高品质。

新世界还“新”吗？人们对其稳定的生产和品质充满期待

在葡萄酒世界，通常情况下，法国、意大利、德国、西班牙等欧洲主要葡萄酒生产国被称为“传统国家”，而南北美洲和大洋洲、南非等生产国被称为“新世界”。然而，新世界是一种通用的称呼，实际上并没有明确的定义。

传统的葡萄酒生产国，源于公元前，需要适合葡萄栽培的土壤，以及可以生产出高品质葡萄的葡萄田。葡萄酒酒瓶的标签多标有生产地的名称。

至今，人们对葡萄酒传统国家的信赖和认同依然根深蒂固。

另一方面，新世界生产国的葡萄酒，多标有葡萄的名称。而最近，除标有葡萄名称外，还对生产地进行了标记。

与此相对，传统的葡萄酒生产国，除生产地之外，主要致力于葡萄品种的标记。

经过一个世纪以上时间的洗礼，迁移至新大陆的移民们引入的欧洲品种葡萄，已扎根于新世界的风土和气候。不仅其生产量在不断上升，经过改良后的欧洲传统品种也已深深扎根，且形成了酿造者独有的风格。作为葡萄酒新势力，新世界葡萄酒正受到全世界的关注。

第 2 章

葡萄酒的品尝方法

挑选美味葡萄酒的关键是什么？
品尝的秘诀是什么？
本章将为您讲述乐享葡萄酒的专业技巧和知识。

乐享葡萄酒的方法

与其他酒类相比，葡萄酒商品数量多，同时多种要素形成了其复杂性，让人们难以摸透。然而，与美味相碰撞的瞬间是格外令人感动的。那么，就向大家介绍一下其品味方法吧。

更加轻松地享受葡萄酒吧

在中国，葡萄酒热潮日渐高涨，为取得葡萄酒相关资格而去往学校学习的人数也在不断增加，然而，它还并非能称得上是一个对葡萄酒驾驭自由的世界。可能是因为有的人不擅长冗长的外文名称、不擅长葡萄酒特有的酸味和涩味，或者自始就不持有好印象。对于不习惯之物，当然就很难享受到它的乐趣。然而，试着去重视“我很喜欢这个味道”、“与这个料理很搭配嘛”等直率的感受，轻松地将葡萄酒浸透于日常生活之中如何？全新的相遇和发现、发掘自身潜力，将会让您乐享其中。

仅通过价格并不能知晓葡萄酒的味道

当一览餐厅的葡萄酒菜单，或店铺的葡萄酒之时，最初的难关就是它们的价格存在哪些不同吧。也许它与您嗜好的其他酒类并未差异，但其种类丰富，既包括日常乐享类型，也包括特殊节日预藏类型。说到它们之间的差异，既有生产量的不同，还有是否难以购买到等。

另外，等级、生产年份、熟成度等各种要素都影响着价格的流通。虽然轻易就能捕捉到味道和价格之间的比例，但市场价格和个人喜好却另当别论。不要单纯地

通过价格判断其价值，而应该尝试着去感受购买过程的困难、与料理之间的搭配度，以此乐享与心仪葡萄酒相遇的幸运。

乐享葡萄酒前的心理准备

葡萄酒相关信息不断增多。然而，即使最初并未把握所有信息，也可以享受到葡萄酒带来的乐趣。拜托专业人员挑选是途径之一。你可以向其表明饮用场合、与何种料理相搭配、预算等所有需求。在此过程中，进一步加深理解，更能探寻到自己心仪的那款。就这样，知识在不断积累的过程也是乐享葡萄酒的方式。此外，知晓关于葡萄酒的一切后，心中的目标定位也是非常重要的。每个人都有自己的喜好，无对错之分。以侍酒师等专业人员为首，还有许多葡萄酒爱好家，将你最纯粹的感受、初级的疑问与他们共享、交流，总有一天，你也会成为他们中的一员。

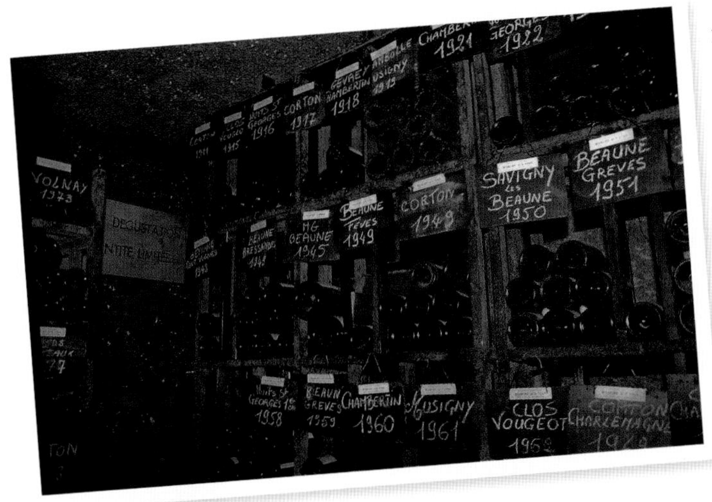

葡萄酒不仅与料理共享，与会话过程的共享将会带来更大的乐趣。俗话说“百闻不如一见”，即使熟知所有信息，倘若不去体验一番，也不会转变成知识。因此，请一定谦虚地去体验一下各种葡萄酒！

木村克己

标签的解读方法

标签贴于葡萄酒酒瓶上，里面包含了葡萄酒相关的各种知识。解读标签是了解葡萄酒的第一步。

由容器盖向标签发展

据说，古代将葡萄酒储存于尖口土质容器中，并用印有花纹的粘土封口。在饮用葡萄酒时必须将盖子划破，因此即使偷偷饮用，也不能制造出完全一致的盖子。这一点类似于现在的封条。

法语中，葡萄酒的标签还被称为“Etiquette”。Etiquette一词表示礼仪和规则，它在人与人交往之间起着润滑的作用，但最初它是贴在行李上，证明里面是何种物品的“货签”。当行李实际内容与货签书写内容不符时，就将受到惩罚。随后，“Etiquette”转变成人类社会的规则，后来才成为葡萄酒的标签。

标签规范化始于20世纪

意大利在产业革命后生产着大量葡萄酒，并开始以瓶装形式流通于世界各地。然而随后却出现了一系列混乱，譬如著名产地的葡萄酒被恶意提高价格，有的不正派工商户借铭酿地之名出售劣质葡萄酒。

于是，1935年，法国开始实施AOC（原产地控制制度），它以规范的标签对生产年份等信息进行标记。

同样，其他国家也要根据本国的葡萄酒法律，用各国语言对必要事项进行标记。

例如右侧标签。

- **葡萄酒名称**
- **生产地（国家）**
- **生产者**
- **收获年份**

总之，只需解读标签，便能知晓该葡萄酒的相关事项。

其中，有很多标签的设计性较高，不乏许多对其进行收藏的爱好者。

在餐厅饮用高级葡萄酒时，有时可以将标签带回作为纪念。关于这一点，您可以试着咨询一下侍酒师或店里的工作人员。

法国葡萄酒（勃艮第）一例

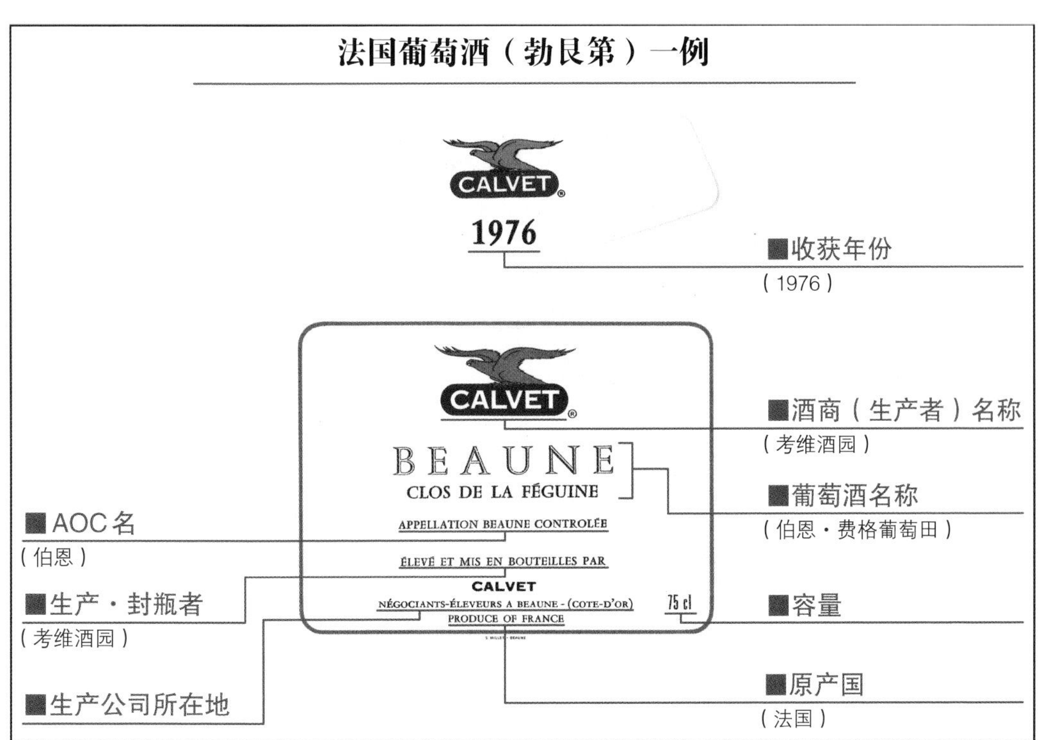

法国葡萄酒（波尔多）一例

标签收藏

红颜容庄园，波尔多地区5大庄园之一，位于格拉夫产区。

波尔多产区的凯隆世家，心形标签给人留下深刻的印象。

武当王庄园是波尔多地区梅多克产区的知名庄园。标签由当时著名艺术家设计而成。

波尔多地区梅多克产区的拉图庄园在标签上描绘出了在英法百年战争中倒塌的塔像。

说到香槟酒，马上在脑海中浮现的便是法国酩悦。

位于勃艮第中心伯恩的约瑟夫杜鲁安酒庄标签。

拉塔希是位于勃艮第地区沃恩・罗曼尼村的特级葡萄田。

法国卢瓦尔酷乐酒庄的标签。描绘的是希侬城景象。

德国最高级知名葡萄酒普朗S.A.。酿造的高品质雷司令在德国首屈一指。

在法国葡萄酒中，何谓“Vieilles Vignes”？

Vieilles Vignes指树龄古老的葡萄树。葡萄树树龄越高，越向地下深层扎根，更便于向果实输送营养。然而，树龄越高，则生产量会逐渐减少，不能大量生产，但仅使用古树葡萄酿造的葡萄酒味道更加深邃复杂。

当某法国葡萄酒标签上标有Vieilles Vignes，表示该葡萄酒仅由古树葡萄酿造而成，让我们品味一下其深邃的味道吧！

宝嘉龙庄园意为“美丽的小石”，位于波尔多地区的圣朱利安产区。

葡萄酒的相关法律

为了管理葡萄酒的品质，具有代表性的葡萄酒生产国制定了葡萄酒法律。这可谓是生产国保证品质的一种制度。熟知各国的葡萄酒法律，也将对葡萄酒的挑选工作有所了解。

为了保证品质的法律

当今的葡萄酒法律大多定于20世纪30年度初，最有名的便是法国AOC法律。自19世纪起，为防止葡萄酒欺诈和不正当行为的频繁发生，特设立此法律。为保证葡萄酒的品质，需要对生产区域进行小范围限定。同时，以地域为单位，对生产地划分、葡萄品种、栽培方法、酿造方法均进行了详细规定。虽说是规定，但其主要目的仍在于保护原产地、维持提高品质、防止以次充好等行为等。

以该思路为模版，重视葡萄酒产业的生产国开始逐渐制定了相关法律。

所谓“欧洲葡萄酒制度”

一直以来，欧洲将葡萄酒分为“指定地域优良葡萄酒”和“日常消费餐桌葡萄酒”，2008年进行修订后，分为“地理标志葡萄酒”和“无地理标志葡萄酒”。

该修订源于智利和阿根廷等新世界国家。这些国家的葡萄酒标签多对品种名称进行标记。这既方便消费者理解，又赋予了高级感，从而提高了市场竞争力。

因此，为了提高欧洲产葡萄酒的竞争力，欧洲对葡萄酒法律进行了修改。

以右侧的法国葡萄酒为例，金字塔上面的AOC或AOP对生产地、品种、栽培方法、酿造方法等进行了规定。AOC规定的生产地约470处，占法国葡萄栽培面积的一半以上。

在法国，根据地区的不同，AOC可以进一步分为多个层次。以波尔多地区和勃艮第地区为例，AOC还代表着每个庄园的级别。

勃艮第地区的风土条件较为复杂，被认定的原产地名称（葡萄酒名称）大约有100处以上。

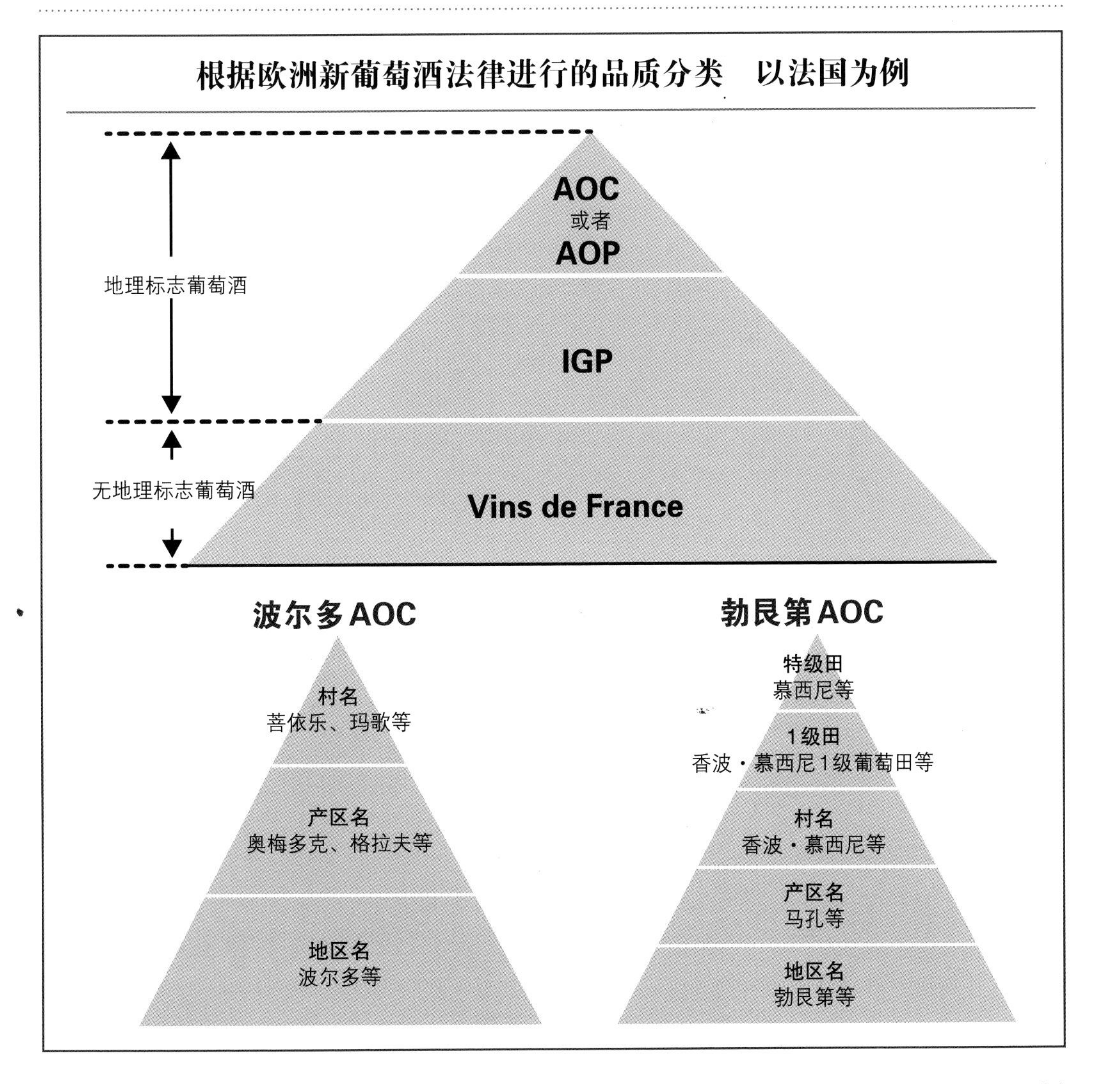

葡萄的收获年份

酒瓶上的年号，表示葡萄的收获年份。不同年份收获的葡萄，标志着葡萄酒的品质。

观察品质的一种根据

Vintage，指的是葡萄的收获年份。该词源于法语Vendange（意为“收获”）一词。

除葡萄酒之外，在乐器等领域，根据生产、制造年份的不同，当表示古老、高价值之物时也可以使用“Vintage”。

对于农作物而言，丰收是极为重要的，但葡萄酒专用葡萄的品质不仅受到产地的影响，还受到晚霜、开花结果期的低温、夏季的日照和气温、降水量、收获期的气温等因素的影响。

数年方可收获到一次优质葡萄酿造的葡萄酒，在价值得到提高的同时，也收到了较高的评价。即使气候不佳，也有许多酿造优质葡萄酒的生产者。仅通过收获年份，虽然不能判断出葡萄酒品质的一切信息，但也是一种衡量依据。

以收获年份图表为参考

收获年份图表，是以图表的形式表示各葡萄酒产地在每个收获年份的葡萄收成情况。

收获年份图表由个人或各种团体机构制作而成，并无固定模式。它既可用数字进行打分，也可以用符号表示。

收获年份图表每年更新一次，在公布最新年度信息时，倘若出现意料以外的变化，也可以对往年年份进行修正。这将成为挑选葡萄酒时的参考资料。通常，该表格在葡萄酒专卖店或网站上进行公布。

收获年份图表 例1

	地区名	2000	2001	2002	2003	2004	2005
波尔多	St.Julien/Pauillac	96T	88R	88T	95T	88T	95T
	Margaux	94T	89E	88T	88I	87T	98T
	Graves	97T	88R	87T	88I	88T	96T
	Pomerol	95T	90E	85E	84E	88E	95T
	St.Emillion	96T	90E	87E	90I	88E	99T
	Barsac/Sauternes	88E	98T	85E	95E	82E	96T
勃艮第	Cote de Nuits(Red)	85E	84E	93T	93T	86T	98T
	Cote de Beaune	80C	77C	90T	88T	79C	96T
	White	88R	86E	92I	84R	87I	90R
	Beaujolais	91R	75C	86C	95I	81R	95R

※ 以100分为基准，对各产区（村）进行评价。字母表示当今的熟成度。
"C：过于熟成""T：单宁强、尚未熟成""E:早熟类型""R：适合饮用"等。

收获年份图表 例2

	2002	2003	2004	2005	2006	2007	2008	2009
香槟酒	10	6	8	7				
波尔多（红）	8	9	8	10	8	7	8	10
波尔多（白）	5	9	7	9	8	7	9	7
勃艮第（红）	9	8	6	10	7	6	7	9
勃艮第（白）	9	6	8	9	8	7	7	9
罗讷河谷	5	7	7	9	7	10	7	9
卢瓦尔	9	8	8	10	7	8	8	9
阿尔萨斯	9	7	7	10	7	9	8	8

※ 以10分为满分，对各地区进行综合评价。此外，通过酒瓶插图表示瓶内熟成度（适合饮用）。
酒瓶插图横放时，表示仍需要进一步熟成。

在餐厅如何点酒

在餐厅乐享美味料理和葡萄酒……葡萄酒的挑选是非常重要的一点。信任侍酒师的知识和经验，将自己的喜好准确传达。

传达自己的喜好和预算，期待与新款葡萄酒的相遇

“该料理只能搭配那款葡萄酒”的情况另当别论，从葡萄酒菜单挑选葡萄酒时，既有乐趣，又伴随着紧张感。

葡萄酒菜单中包括品牌、生产国、生产者、收获年份，以及价格等内容，感到迷惑是理所当然的。这时，向侍酒师或大厅工作人员传达自己的想法是最明智的选择。

你可以大致地传达一下个人喜好的口味。既可以简单表达，譬如“果味十足，不太甘甜的白葡萄酒，预算在400~500元”，也可以详细讲述。预算区间越精准，越容易找到相匹配的葡萄酒。

在摆满各种玻璃酒杯的餐厅，可以以“杯”为单位来点酒，而不用点上一瓶。这样，在品尝每一种料理时，都可以试着改变一下葡萄酒。

以“瓶”为单位点酒时，你可以向侍酒师提出请求将标签和软木塞带走留念。但是否能把没有喝完的葡萄酒带走呢？这个因店而异，可以试着去咨询一下。

葡萄酒的点酒方法并无固定模式。可以与侍酒师或工作人员沟通，探寻符合自己喜好的美味葡萄酒。

将各要素的喜好情况传达给对方

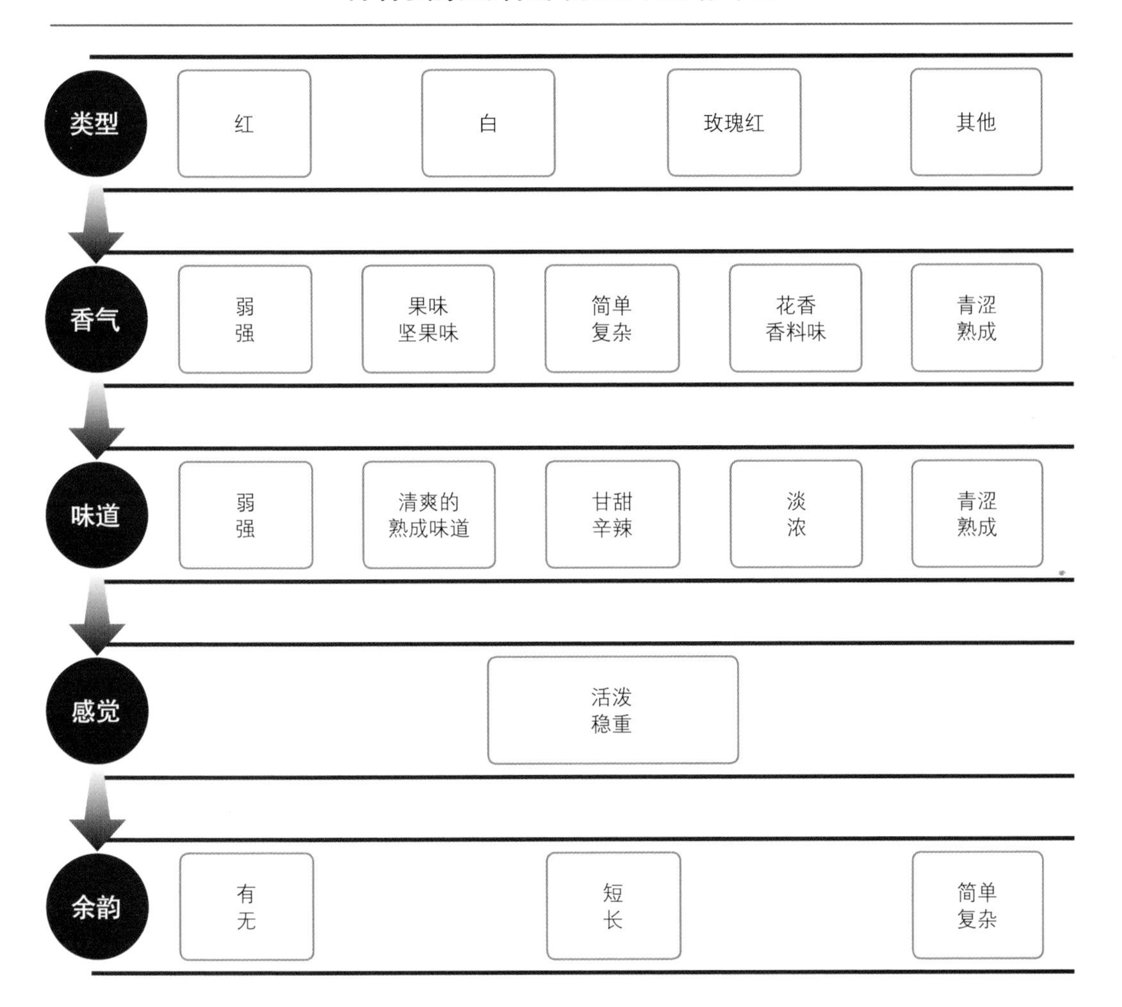

将各要素的喜好情况传达给对方

在点酒时，以形容葡萄酒美味的各种要素为依据，将具体的喜好情况传达给对方。

各要素如上所述，即——

- 类型
- 香气
- 味道
- 感觉
- 余韵

关于这些要素，虽然列举了具体的表现，但在传达之时，可不参照这些表现，而将自己的感觉如实表达。

此外，在试图品尝各种葡萄酒时，当向对方准确传达自己的喜好情况后，还可以让对方帮自己挑选一些个性迥异的葡萄酒进行比较，这也是提升葡萄酒知识的一大秘诀。

可任意购买葡萄酒的时代

酒铺、超市、24小时便利店、网店以及葡萄酒专卖店等，如今，葡萄酒已经进入了无论何时何地均可轻松购买到的时代。

如果要扩展加深知识，专卖店是首选

虽然在24小时便利店和超市也能买到葡萄酒，但由于葡萄酒的保存管理较为困难，当打算购买铭酿地葡萄酒或用于赠礼时，最好去百货商店或专卖店进行购买。

葡萄酒专卖店的价格区间广泛，容易找到符合预算的心仪葡萄酒。此外，无论是自己享用，还是友人聚会时饮用，或者用于赠礼，都能够找到与用途相符的葡萄酒。

大多数工作人员均持有侍酒师或葡萄酒咨询师等资格，对符合个人喜好味道的葡萄酒和饮用时机均有明确的把握。你可以向他们咨询葡萄酒的任何信息，如果能够很好地利用这一点，葡萄酒相关知识将会进一步加深。

网店的使用者越来越多

通过网店，人们在家里就能买到葡萄酒，对方还提供亲自送货到家的服务，由于这些便利之处，网店的使用者越来越多。然而，网店也存在不方便之处，譬如不能像实体店那样亲手感触到酒瓶、不能与工作人员沟通。因此，当葡萄酒挑选的判断材料（生产者信息、试饮评论）充分时，可以在网站进行购买。

也有很多经营网店的进口公司主要面向一般消费者。有的公司拥有自己擅长的生产国或系列，当你想对某个国家有深层次了解时，可以很好地利用这一点。

葡萄酒为时尚之物。此外，赠送对象对葡萄酒的认知程度，也会导致挑选的变化。将赠送对象的喜好情况传达给专卖店人员，他便会为您挑选出相匹配的一款。

那么，不同的赠送场合，应该怎么挑选呢？下面，我们来了解一下赠送要点。

● 结婚庆祝

香槟酒适合庆祝场合，但管理和开瓶有些困难。

在赠送葡萄酒时，可以使用同一品牌的红白2支套装。标签也可以选择符合结婚庆祝场合的设计。

● 生日等纪念日

即使在专卖店，也不能马上找到与纪

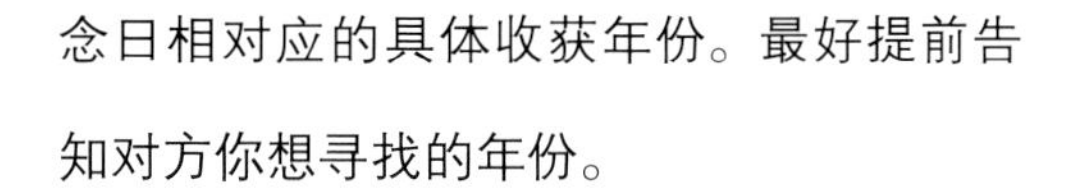

念日相对应的具体收获年份。最好提前告知对方你想寻找的年份。

● 聚会礼物

根据聚会规模，适合携带的礼物也有所差异。当聚会规模较大时，最好赠送视觉冲击感强或尺寸较大的葡萄酒。

5~6人的放松型聚会，推荐赠送味道分明、个性显著的葡萄酒。例如加利福尼亚和智利葡萄酒价格适中、种类丰富。

● 一般赠送

推荐铭酿地葡萄酒。此外，最好选择标签给人带来深刻印象的设计。

欢迎自行带酒

最近，也出现了可以自行带酒的BYO餐厅。BYO即Bring Your Own（自带物品）的简称，是澳大利亚常见的一种模式。美国对销售酒类的餐厅有严格的资格要求，但也有很多餐厅采取该模式。

当想去BYO餐厅时，可事先预约并确定相关条件（自带所需费用）。此外，最好不要携带该店葡萄酒列表中有售或比列表最低价格还低的葡萄酒。

可以携带产地或生产者、收获年份比较特别的葡萄酒。

这些葡萄酒很适合

赠送专用

格拉夫2010 30周年1983红葡萄酒/2013年限定版/艾格尼酒庄（意大利威尼托）

红 750ml

艾格尼酒庄是意大利屈指可数的知名酿造厂。该标签为格拉夫30周年纪念限定版。描绘了瓦波利切拉传说。

曼歌2010干红葡萄酒/歌玛达园/嘉雅（意大利托斯卡纳）

红 750ml

口感柔和圆润、酒体馥郁、纤细的酸味和涩味保持完美均衡。梅尔诺的果感和赤霞珠的清凉感显著。

龙船庄园2010红葡萄酒（法国波尔多）

红 750ml

收获于2010年，是一款单宁强、优质柔滑、酸味优美的传统葡萄酒。标签上的船只形象，寓意着对旅程的祝福，即新的征程一切顺利。非常适合赠送专用。

马格南型号

奥梅多克美人鱼庄园2007（法国波尔多）

红 1500ml

梅多克第3级别CH，由美人鱼庄园酿造的高级葡萄酒。与2005年等大收获年相比，更加易亲近。强劲有力，却给人留下温柔的女性印象。

夜圣乔治1级阿格利园2010红葡萄酒/帕特利斯里奥家族（法国勃艮第）

红 750ml

由于每年酿造的高品质葡萄酒均很稳定，所以也会直接被三星级餐厅选中。稳定的单宁和精华感十足，如泉水般通透。

清新的香气和葡萄柚等柑橘类的灵动果味给人留下深刻的印象。采取香槟酒酿制方法，均衡感佳。炫酷的酒瓶设计增加了时尚感。

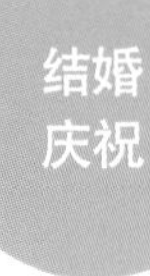

摩尔仕堡2011干红葡萄酒/嘉雅

（意大利皮埃蒙特）

红 750ml

➡P131

由纳比奥罗品种和梅尔诺、赤霞珠混制成的精品葡萄酒。口味正合饮用时机，也可以进行4~5年熟成。可当做结婚礼物。

也可以红白套装搭配！！

该白葡萄酒以霞多丽为主体，由“罗斯”和“巴斯”2片葡萄田的葡萄绝妙混制而成，矿物质丰富。绘有2只鸟儿的标签非常适合结婚庆祝。

罗斯巴斯2012干白葡萄酒/嘉雅

（意大利皮埃蒙特）

白 750ml

➡P133

使用自家葡萄田混酿而成的奢侈珍贵葡萄酒。通过最低3年以上熟成后上市，可谓奢侈的手工制品。气泡持久性强且纤细。

1级NV起泡白葡萄酒/路易王妃【付包装盒】

（法国香槟酒地区）

起泡白 750ml

作为礼物赠送！

结合对方的喜好挑选葡萄酒，也是乐趣之事。以该葡萄酒为话题的对话令人心旷神怡。当作为礼物赠送时，这些葡萄酒很适合啊！

该起泡葡萄酒具有葡萄本来的浓郁香气和核心味道，果味十足、口味清爽。金色的包装令整个聚会更加华贵。

聚会礼物

珍藏起泡葡萄酒/克劳斯蒙布朗

（西班牙巴尔贝拉河谷）

起泡白 750ml

马格南型号（1.5L大容量）艾普西隆起泡葡萄酒/凯迪拉约

（意大利威尼托）

起泡白 1500ml

蒙特斯欧法赤霞珠红葡萄酒/蒙特斯

（智利空加瓜山谷）

红 750ml

与普通的智利红酒完全不同，具有纤细的单宁、浓厚的味道以及赤霞珠的酸味，非常优质。

聚会礼物

侍酒师式品尝手法

本节将介绍侍酒师式品尝手法。可能专业术语较多，难于理解，但知晓一二，葡萄酒世界将变得更加宽广。

明确品尝的目的

品尝，又被称为“Tasting（英语）”、“Dégustation（法语）”、“唎酒（日本）”等，指用眼睛对色调、用鼻子对香气、用舌头或整个口腔对味道和口感进行确认的感官评价。制造者以明确制造阶段的品质为目的；市场专员以明确市场性和话题性为目的；消费者以探寻自身喜好为目的；而侍酒师等供应商以更准确易懂的描述向客人传达葡萄酒香味，以及在酒杯、温度、搭配料理等方面，采取何种饮法方能充分发挥出葡萄酒个性为目的。

身心状态健康之时进行品尝

“品尝”借助自身的感觉作出判断，它需要身心状态的健康，在生病或抑郁之时不可进行。此外，为了不让自己品尝后感觉迟钝，尽可能在各个方面处处留心，譬如品尝后立刻吐出、事先不要摄入刺激之物。

完善品尝条件

通过“五感”进行的品尝，侍酒师需要完善多种条件，以努力准确地对葡萄酒进行把控。首先是温度。将室温调整至20℃左右，无论是白葡萄酒还是红葡萄酒，酒体控制在15℃左右。其次是照明。葡萄酒多彩纷呈，确认微妙的色泽时需要白光照明。在白色酒桌上确认是非常重要的。此外，如下图所示的ISO认定品尝酒杯或与其形状相近的酒杯最为合适。倾注量在30ml左右，入口量5~10ml（1茶匙），在口中保持10~20秒最为合适。此外，所有葡萄酒均需要在同等条件下进行品尝。

为准确把握葡萄酒的色泽、香气、味道而开发的品尝酒杯。

品尝流程

Step. 1 观察外观

通过观察葡萄酒的外观，可以读取到各种信息，甚至包括品种、产地、收获年份。以白色酒桌为背景，将酒杯倾斜，从中心部位向外侧逐渐确认色泽的渐变情况。此外，酒杯内侧的流动状态（酒泪）也需要进行观察。

Step. 2 采集香气

香气是葡萄酒的重要要素。集中精神品味一下吧。首先比较香气的强度和复杂性，然后举出具体的例子，最后总结特征。此外，还可以使用第1香气、第2香气、第3香气等葡萄酒专业术语进行区分。

Step. 3 品尝味道

关于葡萄酒的味道，需要以冲击感（入口瞬间的冲击力）、口感、余味（残留鼻腔的香气）等要素为中心，对具体的例子、复杂性、余韵进行确认。将葡萄酒含入口中，确认何种要素（酸味、涩味、甘甜等）占主导。

餐厅举行试酒的意义

倘若准确知晓试酒意义，就没有必要紧张啦。葡萄酒的品质极易改变，在开启前并不了解其状态，因此侍酒师和主人共同确认当前状态是否适合饮用，并告知给重要的客人，这就是试酒的目的。试酒后的反馈不应该是“很好喝”，而应该是“很适合饮用”。如果不自信，也可以礼貌地回答道“听取侍酒师的判断吧”。即使运输、管理均考虑得十分周密，有时葡萄酒也会难免受到损坏，因此，试酒是一种优雅的葡萄酒仪式。

正确的试酒方法

试酒的意义在于确认葡萄酒的状态，因此即使不是喜好的口味，原则上是不能更换的。此外，对侍酒师讲述个人对葡萄酒的评价也是毫无意义的。切记准确快速地进行试酒过程，让客人能尽快享受到葡萄酒的乐趣。

1 确认是否是自己点的那款葡萄酒

当侍酒师拿来酒瓶时，确认与自己点的葡萄酒是否为同一款。尤其收获年份不同时，价格也会存在差异，因此有必要确认一下。

2 确认核心味道

确认核心味道。倘若熟练，仅凭核心味道就能判断出葡萄酒的状态，因此权当成练习来尝试一下吧。

3 确认葡萄酒的色泽

以酒桌的白色部分为背景，将酒杯倾斜，确认一下葡萄酒的外观。多数优质的葡萄酒透明度强、具有光泽。此外，有些无过滤或熟成时间长的葡萄酒即使浑浊，也是优质的。

4 确认葡萄酒的香气

首先，不要转动酒杯，确认当时状态下的香气。几乎通过香气就能判断其品质，倘若仅采集香气便能反馈出“很适合饮用”，那么马上就能让人看出你是一位精通葡萄酒的客人。

5 确认葡萄酒的味道

将少许葡萄酒含入口中，确认其味道。然而，当有客人等待时，切记要尽快地进行确认。

6 向侍酒师咨询适合葡萄酒的温度

向侍酒师咨询适合葡萄酒的温度。此外，也可以向其传达希望“温度再凉一些”等喜好情况。专业的侍酒师会迅速为你解答的。

品尝格式图

倘若养成品尝评论的习惯，就能层次化了解葡萄酒的特征。参照以下格式，逐步进行总结吧！

日期	3月14日	葡萄品种	长相思
场所	自家午餐时饮用	生产国	法国卢瓦尔地区
同行人员	妻子	收获年份	2010年
品牌	A.O.C. 都兰	价格	1200日元（约64元人民币）

外观	具体色调等	清淡透彻色泽。松弛感。
香气	强度	弱　中　强
	复杂性	简单　适中　复杂
	第1香气	柠檬、酸橙、青苹果
	第2香气	薄荷、水芹
	第3香气	无
	总体	畅快清爽的香气
味道	冲击力	弱　中　强
	质地	紧缩的刺激感
	味道的具体实例	非常清爽刺激的酸味。辛辣。
	余味	低　中　高
	复杂性	简单　适中　复杂
	余韵	短　中　长

感想＆美味饮法的预测	· 与罗勒意大利面搭配相得益彰！ · 冷藏后饮用更佳！ · 用普通杯子也可轻松饮用！ · 也适合与清淡的料理搭配！ · 夏季可作为餐前酒饮用！

葡萄酒的“外观”色调

在品尝术语中，葡萄酒色泽被称为“外观”。通过外观能够得到很多信息，仔细平稳地观察其外观，葡萄酒的个性特征便会一一展现。

通过葡萄酒色调可以得知的信息

通过葡萄酒的外观，能够得到很多信息。如果色调较深，则可以推测该葡萄酒使用日照量多、气温较高地区（法国南部、西班牙等地）种植的葡萄；如果色调较淡，则使用日照量少、气温较低地区（法国阿尔萨斯地区、德国等地）种植的葡萄。此外，葡萄酒品种的差异、土壤的差异、熟成时间的长短、是否使用木质酒樽、使用单一品种还是复合品种等，都会导致色泽的变化。然而，这些判断需要长年经验的累积。

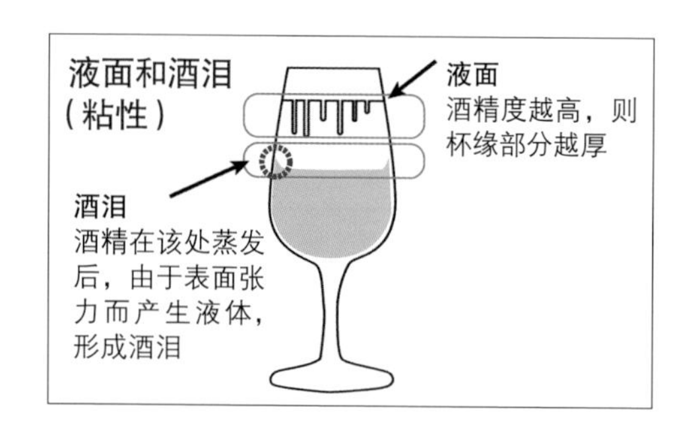

确认项目有三——“优质度”、“粘性”、“具体色调”

下面介绍一下侍酒师进行的外观确认项目。首先是“优质度”。品质的优劣表现在外观上。无浑浊且清澈的状态表示葡萄酒处于优质的状态（有的无过滤或熟成时间长的葡萄酒、红葡萄新酒等即使浑浊，也是优质的）。其次是通过“液面”——酒杯内液面的凹凸情况，以及酒杯内部流动的“酒泪”确认酒精度数。最后是“具体色调”。白葡萄酒多为黄绿、黄色、金黄色系列；红葡萄酒多为红色、红宝石（淡亮的红色）、石榴红（深红色）等；玫瑰红葡萄酒多为粉色、橘黄色；而起泡葡萄酒则会出现气泡。

具体色调多为“夹杂着……+形容词+色调”这种表现模式

葡萄酒色调多以“夹杂着……+形容词+色调”这种便于理解的表现模式，例如“夹杂着灰色的闪耀柠檬黄”、“夹杂着紫色的深石榴红”、“夹杂着橘黄色的明亮粉”。即使是色调相似的葡萄酒，也能够轻松判断出其个性特征，建议大家对此有所了解。

通过外观判断葡萄酒的个性特征

本页将向大家讲解通过葡萄酒色调的差异可以读取到的香味特性和品种、制法等。

红葡萄酒色泽

淡 → 深

涩味弱・轻快的味道・新鲜的口味・黑皮诺品种等

原料黑葡萄接受的日照量对色调产生影响。此外，品种的不同也导致了多处差异。

涩味强・厚重的味道・(如果显示褐色)熟成的口味・赤霞珠品种等

白葡萄酒色泽

淡 → 深

酸味强・新鲜的口味・辛辣・适中的味道（不锈钢酒桶储存）

产地的不同、储存容器的差异都会对色泽产生影响。

酸味弱・厚重的味道・甘甜・复杂的口味（木质酒樽储存）

玫瑰红葡萄酒色泽

淡 → 深

酸味强・新鲜的口味・涩味稳定

玫瑰红葡萄酒的色泽主要受到酿制方法的影响。

酸味弱・厚重的味道・涩味强

感知香气的3个阶段

用独特的技法，将葡萄酒香气分为3个阶段。可以尝试以饱满的身心状态，使用便于捕捉到香气的ISO认证品尝酒杯等。

捕捉香气的技法

香气是判断葡萄酒个性特征以及给对方提供建议的重要要素。慎重地确认葡萄酒注入酒杯时的状态以及余味和内敛香气（立刻散发的香气、含入口中的状态、回旋至鼻腔的香气）。此外，旋转酒杯，让葡萄酒与空气充分接触以提高温度进行挥发，更利于捕捉到其香气，该技法称为“摇杯（Swirling）”。

葡萄酒香气分为“第1香气”、“第2香气”、“第3香气”

通过葡萄酒注入酒杯后立刻显现出的状态，可感知到葡萄本来的香气，该香气即“第1香气”。譬如果实类、香草类、香料类等。在进行上述的“摇杯”时，可感知到来自酿制方法的香气，即“第2香气”。譬如果实类（罐头、糖果状态）、花类、乳制品类、香料类、矿物质类等。伴随时间的沉淀，可感知到来自熟成的香气，即“第3香气”。譬如灯油、皮制品、腐叶土、菌类，以及以新鲜果实为原料般浓缩感高、充满个性的香气等。另外，通过第3香气可以轻易感受到来自木质酒樽等储存容器的香气，还有芳香的烟熏味（使用不锈钢酒桶时感知不到这些香气）。

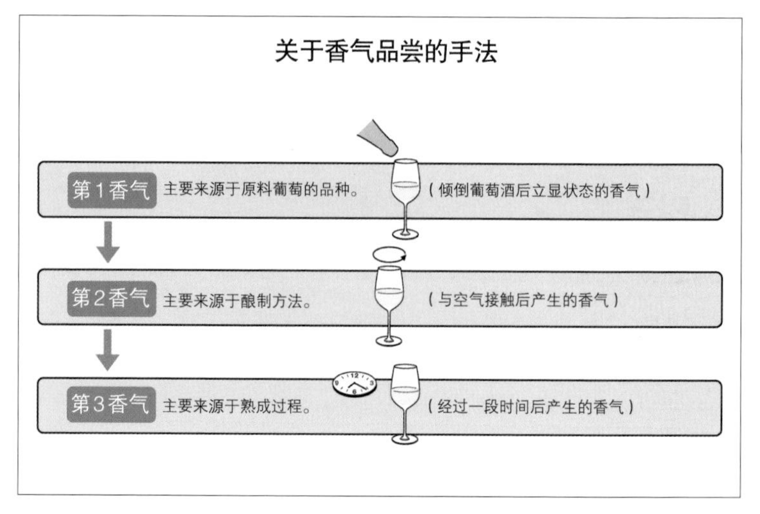

熟知食品的香气，品尝能力将达到质的飞跃

葡萄酒的香气通常用各种食品来表现，因此熟知食品的香气是品尝能力得以提高的至高秘诀。参照下面列举的香气表现实例，尽可能熟练掌握香气的表现。此外，在不熟练的时候，可以把以下表格作为便利书来参考。熟练之后，仅闻一下香气，就能得知葡萄品种和熟成年数。

红葡萄酒香气实例

第1香气实例	果实类	草莓、樱桃、西梅、蓝莓、醋栗等
	植物、香草类	玫瑰、凤尾草、茎等
	蔬菜类	青椒、芦笋、小绿辣椒等
	其他	黑胡椒、孜然芹、丁香、桂皮、山椒等
第2香气实例	花类	紫罗兰、玫瑰、薰衣草等
	果实类	甜瓜、香蕉、水果罐头、水果糖、椰子等
	乳制品类	酸奶、生奶酪、黄油等
	香草、香料类	甘草、桂皮、香菜、芫荽等
	其他	石灰、矿物质等
第3香气实例	果实类	干果（葡萄、西梅、无花果、杏）等
	木、树脂类	坚果类、烤面包、香子兰、橡树、焦糖、咖啡、巧克力等
	香料类	丁香、桂皮、肉豆蔻、黑胡椒、白胡椒等
	土壤类	干草、枯叶、腐叶土、洋蘑菇、牛蒡等
	其他	煮蔬菜、墨水、铁、灯油、焦油、碘、干肉、鞣皮等

白葡萄酒香气实例

第1香气实例	果实类	柠檬、葡萄柚、青苹果、洋李、杏、洋梨、白桃等
	植物、香草类	薄荷、罗勒、荷兰芹、龙蒿、茴香芹、柠檬草等
	蔬菜类	葱、水芹、芦笋等
	其他	重油等
第2香气实例	花类	百合、甘菊、紫丁香、洋槐等
	果实类	甜瓜、香蕉、水果罐头、水果糖等
	乳制品类	酸奶、生奶酪、黄油等
	香草、香料类	薄荷、罗勒、迷迭香、山椒等
	其他	石灰、矿物质、饼干、杏仁等
第3香气实例	果实类	干果（葡萄、西梅、无花果、杏）等
	木、树脂类	坚果类、烤面包、香子兰、橡树等
	香料类	干药草（百里香、龙蒿、甘草）等
	土壤类	干草、枯叶、洋蘑菇、牛蒡等
	其他	打火石、粉笔、碘、蜂蜜、蜂蜡、茶叶等

葡萄酒味道的核心

葡萄酒的味道由多种成分共同构成，与其他酒类相比，“酸味”和“涩味”是其味道的核心。此外，记住一些味道相关的专业术语也是很有帮助的。

葡萄酒品尝的基本项目

“优质度”、“冲击力”、“质地”、“味道的具体实例”、“余味”、“余韵”、“复杂性”这7项是葡萄酒味道的基础。

首先，确认“优质度”——味道是否异常。接下来，确认冲击力——入口瞬间的冲击感强弱（即使较弱，但后劲味道十足，也可以判定为稳重酒体）。

接下来，确认“质地”——柔和、轻快等口感，以及“味道的具体实例”——甘甜、酸味、苦味、涩味等存在与否。

与其他酒类相比，“酸味”和“涩味”是葡萄酒味道的核心，尤其白葡萄酒的核心是“酸味”、红葡萄酒是“涩味”。“余味”指入口后回旋在鼻腔的香气，“余韵”指最后残留的味道。最后，将上述所有项目汇总，判定味道是“简单”还是“复杂”。这即是基本项目。此外，还可以确认一下来自酒精本身的要素，譬如挥发性高的“酒精味”、针刺般的“刺激感”、来自酒精的“苦味”、伴随高度数的“黏性”。

如此细微地对味道进行捕捉，便会感知到葡萄酒微妙的差异。

何谓葡萄酒的重要要素“质地”？

关于味道，不仅指舌部感到的味觉，还有“质地”（柔滑、刺激、纤细等）这种物理性感觉。“Texture”，源于拉丁语中意为“织”、“编”的TEXO一词，在食品领域，作为感觉评价（舌感、口感、触感、吞感）用语被广泛使用。尤其很多人用“质地”对是否美味进行判断，因此请牢记“质地”这一葡萄酒表现。

葡萄酒味道成分的特征

熟知葡萄酒的味道成分，将利于品尝时作出评价，同时也便于掌握以葡萄为原料的葡萄酒特有的特征。

何谓葡萄酒的甘甜、辛辣？

葡萄中的糖分在微生物酵母的作用下，转化成酒精和碳酸。因此，酒精度越高，则糖分减少，偏辛辣口味；而当酒精度低时，则糖分残留量高，偏甘甜口味（红葡萄酒为了不残留糖分，多数进行发酵，基本为辛辣口味）。此外，辛辣又称为“DRY”，即使糖分残留量多，当酸味和苦味强时，也会感到“辛辣感（DRY）”，因此不能仅凭残留糖分对甘甜、辛辣进行判定。

■甜味

葡萄酒的甜味成分主要是“果糖”。甜味不仅让葡萄酒味道“浓厚”、“有力”，还增添了圆润（或柔滑）的质地。

■酸味

葡萄酒的酸味成分主要是“酒石酸”、“苹果酸”和发酵产生的“乳酸”。酒石酸和苹果酸带来爽快感和刺激感，是白葡萄酒的主要成分。另一方面，乳酸主要存在于红葡萄酒中，与酒石酸和苹果酸相比，口感更加圆润。

■苦味

葡萄酒的苦味成分主要源于单宁和多酚，让葡萄酒味道“畅快”和“刺激”。其中，有力的涩味会带来“核心味道显著”、“酒体有力”之感。

■涩味

涩味主要是红葡萄酒、玫瑰红葡萄酒中包含的成分，主要源于葡萄种子和果皮中多酚持有的单宁。单宁可以与水分结合，因此当饮入涩味浓烈的葡萄酒时，唾液凝固，口内黏膜产生麻痹之感，即“收缩性”。与味觉相比，涩味更适合用接近口感的“硬”、“柔和”、“粗犷”、“细腻”等表现。

■口味

葡萄酒的口味指甜味、酸味、苦味、涩味、酒精感等所有要素的综合，通常有“核心味道显著”、“无核心味道”等表现。

再次确认“葡萄酒的魅力”

本部分将向大家介绍葡萄酒魅力要素的提取方法、注意点、饮用时机、劣质葡萄酒特征等要素，旨在让大家成为侍酒师式品尝家。

品尝的最大目的

结束“外观”、“香气”、“味道品尝”步骤后，便是提取葡萄酒的特征要素——即葡萄酒特有的魅力要素。然而，葡萄酒的特征并不只是魅力要素，也要对“酸味过强”等注意点进行确认，同时考虑饮用温度、酒杯、搭配料理等，然后判定适合该葡萄酒的最佳饮用方式。这正是侍酒师品尝过程中的最大目的。

1 魅力要素的提取

通过“闪耀的美丽金色”、“新鲜莓果般的果香”、“细腻纤细的味道”等外观、香气、味道评论，提取葡萄酒特有的魅力要素。此外，葡萄酒还经常使用“轻盈酒体”、“适中酒体”、“稳重酒体”等酒体表现。

另外，还有“该酒均衡感佳”这种常见表现。当不突出某种成分，在表达味道均衡时就可使用“均衡感佳”；而仅突出酸味和涩味时，一般使用“均衡感差”。不过，当在酸味强的葡萄酒中添加少量甜味时，则均衡感也会变佳，所以均衡感的意义面很广。

2 把握注意点

把握“尚未熟成、涩味粗犷”、“酸味过强”、“香气变化迅速”等注意点。

例如，当葡萄酒涩味粗犷时，通过醒酒，让葡萄酒与空气接触，可以使口感变得柔和。或者当酸味过强时，可以与添加柑橘类的料理或柠檬相搭配。

此外，当香气变化迅速时，可以选择香气难以挥发的小口径酒杯等。总之，达到美味饮用的方法多种多样。

3 判断饮用时机和合理价格

专业侍酒师也需要依靠收获年份图表等多种信息判断饮用时机。当不适合饮用时，可以使用大酒杯进行醒酒，通过提高温度使其接近适合饮用的时机。

其次，通过“葡萄酒的个性”和“价格”之间的均衡判断合理价格。譬如一款1000

日元（约53元人民币）的葡萄酒，倘若其他同一香气的葡萄酒售价在500日元（约27元人民币），则该款价格并不能称为合理价格。

反之，一款5万日元（约2700元人民币）的葡萄酒，其他同一香气的葡萄酒售价在10万日元（约5000元人民币），那就非常划算啦。虽然会受到个人感觉和嗜好的左右，但如果能够判断出合理价格，你也可以被称为侍酒师式品尝家。

熟记劣质葡萄酒的特征

葡萄酒的品质非常容易发生变化。受紫外线和热度的影响，也会出现劣化成非原味的状态。打开瓶塞后倘若发现葡萄酒已经劣化，则葡萄酒店一方有义务进行免费更换，所以请熟记葡萄酒劣化的典型特征。

■紫外线导致的劣化

富含紫外线的太阳光和荧光灯的光照射到葡萄酒之后，受到紫外线的影响，色泽会发生褐变，葡萄原有的新鲜感和果感被完全损坏，产生烧焦般闷热不舒适的香气。

■热度导致的劣化

用没有温度控制装置的集装箱运送的葡萄酒，或者在没有冷藏设备的仓库放置的葡萄酒，会产生伴随异样甘甜的不舒适香气。

■氧化

与过量空气接触产生的不舒适香气被称为“氧化味”。这是新鲜果实感流失而导致的褐变。

■软木塞味（Bouchonne）

在制造软木塞时，当受到霉菌的代谢物——有机化合物（TCA）的污染，或者霉菌与氯气类反应时就会产生软木塞味。通常将该味道比喻成霉菌香或湿瓦楞纸板香。一般葡萄酒中混入该味道的几率在百分之几，在客人面前品尝时请认真确认。

葡萄酒与料理的搭配乐趣

本节以“葡萄酒与料理的搭配乐趣”为题，向大家介绍葡萄酒作为餐中酒时的美味，以及餐前、餐后的乐享方法，与时令蔬菜、奶酪、料理等相得益彰的葡萄酒。

葡萄酒与料理之间的美味关系

葡萄酒作为餐中酒，只有与料理相搭配，才能发挥出其真正的价值。

近年来，葡萄酒酒吧人气飙升，葡萄酒逐渐成为生活的主角。然而实际上，在葡萄酒与料理的关系中，料理占主导地位、葡萄酒占从属地位。此外，葡萄酒和料理的组合被称为“Mariage（法语意为结婚）”，该词除了用于“该酒与料理非常搭配”外，还可以指“葡萄酒与料理搭配”组合本身。

然而，“Mariage”原指料理和葡萄酒口味即使完全不同，却产生第3种令人瞠目结舌美味的组合，譬如极甘甜白葡萄酒和酱鹅肝沙锅等。

此外，自古以来，“料理原材料和同产地的葡萄酒”、“用于料理的葡萄酒”、“和料理同色泽的葡萄酒”、“和料理同等资格（价格等）的葡萄酒”是极妙组合。“清淡料理配轻快的白葡萄酒”、“辛辣料理配辛辣的红葡萄酒”等同种要素组成的“同调”手法也最好掌握一下。

葡萄酒和料理的三大关系

■调和

二者无论哪一方单独存在都不会产生令人心仪的风味，但互相搭配后，料理令葡萄酒更出类拔萃，葡萄酒令料理更出类拔萃。葡萄酒可以冲淡料理的油脂成分，令料理更加美味，以上这些良好关系即是“调和”。

■平行

料理和葡萄酒组合后没产生任何变化的被称为“平行”。二者处于一种非坏非好的平凡关系。

■排斥

二者单独存在均很美味，但组合后却产生“腥臭”、“苦涩”等负面结果，这种关系即是“排斥”。

与各种类型葡萄酒相搭配的料理(原材料·烹饪方法·佐料)实例

料理＼葡萄酒	白葡萄酒				玫瑰红葡萄酒
	轻盈酒体	适中酒体	稳重酒体	浓厚甘甜	轻盈酒体~适中酒体
原材料	白肉鱼、贝类	贝壳类、贝类	鸡肉、猪肉	酱鹅肝、肝	对原材料、烹饪方法、佐料无要求，与料理搭配的范围非常广
烹饪方法	生食、蒸、煮	烧、炒	烤、炸	煮、固化	
佐料	盐、柠檬	盐、西洋醋、油脂	盐、黄油、香料、橄榄油	盐、香料、甜料、西洋醋	

料理＼葡萄酒	红葡萄酒			起泡葡萄酒
	轻盈酒体	适中酒体	稳重酒体	轻盈酒体~稳重酒体
原材料	火腿、腊肠、白肉	所有肉类	鸡肉、猪肉	对原材料、烹饪方法、佐料无要求，与料理搭配的范围非常广
烹饪方法	烧、炖、蒸、煮	烤、炒、炸	烤、炸	
佐料	盐、奶油、西洋醋	盐、黄油、奶油、汤汁	汤汁、黄油、香料	

葡萄酒中成分对料理的影响

葡萄酒中蕴含的成分对料理会产生以下影响。

·水分

淡化料理味道。更容易把握料理的味道（淡化盐分等）。

酒精

溶解油脂成分和动物胶质。提取料理香气。

·酸味

溶解动物胶质。缓和盐味。提取原材料的甜味。令口感更清爽。

·单宁

除去油脂成分。令口感更清爽。

·矿物质

抑制料理的涩味和臭味。令余味更清爽。

综上所述，盐分多的料理更适合酸味强的白葡萄酒；使用黄油等动物性脂肪的料理、油脂高的料理更适合单宁丰富的红葡萄酒等；涩味强的料理更适合矿物质成分多的白葡萄酒等，请充分运用于实践之中！

东方料理和葡萄酒

以乐享时令蔬菜为目的

现代东亚的饮食情况比全世界的任何国家都广泛。除了传统的饺子、麻婆豆腐等料理，咖喱、烤肉等民族特色料理，牛肉菜汤和奶油菜汤等西方料理等陆续出现，这一景观是其他地区所不能比拟的。改制成东方风格的汉堡包、咖喱饭、炸猪排等已经成为日常料理之一。因此，中国人餐桌上出现了大量的葡萄酒。

四季分明的中国，非常重视时令蔬菜和葡萄酒的搭配，产生了全年张弛有度的乐享方式。此外，多样丰富的葡萄酒与时令蔬菜组合饮用，可谓特有的享用方法。

·春

苦味鲜明的野菜和味道清爽的白葡萄酒；使用加级鱼的料理和轻快辛辣的玫瑰红葡萄酒；盐烤贝类和矿物质风味丰富的刺激性白葡萄酒；盐烤鲇鱼和药草香般白葡萄酒等组合会给人们带来春天般美味气息。此外，四月开花时节与玫瑰红葡萄酒极其搭配。樱花饼和果香玫瑰红起泡葡萄酒是一种全新乐趣。

·夏

药味十足的鲣鱼肉和涩味苦味稳定的红葡萄酒。此外，香蒲烤鳗鱼和酒体稳重的辛辣红葡萄酒；海边烧烤配起泡葡萄酒等，在夏季，可以充分享受料理和葡萄酒的乐趣。

·秋

菌类料理和酒体适中的红葡萄酒；鸭、猪等家禽类和熟成的红葡萄酒等极其搭配。请乐享美食之秋带来的芳醇组合。对于秋季脂肪高的鲑鱼，可以用酸味十足的白葡萄酒代替柠檬；青花鱼和竹荚鱼等青鱼配涩味清淡的红葡萄酒；栗子甜点和甘甜餐酒是大人们的乐趣。

·冬

冬天首选牡蛎料理。生牡蛎柠檬和果香白葡萄酒；对于土手锅这种味浓油腻的料理，红葡萄酒最为搭配。对于螃蟹和河豚等优质纤细味道的料理，应该配以同样优质纤细味道的白葡萄酒。此外，香槟酒将赋予豪华之感。对于春节不可欠缺的年味料理，微甜的白葡萄酒和起泡葡萄酒会为其添加几分华丽之感。

探寻新组合的乐趣

对于以清淡配料为信条，多使用生鱼贝类的海鲜类料理，较难与酸味和涩味强烈的葡萄酒相搭配。此外，葡萄酒中蕴含的有机酸，可以引出生鱼贝类的腥味。不过，酸味低、味道稳定的甲州品种（日本葡萄酒）等与海鲜类料理极其搭配，人气十足。不同类型的葡萄酒，具有不同的料理与其搭配。探索全新组合，是葡萄酒特有的乐趣之一。希望大家轻松畅想料理和葡萄酒的乐趣。下面，为大家介绍与一些与日本典型料理相搭配的葡萄酒。

· 天妇罗

当天妇罗的盐分、柠檬酸比汤汁更多时，经常搭配具有刺激性酸味的辛辣类型白葡萄酒。

· 寿司

可与寿司搭配的佐料多种多样，当与酱油一起食用时，轻盈类型红葡萄酒是绝妙的选择。此外，富含多种美味成分的香槟酒等也经常和寿司一起搭配。对于橙汁浇白肉鱼，清爽味道的白葡萄酒可以让你感受到爽快感。

· 香蒲烤鳗鱼

香蒲烤鳗鱼多脂肪成分、佐料浓厚，与酒体稳重的红葡萄酒非常搭配。另外，在撒上粉山椒的情况下，可以与香气辛辣的红葡萄酒相搭配。

· 火锅料理

对于以白肉鱼和蔬菜为底料，配以橙汁的火锅，酸味清爽的白葡萄酒是极佳选择。此外，当汤汁中不使用柑橘类配料时，也可以饮用清爽的葡萄酒。

此外，当盐烤秋刀鱼和沙丁鱼被浇上柠檬汁时，可以与清爽的白葡萄酒相搭配；当炸肉饼等油炸食品配炸猪排时，可以与酒体适中的红葡萄酒相搭配等。充分使用药味和调料味，日本料理和葡萄酒的相配度将得以进一步提升。

与类型相搭配的葡萄酒解读方法

红葡萄酒　白葡萄酒　玫瑰红葡萄酒

半硬质类型

该奶酪具有稳定的核心味道，如古达干酪等。与其搭配的葡萄酒范围广泛，辛辣的白葡萄酒、所有玫瑰红葡萄酒、酒体轻盈~酒体适中的红葡萄酒等均可。

迈莫雷特干酪

名称源于法语的“半柔软=Mi・mole”。熟成时长2~6个月，处于尚未熟成状态。沉稳的质地中可以充分品味到牛奶的甘甜。

山羊类型

在法国，山羊乳制奶酪统称为山羊类型。新鲜的山羊奶酪具有清爽的酸味，随着熟成的进行，风味和核心味道突显。适合果感十足的辛辣（或微甜）白葡萄酒。

瓦朗塞奶酪

涂满于表面的木炭粉吸收水分，促进熟成的进行，对酸味进行中和。随着熟成过程，表面呈灰色、凝固紧缩、酸味减弱、散发出牛奶的甘甜。

洗浸类型

主要用盐水多次来“擦洗”其表面，使其熟成的类型。其内部柔软，个性十足且风味强烈，适合与酒体稳重的红葡萄酒相搭配，如彭勒维克奶酪等。

彭勒维克奶酪

比卡蒙贝尔奶酪的历史更加悠久。质感弹力十足，味道稳定且不过于浓烈、核心味道显著。无杀菌奶特有的牛奶感十分醇厚。

白霉类型

表面覆盖着一层白色霉菌的奶酪，如卡蒙贝尔奶酪等。适合与核心味道显著的辛辣白葡萄酒、酒体适中的红葡萄酒相搭配。尚未熟成的奶酪可以与熟成的红葡萄酒等相搭配。

诺曼底・卡蒙贝尔奶酪（LEO）

卡蒙贝尔奶酪在全世界均有制造，冠以诺曼底之名的卡蒙贝尔奶酪使用无杀菌奶，仅在有限的地区，按照规定的条例进行制造。

葡萄酒和奶酪

按照类型思考其匹配性

近年来，天然奶酪人气飙升，许多人将目光投向奶酪。在欧洲，葡萄酒与奶酪之间存在着难以切割的关系，对于现代日本人而言，二者也是魅力非凡的组合。首先，奶酪作为营养价值极高的食品，不仅与葡萄酒极其搭配，也可以与其他酒类共同食用。

此外，法国产奶酪和葡萄酒等作为口口相传的美味搭配令众多人折服。提到红葡萄酒，有很多人认为“适合饮用红葡萄酒”，其实也有许多适合搭配白葡萄酒的奶酪。下面将按照天然奶酪的类型为大家介绍与其相搭配的葡萄酒。

硬质类型

稳重酒体　辛辣

该类型个性不明显、多配以料理饮用。对于帕玛森干酪等美味成分丰富、熟成时间长的奶酪，适合配以辛辣白葡萄酒或熟成稳重类型的红葡萄酒。

帕玛森干酪

被称为意大利奶酪之王，在10世纪之前便闻名遐迩。经过2年以上长期熟成形成的氨基酸结晶散发出层层美味。

青霉类型

稳重酒体　甘甜

被称为青霉奶酪。具有个性香气和针刺般的辛辣味的洛克福尔等奶酪，适合配以酒体稳重的红葡萄酒或甘甜类型的白葡萄酒。

洛克福尔（CARLES公司）

堪称法国青霉奶酪最高峰，是法国最古老的奶酪之一。在洛克福尔村的自然洞穴内熟成，强劲有力之中带着显著的羊乳的甘甜味。

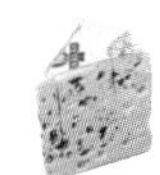

新鲜类型

辛辣

不需要熟成的类型，譬如马苏里拉奶酪等。该轻快类型奶酪具有原料乳本来的香气、口感润滑、酸味怡人，适合酸味微强的白葡萄酒和辛辣口味的白葡萄酒。

马苏里拉奶酪（Cigno）

最初是用水牛牛奶制成的奶酪，如今各地使用比水牛牛奶更清爽的牛奶进行制作。图片中的奶酪由牛奶制成，具有弹力和果汁般的甘甜。

餐前酒、餐后酒的乐享方法

餐前酒和餐后酒是乐享就餐的一种工具。本节将会向大家详细介绍餐前酒和餐后酒的挑选方式、乐享方法。

只要心仪即可

关于餐前酒和餐后酒应该喝什么，并无特别的定则。只要符合自己的口味即可。根据料理的不同，可搭配的种类缤纷多样。在餐厅时，可以向侍酒师咨询哪种适合作餐前酒或餐后酒。大家可试着参考一下右页列举的推荐品牌。

· 餐前酒

餐前酒在法语中称为Aperitif。餐前酒的作用在于对胃部进行刺激、增进食欲、促进消化。此外，比起就座后马上开始进餐，喝一口餐前酒可以缓和气息、平稳身心、促进和同伴之间的交流。

适合作餐前酒的葡萄酒一般都是富含碳酸气体的起泡葡萄酒，不过甘甜酸爽的白葡萄酒和皇家基尔鸡尾酒、以含羞草般起泡葡萄酒为基酒的鸡尾酒也适合作为餐前酒。除葡萄酒之外，以杜松子酒和伏特加等蒸馏酒为基酒的鸡尾酒也经常被作为餐前酒。

在食用法国料理时，一般会提供一些餐前点心，与这些相匹配的清爽香味也是餐前酒的一大条件。

· 餐后酒

餐后酒在法语中称为Digéstif。与餐前酒相比，其酒精度数高，可激活胃动力，也是持久享受就餐余韵的一大工具。味道浓烈的葡萄酒适合作为餐后酒。

通常情况下，白兰地酒、雅文邑、卡尔瓦多斯等白兰地类；苏格兰威士忌、爱尔兰威士忌等威士忌类；苏特恩和托卡伊等极甜葡萄酒、波特葡萄酒等酒精强化葡萄酒类（→P90）经常被作为餐后酒。这些餐后酒与点心和雪茄烟等非常搭配。

餐前酒、餐后酒推荐列表

餐前酒

伯瑞皇家香槟酒

新鲜有力的香槟酒。

➡P123

奥托简妮斯密斯卡黛珍藏白葡萄酒

充满清爽香气的白葡萄酒。

➡P119

缇欧佩佩雪利酒

标准的餐前雪利酒。纤细的香气充满魅力。

➡P153

夏朗德皮诺葡萄甜酒

在未发酵葡萄中加入葡萄蒸馏酒。

➡P91

餐后酒

拉菲莱斯珍宝贵腐甜白葡萄酒

具有浓厚甘甜和美好酸味的白葡萄酒。

➡P105

巴纽尔斯葡萄酒

法国代表性酒精强化葡萄酒。

➡P127

芳塞卡茶色波特酒

甘甜强烈、果香辛辣的波特葡萄酒。

➡P157

马德拉十年陈酿白葡萄酒

100%使用舍西亚尔品种的马德拉葡萄酒。

➡P157

挑选与葡萄酒相搭配的玻璃杯

使用什么样的酒杯饮用葡萄酒呢？实际上，根据酒杯的不同，葡萄酒的风味会发生意想不到的变化。接下来将介绍一下葡萄酒酒杯的特征。

美味饮用的条件

葡萄酒酒杯一般由杯底（平的底座）、杯柄（细腿）、杯身（注入葡萄酒的圆形部分）组成。葡萄酒酒杯是饮用葡萄酒的工具，因此在注重艺术美感之前，应该优先考虑其功能。

例如

- **杯底是否平稳**
- **是否易于倾注、饮用**
- **是否能清楚看到酒色**
- **是否具有强度**
- **是否易于清洗……**

其次，酒杯与葡萄酒之间的匹配也是非常重要的。单宁馥郁的葡萄酒不易氧化，香气难以挥发，因此适合杯身较大的酒杯；对于单宁稀少且冷藏饮用、温度不易上升的葡萄酒，适合小巧细长的酒杯。

杯口部分会对香气产生影响。杯口部分越宽，则香气容易向外散发，而窄的杯口会让香气聚集在杯内。

此外，根据酒杯口径的不同，葡萄酒的饮入方式也存在差异。大口径酒杯需要大口缓缓饮入；而当杯口较小时，葡萄酒流动量也会变少，需要快速饮入。酒杯口径不同时，即使同一款葡萄酒也会带来不同。

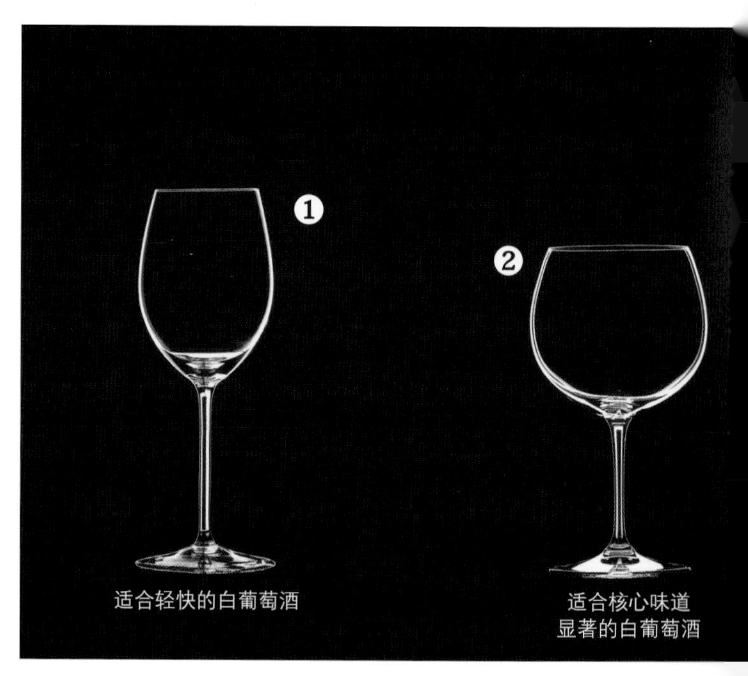

① 适合轻快的白葡萄酒

② 适合核心味道显著的白葡萄酒

该类型酒杯适合这样的葡萄酒

下面照片的杯身和口径均存在差异。那么它们分别适合什么样的葡萄酒呢?

①适合轻快的白葡萄酒

适合酸味丰富畅快的白葡萄酒。果味强烈。葡萄酒在口中细腻流动，味道均衡。

②适合核心味道显著的白葡萄酒

葡萄酒入口量大，在口中缓慢扩散。酒樽香气四溢，最适合具有饱满香气的白葡萄酒。

③适合酸味丰富的红葡萄酒(勃艮第型)

口径内缩，葡萄酒细细地流至舌尖，适合酸味馥郁轻快、香气复杂的红葡萄酒。大杯身可将香气充分散发。该类型酒杯也被称为勃艮第型。

④适合涩味丰富的红葡萄酒(波尔多型)

也被称为波尔多型。平缓的内缩和大杯身是其特征。葡萄酒在口中饱满流动，缓慢扩散，令浓厚的酒体立显。适合涩味丰富、酒体厚重的红葡萄酒。

⑤香槟酒酒杯(笛型)

为防止碳酸气体的挥发，口径比较狭窄。为彰显气泡的视觉性，高度较高。

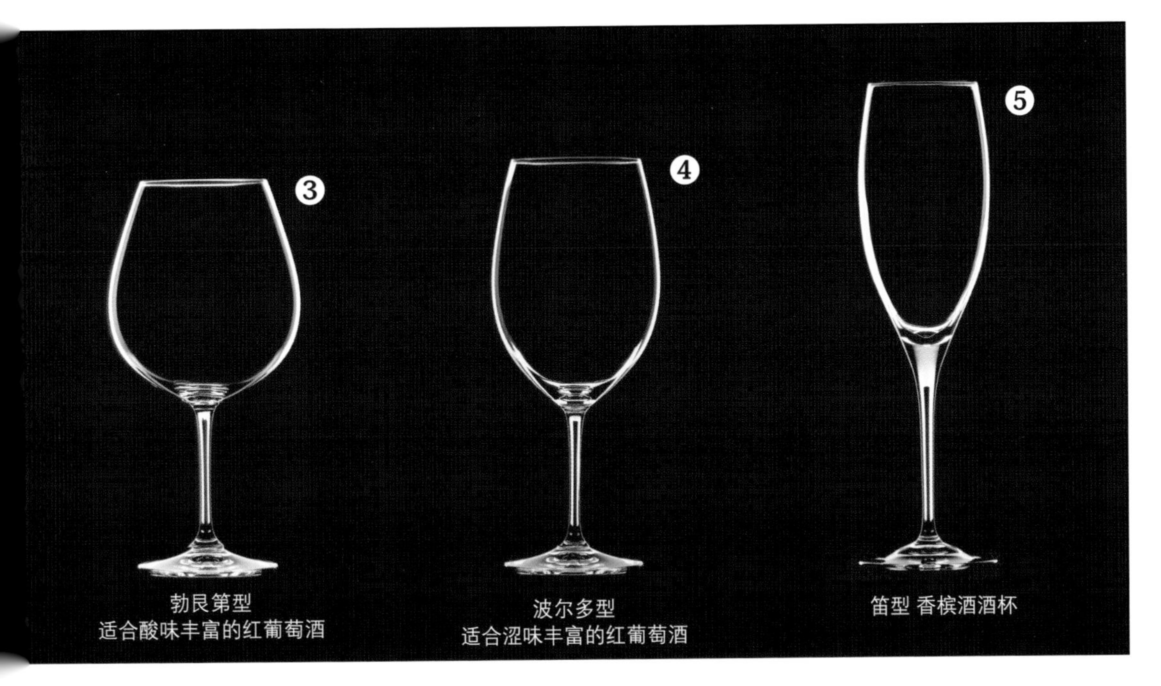

勃艮第型
适合酸味丰富的红葡萄酒

波尔多型
适合涩味丰富的红葡萄酒

笛型 香槟酒酒杯

熟知适合美味畅饮的温度

通常，红葡萄酒的适宜品尝温度比白葡萄酒稍高。然而，根据品牌的不同，适宜温度也存在差异。不断尝试是最好的方法。

知晓温度和葡萄酒的匹配度

葡萄酒存在美味畅饮的适宜温度。然而，根据白、玫瑰红等类型的不同，以及所包含的成分，适宜温度也存在差异。温度是充分发挥葡萄酒个性的重要要素，因此知晓能够发挥出葡萄酒个性的温度是非常重要的。

分析温度区间的要点有：

- **是否能充分发挥香气**
- **是否能充分发挥味道**
- **是否能充分发挥口感**

右页表格对温度差导致的香气成分的变化进行了比较。根据温度的变化，各种差异随之涌现。

下表是按照葡萄酒类型列举的饮用温度。通常红葡萄酒为室温。对于葡萄酒而言，多将18℃左右称为室温，这是因为法国家庭的室温（年平均气温）一般在18℃左右。我国年平均气温比法国高，即常温≠室温。

味道的适宜温度也存在差异

白葡萄酒通常需要冷藏，酸味强烈的白葡萄酒冷藏后味道浓缩，爽快感强劲。起泡葡萄酒冷藏后气泡不易消失，因此10℃左右是适宜温度。甘甜白葡萄酒冷藏后，甜味和酸味将变得更加均衡。

红葡萄酒温度通常需要比白葡萄酒稍高一些。

将红葡萄酒冷藏后，涩味将变重。当18℃左右时，比较容易感受到香气和悠长的余韵。对于涩味低的果味红葡萄酒，可以比18℃再低一些。

温度区间	葡萄酒种类
6℃左右	轻快简单的起泡葡萄酒
8℃左右	甘甜的白葡萄酒/微甜的玫瑰红葡萄酒、贵腐葡萄酒
10℃左右	具有清爽香气、酸味占主体的白葡萄酒、辛辣的玫瑰红葡萄酒
10~12℃	香槟酒
12℃左右	浓厚且熟成度高的香槟酒
12~15℃	涩味低、轻快的果香红葡萄酒 果味馥郁、核心味道显著且醇厚的白葡萄酒
14℃左右	具有核心味道且香气显著的优质白葡萄酒 轻快的红葡萄酒
16~18℃	优质的红葡萄酒 涩味强、酒体稳重的红葡萄酒

家庭保存方法

与其他酒类相比，葡萄酒的保存和管理都需要充分考虑。尤其对于使用软木塞的葡萄酒，必须考虑其对湿度的要求。

在保存葡萄酒时，请注意以下条件。

· 避免紫外线

含有紫外线的光源（日光和荧光灯）会严重损害到葡萄酒。

· 合适的温度

一般情况下，12~16℃是理想状态。当比该温度区间高时，软木塞上涌，产生漏气；当比该温度区间低时，熟成速度会变低，酒石酸结晶，形成沉淀物。

· 湿度

60°~80° 的湿度是理想状态。

· 静放保存

通常将葡萄酒横放，让液体和软木塞接触，以防止干燥造成空气渗入。对于不使用软木塞的葡萄酒，可不采取该方法。

· 避免震动

富含碳酸气体的葡萄酒在受到震动冲击时，酒瓶容易发生破损。同时，为防止葡萄酒中的沉淀物扩散，也需要避免震动。

日常饮用的葡萄酒，也可以放入冰箱内保存。对于纪念葡萄酒等需要长期保存的情况，推荐使用专用储存设备。

温度差导致的葡萄酒香气成分的变化

	温度变低		温度变高	
	优点	缺点	优点	缺点
香气成分	抑制多余的香气	封闭	扩散	清凉感消失
甜味	清爽感增加	难以感觉到	扩散	过于浓厚
酸味	具有爽快感	刺激加强	具有柔和感	清凉感消失
苦味	自然感增加	刺激加强	浓厚感增加	清凉感消失
涩味	自然感增加	刺激加强	具有柔和感	模糊
核心味道（美味系列）	清爽感增加	难以感觉到	扩散	过于浓厚
酒精感	紧缩	刺激性增加	浓厚感增加	挥发性提高

专栏

葡萄酒相关资格

学习葡萄酒相关知识是一件愉悦之事。提到葡萄酒相关资格，知名的便是侍酒师，此外还有一些即使不从事葡萄酒相关工作也可以取得的资格。

右面是葡萄酒协调员徽章，左面是侍酒师徽章（ANSA）。

考核资格多种多样 请向各协会确认

侍酒师资格对于葡萄酒爱好家而言，可谓朝思暮想之物。

在日本，侍酒师并非是国家资格，而是一种称呼资格。顺利通过协会实施的资格认定考试之后，就可以冠以“侍酒师”之名。

该认定考试根据协会的不同，考核资格也存在差异。

日本的侍酒师协会要求参加考核人员具有从事提供葡萄酒和酒精饮料的餐饮业5年以上经验，且参加考核时也在从事该项工作。此外，该协会要求从事进口·销售的葡萄酒顾问具有3年以上酒类销售经验。

另一方面，日本侍酒师联盟（ANSA）在对侍酒师、葡萄酒协调员资格认定时，均不需要业务经验。

这些考试一般包括笔试、技能、口试。其合格率不高、较难通过。另外，还设有网络教育和研修班等。

英国葡萄酒及烈酒教育基金会（WSET），在世界55个国家开设了教育组织，其总部位于伦敦。认定资格从入门者至业界专家，范围广泛。

葡萄酒爱好者能够取得的葡萄酒资格有哪些？

即使不打算从事葡萄酒相关工作，也有能够取得的资格。例如日本侍酒师协会的“葡萄酒专家”资格。

该资格要求能够进行葡萄酒品质的判断，掌握所有葡萄酒的相关知识。如今，把葡萄酒作为兴趣的人数在不断增加，该资格正为此类人员量身定做。喜好葡萄酒的某女演员通过葡萄酒培训学校的学习顺利取得了该资格，这也成为了当时的一大话题。

该考试的试题内容几乎与侍酒师资格考试一致，因此，其合格率低、较难通过。

合格之后，可以获得认定证书和徽章。

第 3 章

葡萄酒的酿造方法

本章将对葡萄酒的酿造方法，
以及作为其原料的葡萄品种进行介绍。
可谓探寻心仪葡萄酒的一大手段。

适合栽培优质葡萄的场所

使用100%葡萄作为原料的葡萄酒，葡萄品质与葡萄酒的品质息息相关。优质的葡萄酒专用葡萄，在气温、日照时间和土质等皆理想的环境下栽培而成。

葡萄酒分布带和平均气温是重要项目

对于葡萄酒专用葡萄而言，栽培地的气温是最重要的条件之一，年平均气温在10℃~20℃最为合适。栽培地纬度在北半球和南半球存在若干差异，北纬30°~50°、南纬20°~40°左右范围被称为“葡萄酒分布带”，是最适合栽培的区域。其中，气温低的地区更适合生长优质葡萄。气温高的地区，则葡萄生长快，收获量大。

此外，白天和夜间的温度差分明也是培育优质葡萄的重要条件。

土壤条件和日照时间影响着葡萄酒的品质

贫瘠土壤适合葡萄酒专用葡萄的栽培。贫瘠土壤的葡萄树为了充分吸收土中的矿物质水分，而向地下更深处扎根。此外，为了提供适度的水分，排水性能佳也是重要的条件。在土壤肥沃且水分多的地方生长的葡萄根部横向生长，葡萄口味更加浓缩。

另外，日照量也是影响葡萄品质的重要要素。自开花时期起，果实的生长期间尤其重要，年日照量1500~2000小时是理想状态。

北半球朝南斜坡、南半球朝北斜坡非常适宜

日照量对葡萄栽培产生重要的影响，其根据纬度和气候、葡萄田环境的不同而存在差异。为了确保足够的日照量，各栽培地采取了多种措施。高纬度地域由于太阳照射度低，一般在斜坡上耕作葡萄田，同时尽可能让照射度接近直角。北半球的朝南斜坡、南部球的朝北斜坡多葡萄田也是一大特征。

土地固有的自然条件——风土条件

在知晓葡萄酒专用葡萄酒方面，重要的一点即是风土条件。该词在法国独特的文化中孕育而生，主要指气候和土壤等土地的整体环境，它对葡萄的生长产生着重要影响。即使同样地域，当日照量、温度差、风向、雨量等存在微小差异时，该土地固有的环境也会孕育出不同的葡萄。此外，在法语中，地形等局部气象环境，被称为“微气象”。

法国的金丘省，秋天的金色洒满整个葡萄田。

皮芭贺龙酒庄位于法国普罗旺斯地区，气候温暖。

高级葡萄酒的代名词——罗曼尼康帝的葡萄酒酿造厂也位于金丘省。

拥有黄金斜坡的金丘省

在勃艮第的金丘（意为“黄金斜坡”）省，葡萄田分布于长达50km的细长丘陵地带。由于地形连绵起伏，每片葡萄田的日照和气候等条件均存在很大差异。由于每片葡萄田的土质也不尽相同，人们在栽培时会尽最大限度发挥出不同的自然条件。该葡萄田的风土条件存在差异，因此同一品种也存在不同特征，为单一品种的勃艮第葡萄酒带来了丰富的个性。

葡萄酒专用葡萄的栽培方法

葡萄的栽培方法，根据生产地的环境和品种不同而具有较大差异。为了栽培更加优质的葡萄，全年均需用心呵护。

葡萄树的1年——从休眠到收获

葡萄苗经过5~6年的生长后，开始结果。葡萄树的1年，大致分为冬季休眠期和春夏秋生长期。根据品种和气候的不同也会发生变化，通常情况下，3月开始发芽、经过2个月左右开花结果。为了果实生长坚固，该期间的充足日照是非常重要的。夏季时果实成熟，10月至11月将迎来收获期。南半球的生长时间轴恰好相反。

重要的修枝工作

休眠期最重要的工作便是修枝。为了防止枝干过长，确保稳定的品质和收获量以及树木的健康，需要剪掉多余的枝干。

发芽后展叶

气温超过10℃后开始发芽，不久便会长出绿叶。为了提高葡萄的品质，需要剪掉多余的新芽和叶子。

开花结果

发芽2个月后开花，通过自花授粉结出果实。该时期为了保证葡萄的健康生长，需要剪掉多余的花穗和葡萄串，以及生长过茂的叶子。

终于到了收获时节

伴随绿色果实的着色，酸味减少、糖分增加。通过酸味和糖分的均衡以及气候的变化，可对收获时期进行判断。

葡萄树的培形方法多样化

根据葡萄田的环境和形状、种类等，对其培形方法也要进行多种钻研。正确的培形方式，可以提高日照量、收获量、工作效率，对于酿造更优质的葡萄起着重要作用。

·栅栏式培形·

单居由式

单居由式是居由式的代表方式。做法是沿着铁丝种植葡萄树，将生长的枝条捆绑在铁丝上。该方法栽培的葡萄收获量低、质量上乘，在法国和意大利等较为常见。

双居由式

与单居由式同样，由法国居由发明的培形方法。与单居由式不同之处在于，需要将生长的枝条左右分开。间隔只有1m左右，所以葡萄树向地下更深处扎根，以吸收养分。

栅栏式培形是常见的一种方式。

高登式

该方式于19世纪，由法国高登发明。做法是从葡萄主干将枝条左右分开，并捆绑在铁丝栅栏上，将新枝（嫩枝）修剪掉，留下2个嫩芽即可。与居由式相比，该方法的收获量较高。

GDC式

美国发明的一种方式。做法是将主枝放置高处，让新枝下垂。其优点在于新枝长势不会过于强壮，可减少果实的劣质化。提供给果实的养分流向状态也有条不紊。

GDC是今后值得期待的栽培方法之一。

·大棚式培形·

做法是葡萄树距地面2m以上，沿着用木条或铁丝制作的水平大棚生长。其中，叶子起到遮阳作用，可防止葡萄受到地面湿气的侵害。日本多采取该种方法，尤其适合树木长势强壮的甲州。

日本多处采取大棚式培形。

·支柱式培形·

将葡萄枝干沿着垂直地面的支柱固定，然后将嫩枝弯曲成心形固定。该方法适合于陡斜坡的葡萄田，在德国较为常见，巴塞尔地区也常使用该方法。

·树桩式培形·

在枝干旁边立上支柱，任其垂直生长。生长出的树枝可起到遮阳作用，避免葡萄受到强烈的日晒，另一方面，由于通风性能差，容易形成霉菌。适合干燥的地域、或树木长势不太强壮的品种。

法国和西班牙湿气少，多采用该方式。

葡萄酒酿造前的准备工作

收获的葡萄向葡萄酒完美变身！

葡萄酒包括红、白、玫瑰红、起泡等多种，无论是哪一种，基本酿造方法都相同。在多种酒类之中，葡萄酒的酿造方法最为简单。

酿造技术的发展酿造出“神酒”

正如“优质的葡萄酒由优质葡萄酿造而成”，葡萄的品质是葡萄酒的重要要素。然而，就像“古代与现代葡萄酒品质存在较大差异”那样，人类对葡萄酒的思考——即酿造技术的进步和科学的发展，大大地提高了葡萄酒的品质。

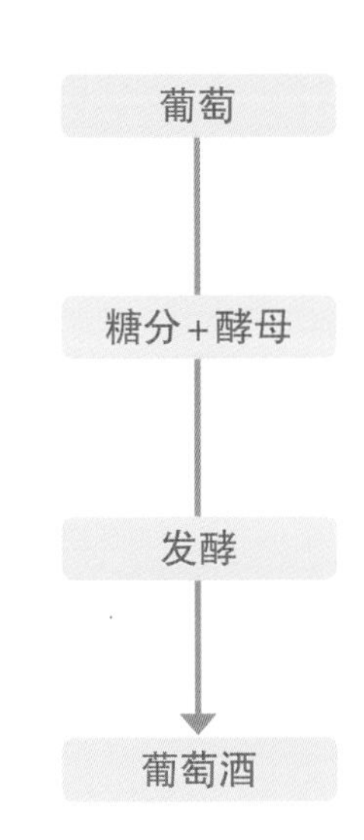

葡萄变身成葡萄酒既意外又简单

葡萄本身就含有酒精发酵时必备的糖分，在果皮上附着的酵母的作用下，开始酒精发酵，放置任其自然变化，便形成了葡萄酒。如今，通常会添加酵母进行酿造。

红葡萄酒和白葡萄酒的酿造方法有何不同？

红白葡萄酒的酿造方法基本相同，白葡萄酒由白葡萄酿造而成，而红葡萄酒由红葡萄酿造而成。白葡萄压榨后仅以果汁状态进行发酵。而红葡萄酒需要将涩味和色素的来源——果皮和果肉、葡萄籽混合后发酵，发酵后再进行压榨。

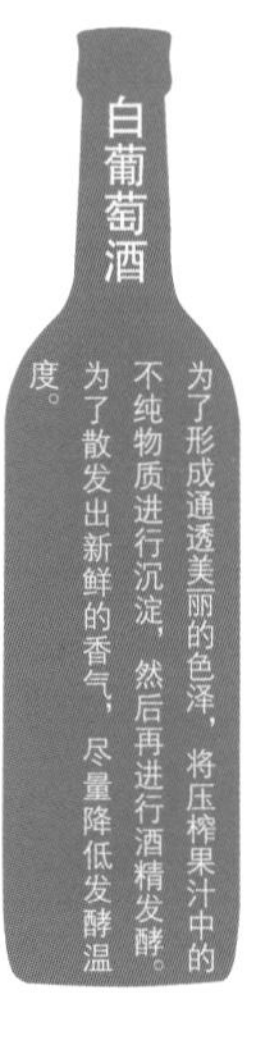

红葡萄酒

果汁中果皮和葡萄籽相混合的状态下进行发酵。提取果皮和葡萄籽中的红色素（花色素苷）和涩味成分（单宁）的过程称为“浸皮”。

葡萄酒的酿造过程

根据酿造方法，葡萄酒可以分为4类。

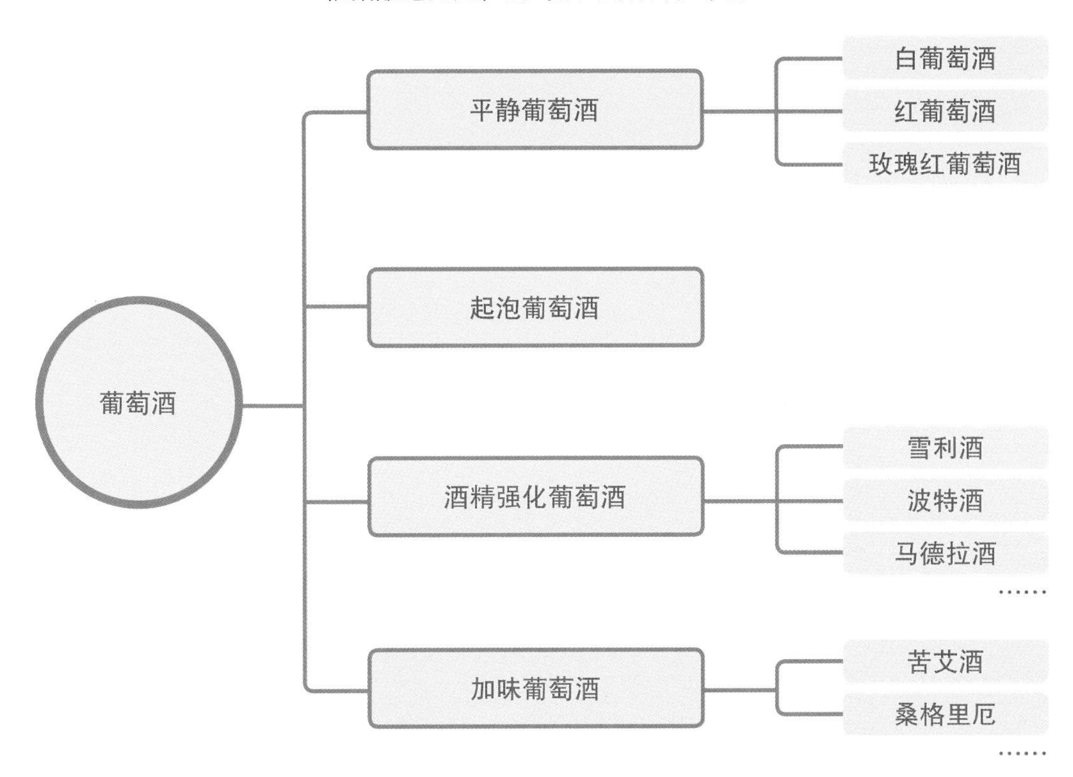

何谓“加味葡萄酒”？

所谓“加味葡萄酒”，就是以葡萄酒为酒基，添加以各种香料和香草、水果等为原料的蒸馏酒或提取液、果汁。又被称为“加香葡萄酒”、“香味葡萄酒”、“混合葡萄酒”等。除直接饮用外，还可以用于鸡尾酒和料理。酿制方法因生产者而异，一般发酵之前的步骤与白葡萄酒相同。在储存时，经过数月~一年左右的熟成后，可浸泡草根树皮和水果等香味材料，或者添加蒸馏酒、糖汁等。总之，根据生产者，酿制方法缤纷多彩。

代表性加味葡萄酒

葡萄酒名称	生产国	特征
苦艾酒	法国 意大利	知名品牌有NOILLY PRAT（法国）、CINZANO（意大利）、MARTINI（意大利）。
杜本内	法国	在葡萄酒中混入奎宁皮后在酒樽内熟成。
利蕾	法国	波尔多产。
桑格里厄	西班牙	在红葡萄酒和白葡萄酒中添加橙子、柠檬等压榨果汁，用糖汁浸入涩味。
松香酒	希腊	通过添加松脂赋予其风味的传统葡萄酒。

葡萄酒味道由葡萄决定！

在数千种葡萄品种之中，实际用作葡萄酒酿造的品种约100种。葡萄的个性受到土壤、气候、生产者（人类）的影响。

知晓葡萄特征，更容易探寻到心仪的葡萄酒。

作为葡萄酒原料的葡萄品种大约有100种。正因为品种众多，葡萄酒味道也多种多样。知晓各品种的特征，更容易掌握各葡萄酒的味道。此外，也更容易探寻到心仪口味的葡萄酒。

然而，即使同一品种，根据生产地气候、土壤以及酿造者的不同仍会存在差异。通常情况下，不同品种酿造的葡萄酒味道情况可参考右侧图表。

红葡萄酒品种图表

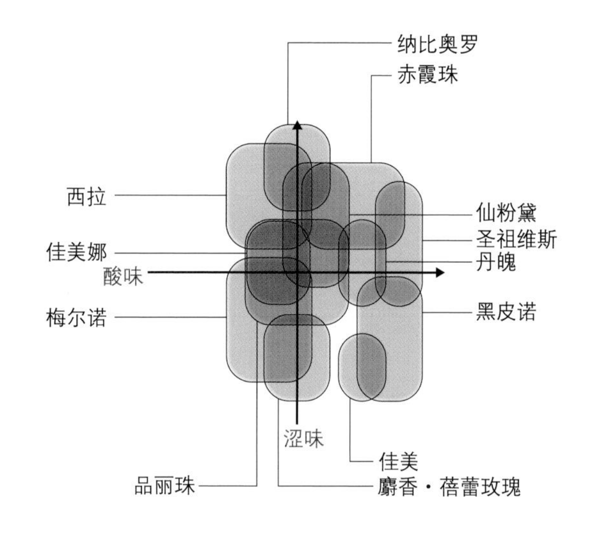

白葡萄酒品种图表

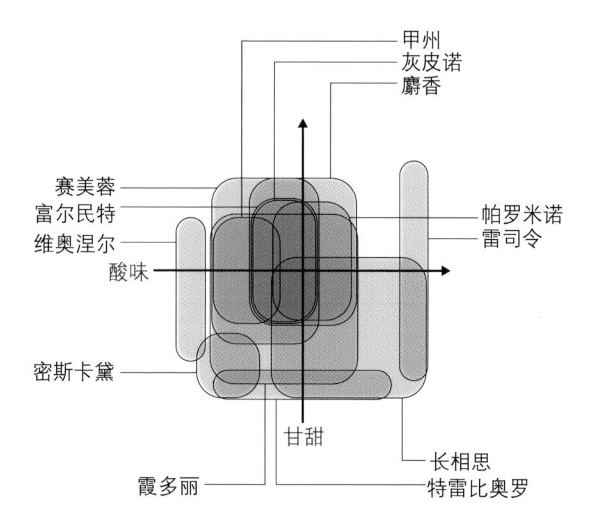

红葡萄酒专用葡萄

➡P64

赤霞珠

法国波尔多红葡萄酒的代表品种。梅多克产区栽培的葡萄几乎均是该品种。

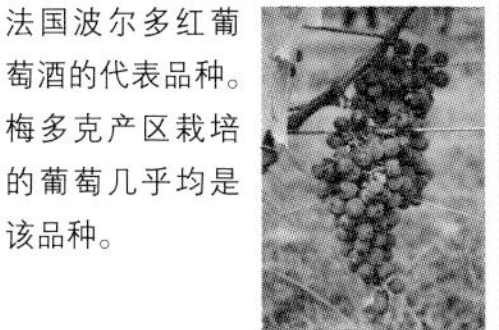

➡P67

黑皮诺

勃艮第的代表品种，由单一品种进行高品质葡萄酒的酿造。香气华丽而纤细。

➡P69

西拉

罗讷河谷流域历史悠久的品种，生产出许多熟成类型的知名葡萄酒。在澳大利亚又被称为“西拉斯”。

➡P70

丹魄

酿造着西班牙高级葡萄酒，以里奥哈为中心进行栽培。其味道厚重，也适合传统的酒樽熟成。

➡P65

品丽珠

以波尔多和卢瓦尔为栽培中心。具有木莓和樱桃的香气、味道纤细。

➡P68

佳美

作为博若莱新酒的原料而闻名遐迩，其果味丰富、香气华丽，适合早期饮用。

➡P69

纳比奥罗

意大利的代表性品种，主要产地是皮埃蒙特。其单宁和酸味强烈，经过长期熟成，绽放出诱人的光辉。

➡P71

仙粉黛

以加利福尼亚为中心进行栽培。其果味丰富、单宁醇厚，适合酿造红、玫瑰红葡萄酒。

➡P66

梅尔诺

以法国波尔多地区为代表，在世界各国均有栽培。单宁少、口感醇厚、果味丰富。

➡P68

麝香·蓓蕾玫瑰

在日本诞生的红葡萄酒专用葡萄，欧洲系品种杂交而成的品种。具有独特丰富的果味和适宜的涩味。

➡P70

圣祖维斯

意大利品种。因托斯卡纳的基昂蒂而闻名遐迩。明亮的果味和芳香也适合熟成类型的酿造。

➡P71

佳美娜

原产于波尔多的品种，如今主要产于智利。由其酿造的葡萄酒色泽深、风味稳定优雅。

白葡萄酒专用葡萄

➡P72

霞多丽

作为辛辣白葡萄酒的代表品种，在世界各地均有栽培。法国的勃艮第和香槟酒地区是主要产地。

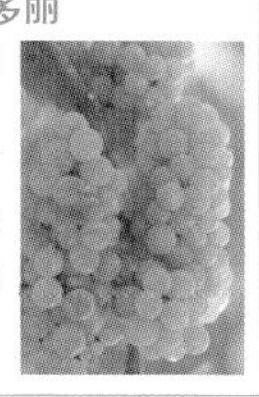

➡P75

长相思

以卢瓦尔和波尔多为中心，法国生产着许多知名葡萄酒。具有柑橘系香气和酸味的辛辣口味居多。

➡P77

密斯卡黛

主要栽培在卢瓦尔河谷流域的品种，因辛辣的密斯卡黛葡萄酒而闻名遐迩。其新鲜的味道中夹杂着柑橘系香气。

➡P78

特雷比奥罗

在意大利被广泛栽培，收获量高。其在法国被称为“白玉霓”，是白兰地的原料。

➡P73

雷司令

原产于德国的品种，由其酿造的葡萄酒类型从辛辣口味至甘甜口味，应有尽有。摩泽尔和法尔兹是主要产地。

➡P76

帕罗米诺

西班牙雪利酒的原料，尤其在石灰质土壤的安达鲁西亚地区，栽培着大量优质葡萄。

➡P77

麝香

具有水果和花朵般强烈香气。由其酿造的葡萄酒种类多样。其中，阿尔萨斯的辛辣口味非常知名。

➡P79

灰皮诺

黑皮诺的突变品种。即使同一品种，在意大利酿造的白葡萄酒轻快，而法国则复杂厚重。

➡P74

赛美蓉

波尔多的白葡萄酒专用品种，多进行混酿。在苏德恩多用于酿造贵腐葡萄酒。

➡P76

甲州

日本自古以来栽培的欧洲系白葡萄酒专用品种。其新鲜的味道中夹杂着柑橘系香气的纤细感。

➡P78

维奥涅尔

主要栽培于法国罗讷河谷和法国南部。果实、花和香料等丰富香气充满魅力。

➡P79

富尔民特

匈牙利贵腐葡萄酒——托卡伊葡萄酒的原料。由于贵腐菌易于附着，生长的贵腐葡萄也非常优质。

Cabernet Sauvignon

赤霞珠

主要产地/法国波尔多地区、意大利、西班牙、美国加利福尼亚州、智利

波尔多的代表性品种

黑葡萄的代表性品种，最初使用该葡萄生产葡萄酒的是法国波尔多地区的梅多克产区。如今依然是梅多克产区的主要栽培品种，与葡萄酒均受到高度评价。其喜好温暖气候，适应力强，在法国、西班牙、美国、智利等世界各地均有栽培。由其酿造的葡萄酒从亲民型至高价型，类型多样。

赤霞珠葡萄酒色泽深、酒体有力、香气辛辣、酸味和涩味均衡、单宁紧缩馥郁。通过长期熟成，香气更加复杂、味道更加深邃。同时，也可以与梅尔诺品种、品丽珠品种等进行混酿。

●历史

长相思和品丽珠自然结合诞生的品种。用该品种进行的葡萄酒的酿造始于波尔多。

●特征

葡萄串小、果粒也很小。果皮较硬、呈蓝黑色，属于晚熟品种。完全熟成后，产生美妙的香气和有力的味道。

●别名

小解百纳、北塞、小北塞、薇朵尔、小薇朵尔、纳瓦拉

2010盾牌赤霞珠红葡萄酒

➔P185

2011赤霞珠红葡萄酒

➔P177

2011gb88赤霞珠红葡萄酒

➔P171

2006赤霞珠红葡萄酒

➔P165

2009拉格兰吉酒庄红葡萄酒

➔P103

赤霞珠红葡萄酒

➔P234

Cabernet Franc

品丽珠

主要产地/法国波尔多地区、卢瓦尔、南非、日本

纤细优雅的香气

该品种主要栽培在法国波尔多地区的圣艾米隆产区和卢瓦尔河谷等地。仅法国一国的生产量就占世界生产量的80%左右。在圣艾米隆产区，该品种被称为“北塞”；而在卢瓦尔河谷又被称为“布瑞顿”。

该品种属于早熟类型，但也适合熟成。与赤霞珠品种相比，其单宁少，具有野生木莓和樱桃般纤细香气，以及恰到好处的苦涩醇厚味道。

在波尔多地区，多将品丽珠与赤霞珠品种和梅尔诺品种进行混酿。在卢瓦尔河谷的希侬产区、布尔格伊产区和索米尔产区等地，使用该品种酿造的葡萄酒闻名遐迩。

●历史
原产地在波尔多。作为赤霞珠的杂交母本而被人们熟知。

●特征
与赤霞珠相比，其果粒稍大、单宁少，属于早熟品种。适合生长在寒冷地域。

●别名
北塞、大北塞、布瑞顿、大解百纳、大薇朵尔、解百纳·佛兰

2009岩石古堡红葡萄酒

➡P103

拉兹家族酒庄品丽珠红葡萄酒

➡P195

2012希依古兰城堡红葡萄酒

➡P119

2009瓦朗德鲁之三红葡萄酒

➡P106

顶级品丽珠红葡萄酒

Merlot

梅尔诺

主要产地/法国波尔多地区、意大利、美国加利福尼亚州、华盛顿州、智利

■馥郁醇厚的果味

该品种主要栽培在法国波尔多地区的圣艾米隆产区和庞马洛产区，进行着高品质葡萄酒的酿造。与赤霞珠品种相比，其属于早熟类型，具有丰富的果味和稳重的酸味，该品种单宁少，由其酿造的葡萄酒味道柔和而醇厚。

在波尔多地区，多将该品种与赤霞珠品种进行混酿，二者互相作用，增加了复杂感。此外，赤霞珠喜好排水性能佳的土壤，而梅尔诺喜好保水性能佳的土壤，因此，二者对于充分利用葡萄田而言，可谓绝妙的组合。

该品种在美国加利福尼亚州和华盛顿州、智利等新世界也有栽培，非常受欢迎。

●历史
原产于法国西南部，法国波尔多是主要生产地。在世界各地被广泛栽培。

●特征
与赤霞珠相比，其果粒和葡萄串皆大、果皮薄、呈蓝黑色。喜好保水性能强的粘土质土壤。属于生产性能高的早熟品种。

●别名
黑梅尔诺、红赛美蓉、黑梅多克、小梅露、碧妮

2010旭日梅尔诺红葡萄酒
➔P177

2009玻璃山梅尔诺红葡萄酒
➔P165

2011西耶娜红葡萄酒
➔P161

2010桃乐丝殿堂梅尔诺干红葡萄酒
➔P151

2008瑞尼红葡萄酒
➔P107

奥出云梅尔诺红葡萄酒

Pinot Noir

黑皮诺

主要产地/法国勃艮第地区、阿尔萨斯地区、德国、意大利、美国加利福尼亚州、新西兰

勃艮第的主要品种

法国勃艮第地区的代表性品种，其葡萄串小、果皮微薄。喜好寒冷干燥气候，适合内陆大陆性气候产地，譬如勃艮第地区等。此外，根据土壤条件和气候条件，个性也会发生较大差异，因此生产地变得极为重要。该品种在欧洲其他地域、美国和新西兰也有栽培，根据产地不同，酿造的葡萄酒味道各具特点。

该品种的最大特征是华丽而纤细的香气。由其酿造的葡萄酒具有木莓等红色果实的香气和玫瑰、紫罗兰般优雅气、单宁柔和、口感如天鹅绒般。也适合长期熟成。

●历史
具有非常悠久的历史，喜好寒冷气候。霞多丽和黑佳美的杂交母本。

●特征
果粒小、呈椭圆形，葡萄串小，果粒饱满。果皮薄、呈蓝黑色，果肉无色，因此单宁少，葡萄酒色泽较淡。

●别名
诺瓦尔恩、黑莫瑞兰、内罗皮诺、布洛勃艮德、克莱纳

2011艾拉莫黑皮诺红葡萄酒

➡P185

2011向日葵有机红葡萄酒

➡P165

2011阿斯曼豪森侯兰堡红葡萄酒

➡P145

2008特伦托内罗皮诺红葡萄酒

➡P139

2010沃恩·罗曼尼红葡萄酒

➡P110

黑皮诺2012红葡萄酒

Muscat Bailey A
麝香・蓓蕾玫瑰

主要产地/日本山梨县、兵库县、冈山县

●历史
1940年，日本发明的蓓蕾和汉堡麝香杂交品种。

●特征
果粒稍大、果皮厚、呈黑紫色。葡萄串大。即使在高温潮湿的日本气候下也能生长的欧洲系葡萄品种。

●别名
蓓蕾A、麝香A

以追求适应日本气候风土的欧洲系葡萄而诞生的品种，作为日本的红葡萄酒专用葡萄，生产量位居首位。有“日本葡萄酒之父”之称的川上善兵卫，在进行1万多种品种杂交后，顺利将欧洲系的汉堡麝香品种和美洲系的蓓蕾种成功杂交，形成了该品种。由其酿造的葡萄酒具有轻快的果味和适宜的涩味，以及明亮的色泽。

岩之云传统红葡萄酒

2012丸藤麝香蓓蕾玫瑰酒樽储藏红葡萄酒

2013帕皮优麝香蓓蕾玫瑰红葡萄酒

Gamay
佳美

主要产地/法国勃艮第地区、卢瓦尔河谷、德国、意大利、美国、新西兰

●历史
原产于勃艮第的古老品种，由黑皮诺和白葡萄品种高维斯杂交而成。

●特征
果粒微圆、葡萄串小且紧密。果皮厚、呈黑色。喜好寒冷气候，属于早熟类型，收获量高。

●别名
黑佳美、格罗白佳美、黑勃艮第

适合在花岗岩质土壤生长。法国勃艮第地区的博若莱是一大产地，作为博若莱新酒的原料而闻名遐迩。具有明亮的色调、玫瑰和紫罗兰般华丽香气。木莓和草莓般果味与轻快的涩味令人心旷神怡，在未熟成时便可以享用。

2009雅克城堡风车红葡萄酒

➜P112

2011乌巴班佳美红葡萄酒

➜P159

2008博若莱红葡萄酒

➜P112

Nebbiolo
纳比奥罗

主要产地/意大利皮埃蒙特、伦巴第大区

●历史
原产于意大利皮埃蒙特的品种。

●特征
果粒大小适中。表面附着大量蜡粉，呈灰色。果皮薄、呈暗紫色，形成的葡萄酒色泽较深。属于晚熟类型。

●别名
皮埃蒙特纳比奥罗、纳比埃、斯帕那、查万纳斯卡、皮克托纳鲁

意大利的代表性品种。对土壤的栽培条件要求苛刻。主要栽培在温度差显著、土壤为石灰质泥灰的皮埃蒙特大区，酿造着巴罗罗、巴巴莱斯科等葡萄酒。在未熟成时，果味和花香丰富、单宁和酸味强烈，经过长期熟成，味道更加深沉。该名字源于皮埃蒙特州在10月中旬收获期经常出现的雾气（nebbia）。

2007阿尔巴纳比奥罗干红葡萄酒

➡P131

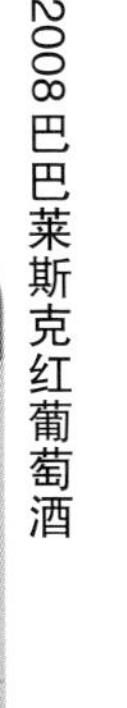

2008巴巴莱斯克红葡萄酒

➡P131

2009松切拉巴罗罗红葡萄酒

➡P131

Syrah
西拉

主要产地/法国罗讷地区、法国南部、西班牙、美国、澳大利亚、南非

●历史
自古便在罗讷河谷流域进行栽培的品种。

●特征
果粒呈小椭圆形、葡萄串小。果皮色素多，形成的葡萄酒色泽较深。喜好温暖干燥的环境，属于早熟类型。

●别名
西拉斯、黑玛珊、埃米塔日

西拉自古以来便栽培在罗讷河谷流域，喜好温暖干燥的气候。由其酿造的葡萄酒单宁和酸味、涩味强烈、味道辛辣而厚重，属于长期熟成类型。19世纪前半叶，该品种被引进至另一主要产地——澳大利亚，如今成为栽培面积最大的品种，又被称为“西拉斯”。此外，该品种在美国和南非等世界各地均有栽培。

2010中央海岸曲佩酒庄红葡萄酒

➡P165

2011美味西拉斯红葡萄酒

➡P171

2011莎普蒂尔梅索尼尔干红葡萄酒

➡P115

Tempranillo
丹魄

主要产地/西班牙里奥哈、葡萄牙

●历史
原产于里奥哈的古老品种。

●特征
果皮厚，形成的葡萄酒色泽深。丹魄意为“早熟”。其成熟早，自9月中旬起便可以收获。

●别名
乌尔德耶布雷、罗丽红、菲诺、拓德尔派斯

高品质红葡萄酒的原料，西班牙的代表性品种。几乎西班牙所有地区均有栽培。其喜好寒冷气候，海拔较高的里奥哈是主要生产地。具有丰富果实和香草等芳香，以及莓果系果味、单宁和酸味浓烈。属于均衡感佳的长期熟成类型，多通过传统酒樽熟成酿造而成。

2006福斯蒂诺5世红葡萄酒

➡P149

97罗达酒庄I红葡萄酒

➡P149

2012范德米亚干红葡萄酒

➡P149

Sangiovese
圣祖维斯

主要产地/意大利托斯卡纳、艾米利亚·罗马涅、美国

●历史
意大利葡萄之中最古老的品种之一，原产于托斯卡纳地区。

●特征
果粒小、呈紫黑色，葡萄串紧缩饱满。附着大量蜡粉。

●别名
圣祖维斯·皮科洛、圣祖维托

该品种在意大利所有地区均有栽培，以栽培面积最大著称，是意大利的代表性品种。其中托斯卡纳是主要产区，酿造着以基昂蒂等著名葡萄酒。其具有洋李般果味和水果香气、酸味高，也适合长期熟成。此外，布鲁内罗品种是圣祖维斯的克隆品种之一，酿造的葡萄酒核心味道更加有力，属于长期熟成类型。

2010艾格尼帕拉佐红葡萄酒

➡P139

2009蒙特安帝克红葡萄酒

➡P135

2009古典基昂蒂红葡萄酒

➡P135

Carmenère
佳美娜

主要产地/智利、法国

●历史
原产于法国波尔多，在19世纪中期传入智利。
●特征
果粒和葡萄串均小。喜好日照时间长的温暖气候，属于晚熟品种。
●别名
格兰佳美娜、格兰德薇朵尔

佳美娜自古以来在法国地区便有栽培，19世纪受到害虫（葡萄根瘤蚜）的侵害，在法国的生产量骤减。如今，栽培中心已从法国转移至智利。由其酿造的葡萄酒色泽深、单宁稳定，具有丰富的果味和优雅的口味。“佳美娜”一词源于完全成熟的葡萄叶呈现美丽的深红色（Carmine）。

2010卡丽德拉酒园佳美娜珍藏红葡萄酒
➔P177

2011蒙嘉斯酒庄佳美娜珍藏红葡萄酒
➔P177

2011旭日佳美娜红葡萄酒
➔P177

Zinfandel
仙粉黛

主要产地/美国加利福尼亚、意大利

●历史
19世纪中期由欧洲引入美国。与意大利的普里米蒂沃属于同一品种。
●特征
果粒大、果皮薄。由于同一葡萄串的各果粒成熟度不均一，很难判断其收获时期。
●别名
普里米蒂沃

该品种主要栽培在美国，其中加利福尼亚是生产中心地。其喜好温暖的气候，个性根据生产地区而不同。在单一葡萄田，也酿造出个性化高品质的葡萄酒。具有莓果系果味和醇厚的单宁、辛辣的香气。其味道怡人，形成的葡萄酒类型多样化，譬如中甜玫瑰红葡萄酒等。

2008纳帕谷高地仙粉黛红葡萄酒
➔P165

2010蒙达维酒园木桥仙粉黛红葡萄酒
➔P165

2011白色仙粉黛葡萄酒
➔P165

Chardonnay
霞多丽

主要产地/法国勃艮第地区、香槟酒地区、美国、智利

辛辣白葡萄的代表品种

该白葡萄酒代表品种原产于法国，在美国、智利和南非等世界各地均有栽培。法国的勃艮第地区和香槟酒地区是主要产地，夏布利、蒙哈榭和高登·查理曼等地生产着100%霞多丽著名高级葡萄酒。霞多丽也是香槟酒3大原料之一。

由于其适应性强，在土壤和气候多样的环境下均能成功栽培，根据产地的不同，葡萄风味也存在较大差异。此外，根据生产者和酿造方法的不同，从未熟成的新鲜类型至厚重的有力类型，富有惊人的多样化。通过酒樽熟成，味道变得更加复杂。

●历史
该品种名称源于勃艮第的霞多丽村。由黑皮诺和白高维斯杂交而成。

●特征
果粒小、果皮厚、葡萄串大小呈小~中程度。属于早熟类型，喜好石灰质土壤。

●别名
霞多丽皮诺、霞多丽白皮诺、白佳美、万利隆

阿鲁帕曼塔·纳塔尔霞多丽白葡萄酒

➜P185

圣哈利特酒庄塔缇阿拉霞多丽白葡萄酒

➜P171

2012圣巴巴拉霞多丽白葡萄酒

➜P165

皮埃蒙特霞多丽白葡萄酒

➜P133

2011普里尼·蒙哈榭白葡萄酒

➜P111

菊鹿霞多丽白葡萄酒

Riesling

雷司令

主要产地/德国、法国阿尔萨斯地区、奥地利、澳大利亚

清爽的酸味和果味

雷司令和霞多丽、长相思并称白葡萄酒专用3大葡萄。主要栽培在摩泽尔和法尔兹。除德国，该品种在法国和意大利、美国、澳大利亚等世界各地均有栽培。其属于晚熟类型，对冰霜抵抗力强，根据收获时期和酿造方法的不同，由其酿造的葡萄酒从轻快的辛辣口味到甘甜口味（利用晚摘葡萄或贵腐葡萄），范围十分广泛。

其具有鲜明的酸味、新鲜的果味和丰富的矿物质成分，进一步熟成之后，蜂蜜等香气外露。此外，生产地的风土条件被表现地淋漓尽致，每个生产地均酿造着多样化葡萄酒。

●历史
原产于德国莱茵河谷。

●特征
果粒小、果皮厚。色泽呈淡淡的黄金色~绿色，熟成后形成茶色斑点。葡萄串小，属于晚熟类型。

●别名
约翰山、豪客海沫、卡斯特贝鲁格、白雷司令

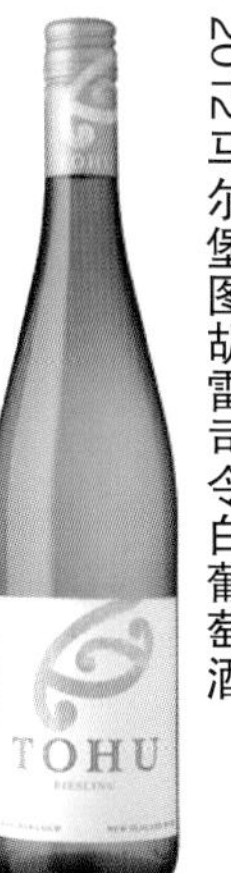

2012马尔堡图胡雷司令白葡萄酒

➜P191

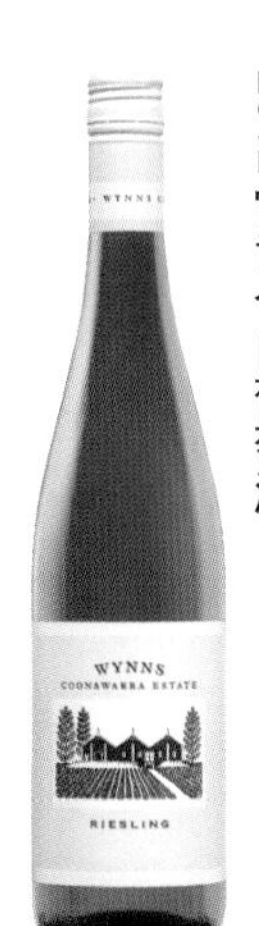

2012雷司令白葡萄酒

➜P171

富瑞斯雷司令白葡萄酒

➜P167

2011凡斯坦雷司令白葡萄酒

➜P159

策尔黑猫KAB白葡萄酒

➜P143

2009雷司令迟摘葡萄酒

➜P121

Semillon

赛美蓉

主要产地/法国波尔多地区、澳大利亚、新西兰、智利

波尔多的白葡萄酒品种

赛美蓉和长相思、密斯卡黛是波尔多地区认定的三大白葡萄品种。波尔多地区几乎不使用单一品种进行葡萄酒的酿造。赛美容经常与其他两种进行混酿，尤其多与长相思混合酿制。通过与长相思混合，醇厚的果味进一步立现。

赛美蓉酸味少，具有蜂蜜和干果的香气以及稳重的酸味。此外，由于容易产生贵腐菌，常用其进行贵腐葡萄酒的酿造。近年来，澳大利亚的赛美蓉栽培逐渐增加，酿造了许多果味柔和的葡萄酒。

●历史

原产于法国西南部的品种。

●特征

果粒适中、葡萄串呈圆锥形。果皮薄、容易产生贵腐菌。

●别名

赛美蓉・麝香、赛美蓉・鲁、白赛美蓉、绿葡萄、猎人谷雷司令

2011马尔堡迟摘赛美蓉白葡萄酒

➜P191

2012德保利圣山赛美蓉&霞多丽白葡萄酒

➜P173

2010圣特哈雷特・宝查斯赛美蓉长相思白葡萄酒

➜P171

2010艾科勒No41赛美蓉白葡萄酒

➜P167

2012木桐嘉棣格拉芙珍藏白葡萄酒

➜P104

2010拉菲莱斯珍宝贵腐甜白葡萄酒

➜P105

Sauvignon blanc
长相思

主要产地/法国波尔多地区、卢瓦尔河谷、美国加利福尼亚州、新西兰

柑橘系香气和酸味

该品种原产于法国西部，主要栽培于卢瓦尔河谷和波尔多。卢瓦尔河谷的索米尔和普伊富美等葡萄酒非常知名。波尔多地区将其和赛美蓉、密斯卡黛进行混酿，酿造出非常著名的葡萄酒。自20世纪后半期，美国加利福尼亚州和新西兰等世界各地均进行其栽培，并酿造出多种知名品牌。

仅使用长相思单一品种酿造而成的葡萄酒，新鲜类型居多，具有药草和柑橘系清爽香气和自然酸味，还有青草般的香气，味道充满个性。而波尔多地区也酿造着通过酒樽发酵、酒樽熟成的长期熟成类型。

●历史
原产于法国西部。与品丽珠同时作为赤霞珠的杂交母体而被人熟知。

●特征
果粒小、黄色中夹杂着绿色、葡萄串小。喜好石灰质土壤、属于晚熟类型。

●别名
索维尼翁、富美白、白富美、索维尼翁・约努

2011三叠石长相思白葡萄酒

➡P191

2011周期系列长相思白葡萄酒

➡P183

2012水博客酒庄长相思白葡萄酒

➡P167

2008安娜利亚长相思白葡萄酒

➡P153

2011桑塞尔白葡萄酒

➡P119

2010佛泽尔酒庄白葡萄酒

➡P104

Koshu
甲州

主要产地/日本山梨县、长野县

●历史
甲州是欧洲系葡萄品种，经由丝绸之路被引入日本。

●特征
果粒大、果皮厚、带有红葡萄口味。葡萄串大，果粒之间间隙大。

●别名
无

该品种自古便栽培于日本山梨县胜沼町，既可以直接使用，又可以用于葡萄酒酿制。根据近年的遗传因子分析，其母系是欧洲葡萄。2010年，被收录于葡萄酒国际审查机构“OIV”，作为日本独有的白葡萄酒专用品种，受到世界的瞩目。其具有柑橘系果香、稳定的酸味、纤细的矿物质感和新鲜的味道。

2011莱茵高甲州白葡萄酒

➔P145

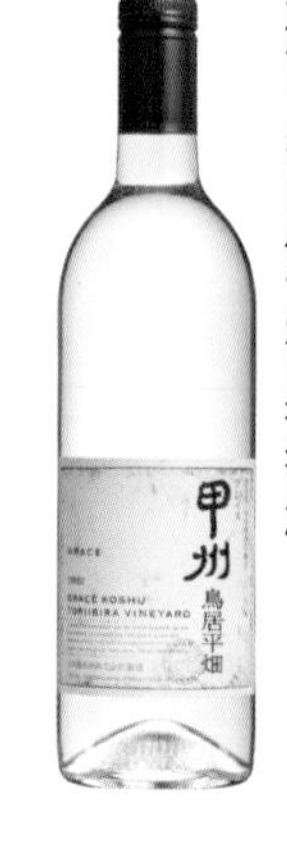

三泽甲州岛居平畑白葡萄酒

甲州死亡酿造法白葡萄酒

Palomino
帕罗米诺

主要产地/西班牙安达卢西亚、加里西亚、卡斯提尔·莱昂

●历史
原产于西班牙安达卢西亚地区的品种。

●特征
果粒大、葡萄串大。喜好温暖干燥的气候，成熟早。

●别名
卢里斯坦、赫雷斯、阿尔万

该品种葡萄串大、抵御病虫能力强、生产量高。在西班牙全部地区均有栽培，其中，安达卢西亚地区赫雷斯酿造着菲瑙和阿蒙蒂亚、欧罗索等雪利葡萄酒。安达卢西亚的“白土地(Albariza)”石灰质土壤保水性强，栽培着优质的帕罗米诺。由其酿造的雪利酒，具有“FLOR（浮在葡萄酒表面的一种白色酵母）”的特有香气。

阿蒙蒂亚拿破仑葡萄酒

➔P153

曼萨尼亚雪利酒

➔P153

缇欧佩佩雪利酒

➔P153

Muscat

麝香

主要产地/法国阿尔萨斯地区、朗格多克&鲁西永、德国、意大利

●历史

原产于希腊，有很多亚种。

●特征

果粒大小适中、呈金黄色。果皮厚、葡萄串小。喜好石灰质土壤、属于晚熟类型。

●别名

白麝香、小粒白麝香

主要栽培于法国，具有水果般馥郁香气和玫瑰花、茉莉花般的果香，并直接表现在葡萄酒上。由其酿造的葡萄酒从辛辣口味至甘甜口味，类型多样。其中，阿尔萨斯地区酿制的葡萄酒较辛辣，作为餐前酒非常受喜爱。而朗格多克&鲁西永等其他地区多酿制甘甜口味的葡萄酒。

2011伯姆维尼斯麝香葡萄酒

➜P117

天使阿斯蒂起泡葡萄酒

➜P133

2011麝香珍藏白葡萄酒

➜P121

Muscadet

密斯卡黛

主要产地/法国卢瓦尔河谷

●历史

正如该品种的别名“勃艮第香瓜”所示，其原产于勃艮第，但如今在勃艮第并无栽培。

●特征

果粒小、呈金黄色、果皮厚。葡萄酒也呈淡淡的金黄色，也有微带绿色的类型。属于早熟类型。

●别名

勃艮第香瓜

密斯卡黛栽培于法国卢瓦尔河谷流域，进行着单一品种的酿造。具有柠檬般的柑橘系香气和酸味稳定的清新香气。其生产量的一半左右皆使用“死亡酵母法（为防止酸味，不除去发酵后的沉淀物而直接进行熟成）”进行酿制。沉淀物和葡萄酒接触后，将赋予葡萄酒更深的美味。

2010铭酿世家密斯卡黛珍藏白葡萄酒

➜P119

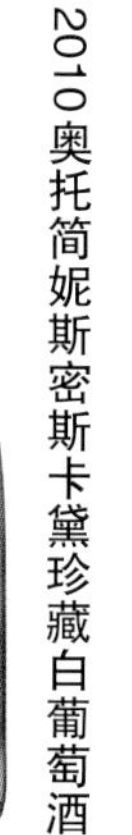

2010奥托简妮斯密斯卡黛珍藏白葡萄酒

➜P119

2011哥涅特酒庄密斯卡黛珍藏白葡萄酒

➜P119

Trebbiano
特雷比奥罗

主要产地/意大利、法国、澳大利亚

●历史
原产于意大利。

●特征
果粒大小适中、呈圆盘形。葡萄串偏大且密集。生产量非常高。

●别名
白玉霓、圣艾米隆

意大利栽培范围最广的品种，多酿造具有酸味个性的葡萄酒。其中，附带地区名字的亚种也有很多，譬如托斯卡纳周边栽培的特雷比奥罗・托斯卡纳品种、艾米利亚・罗马涅州的特雷比奥罗・罗马涅等。此外，在法国被称为“白玉霓”的同一品种，主要用于白兰地的使用。

2011就是它！就是它！！就是它！蒙泰菲亚斯科内白葡萄酒

➜P139

2012特雷卡萨利特雷比奥罗白葡萄酒

➜P139

2012安东尼园白葡萄酒

➜P135

Viognier
维奥涅尔

主要产地/法国罗讷河谷地区、美国、澳大利亚

●历史
历史悠久的品种，关于其原产地有诸多说法，其中一说原产于法国中央山块。

●特征
果粒小、葡萄串小。呈明亮的绿黄色。喜好酸性土壤，属于晚熟类型。

●别名
小维奥涅尔

丰富的香气充满魅力，但难于栽培。具有杏和桃的果味、白花的洒脱香气、蜂蜜和甘甜香料般馥郁风味、稳定的酸味，主要用于酿造酒精度偏高的葡萄酒。一直主要栽培于罗讷河谷北部，近年来随着关注度逐步提高，生产地域也扩大至罗讷河谷南部及朗格多克＆鲁西永。

2012柯诺苏维奥涅尔白葡萄酒

➜P177

2010马尼斯维奥涅尔白葡萄酒

➜P165

2011孔得里约小山丘干白葡萄酒

➜P115

Furmint
富尔民特

主要产地/匈牙利、斯洛文尼亚

●历史
原产于匈牙利。洪馁旭品种的改良品种。

●特征
果粒呈椭圆形、葡萄串大而紧缩。黄色中夹杂着绿色。喜好石灰质土壤。

●别名
无

富尔民特品种是世界3大贵腐葡萄酒之一——托卡伊葡萄酒的主要品种。托卡伊葡萄酒产区自秋季至冬季浓雾缭绕，通过贵腐菌易于附着的富尔民特，进行贵腐葡萄酒的酿造。此外，该品种未成熟时酸味强，具有馥郁的芳香，也可以酿造成清爽的辛辣口味葡萄酒。

2005托卡伊阿苏3篓白葡萄酒

➡P161

2002托卡伊晚摘白葡萄酒

➡P161

2010托卡伊富尔民特干白葡萄酒

➡P161

Pinot Gris
灰皮诺

主要产地/法国、意大利、德国

●历史
黑皮诺的突变品种，原产于第戎周边。

●特征
果粒小、红色或蓝色的果皮中夹杂着灰色。葡萄串小、呈紧缩的圆筒形。

●别名
皮诺·杰治奥,、格拉布鲁坤达

法国的灰皮诺和意大利的德皮诺·杰治奥属于同一品种，但酿造而成的葡萄酒性格却不尽相同。法国主要栽培于阿尔萨斯地区，主要酿制果味浓厚、酒体稳重的葡萄酒。而意大利主要以弗留利·威尼斯朱利亚大和伦巴第大大为栽培中心，葡萄酒具有清爽的酸味。

2012灰皮诺白葡萄酒

➡P167

2010预言石庄园灰皮诺白葡萄酒

➡P191

2009灰皮诺珍藏白葡萄酒

➡P121

红葡萄酒与白葡萄酒的差异

深红色和涩味皆充满魅力的红葡萄酒。清爽香气和通透美丽色泽的白葡萄酒。酿制方法中蕴含着哪些不同呢?

葡萄酒原料

白葡萄酒的原料是白葡萄，红葡萄酒的原料是黑葡萄，当然也存在一些例外。譬如桃红葡萄酒（→P84）、罗第丘（→P115）、基昂蒂（→P135）等红葡萄酒便是由白葡萄混制而成。白葡萄酒仅以葡萄果汁为原料，而红葡萄酒则以果皮、果肉、果汁、种子等葡萄所有成分为原味。

如左图所示，红葡萄酒和白葡萄酒的工程基本相同，不同之处在于压榨的时机——发酵前或后。此外，红葡萄酒的酿造（发酵）时间要比白葡萄酒较长。

葡萄品质即葡萄酒的品质

由葡萄压榨的果汁中，已经富含酒精发酵过程中所需的糖分，因此它与以谷物为原料的日本酒和啤酒不同，不需要使用水。由此可见，原料葡萄的品质，是决定葡萄酒品质的重要因素。

红葡萄酒和白葡萄酒的酿制方法

手工选果。

许多酿造厂的压榨工程均机械化。

在不锈钢酒桶或酒樽内熟成。

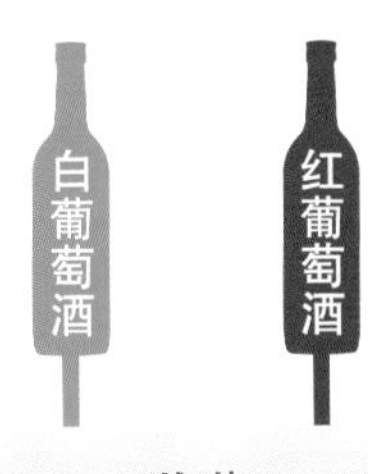

收获 观察葡萄状态，决定收获时期。为了不弄伤果实，收获后立刻运往酿造所。

选果 手工去除劣质葡萄。品质越高的葡萄酒，选果过程越要仔细。

除梗·搅碎 除去果梗（葡萄串中连接果实的枝条部分），弄破果皮使果汁流出。可以使用除梗搅碎机同时进行这两项工作。

压榨（白葡萄酒） 白葡萄酒此时进行压榨。压榨后仅提取果汁。

主要发酵 进行最初发酵。发酵过程中伴随果汁温度的提高，需要谨慎控制温度。

压榨（红葡萄酒） 红葡萄酒在发酵过程中需要进行“浸渍发酵”，提取色素和涩味后进行压榨。

后期发酵 发酵的最后过程，也称为“香气发酵”。通常红葡萄酒比白葡萄酒的时间较长。

熟成 根据葡萄酒而存在差异，不锈钢酒桶和木质酒樽等熟成过程从数个月至2年左右不等。

除渣 为了除去熟成过程中在底部沉淀的酒渣，将上部清澄部分转移至其他的大桶里。

澄清·过滤 添加澄清剂，与残渣结合后进行过滤。也有的生产者不进行此步骤。

封瓶 封瓶、安装软木塞、贴上标签后上市。该步骤多采取机械化。

进一步瓶内熟成 封瓶之后，根据酿造厂的不同，需要进行数月至数年的瓶内熟成。

何谓红葡萄酒?

红葡萄酒为何呈现红色?

红葡萄酒的原料是黑葡萄，其果肉呈白色，而并非黑色。那么，葡萄酒色泽为何呈现红色呢? 这是因为黑葡萄黑色部分，即果皮色素的浸染。

在果汁进行酒精发酵之际，果汁和黑葡萄的果皮、葡萄籽同步浸染，形成红色素——花色素苷。这便是葡萄酒的红色。

何谓“浸渍发酵”?

收获的葡萄在除梗、搅碎之后，果汁和果皮、葡萄粒以混合的状态被移入大桶里。在酵母的作用下开始酒精发酵，色素成分花色素苷、葡萄粒的苦涩成分单宁、果皮富含的香气成分被提取。该过程便是“浸渍发酵”，通常需要5天~2周的时间。为了有效地进行提取，使用长棒进行踩皮(Pigeage)，再使用酒泵等进行桶内循环(淋皮)。为了酿制出更纤细的葡萄酒味道，如今在尽力减少酒泵和机器的使用，谨慎进行提取工作的生产者也正在增加。

熟成的长短是如何决定的?

浸渍发酵和乳酸菌2次发酵结束之后，葡萄酒在酒樽和大桶内进行熟成。为了酿造醇厚的口味，通常需要数月~数年。熟成期的长短由葡萄的品种、品质以及生产者的酿造方法和方针决定。

红葡萄酒的健康效果

由于多酚的抗氧化作用，红葡萄酒的健康效果受到人们的关注。红葡萄酒富含类黄酮、花色素苷、儿茶酸、苯酚和单宁等多种多酚物质。这是因为红葡萄酒在酿造过程中，果汁、果皮和葡萄粒同时发酵，并长期熟成。多酚可以控制低密度胆固醇，防止心脏病的发生。不过葡萄酒成分的90%以上是酒精和水分。红葡萄酒中虽然含有多酚，但饮用后，酒精摄入量也会很高。因此，切忌不要忘记“葡萄酒也是酒”这个不争事实。

何谓白葡萄酒?

白葡萄酒为何呈现白色?

白葡萄酒由白葡萄酿造而成。偶尔也会使用黑葡萄果汁，但色泽呈白色。这是因为它不进行红葡萄酒的“浸渍发酵（果汁和果皮、葡萄粒同时浸渍）”程序，而只是将果汁进行发酵。为了充分散发果皮的香气成分，也有进行“浸渍发酵”的情况，但仅低温进行数小时，比红葡萄酒时间要短。

白葡萄酒的低温发酵很重要

为了提取白葡萄酒特有的清爽味道，有两大关键工序。收获葡萄之后，用其压榨的果汁会很浑浊。因此，需要将果汁冷却，经过一天一夜的静放使浑浊物沉淀。该过程称为“低温澄清法”。果汁一旦浑浊，色泽和香气将不再清新，因此，“低温澄清”是葡萄酒的重要工序。随后，发酵需要控制在15° ~20° 。这是为了达到一边提取酵母清新香气的同时，还能最大限度地控制香气成分的挥发。此外，部分白葡萄酒为了使味道醇厚，还会使用“酒渣搅拌法”，做法即是在乳酸菌的香气发酵和熟成过程中，将葡萄酒和沉淀物搅拌，以提取沉淀物中的美味成分。

白葡萄酒色泽也存在微妙差异

虽是白葡萄酒，但夹杂着透明的黄色，色泽也多种多样。根据其色调和浓淡程度，可对该葡萄酒知晓一二。色淡且夹杂着绿色的葡萄酒味道比较稚嫩、干涩、清爽。色深且夹杂着茶色的葡萄酒味道多浓厚、复杂。

白葡萄酒的健康效果

白葡萄酒不以果皮和种子为原料，因此比红葡萄酒里的多酚低。然而，白葡萄酒中含有的有机酸，具有抗菌、杀菌作用。在法国，当食用生牡蛎时，多搭配饮用夏布利、麝香等白葡萄酒。它可以去除鱼贝类的腥臭味，食用起来更加美味，同时富含的酸还具有杀菌作用。自古以来，法国有一条众所周知的经验之谈，即“生牡蛎搭配白葡萄酒这一组合，不仅使味道更加美味，同时能避免食物中毒”。当然，过分相信其效果而过度食用、过量饮用是有害身体健康的。切忌忘记“白葡萄酒也是酒”这个不争事实。

玫瑰红葡萄酒的3种酿制方法

玫瑰红葡萄酒的酿制方法有许多，其中主要分为3种。

玫瑰红葡萄酒的3种酿制方法

第一种是使用黑葡萄，采取红葡萄酒的手法进行浸渍发酵（→P82），之后使用轻度着色仅让果汁发酵的“放血法”。

第二种是使用黑葡萄，采取白葡萄酒酿制方式的“直接压榨法”。

第三种是将发酵前的黑葡萄和白葡萄混合后装进大桶内，然后采取白葡萄酒制法的酿造方法。

适合玫瑰红葡萄酒的葡萄是哪种?

在法国，普罗旺斯地区的格连纳什、西拉、慕合怀特、神索，卢瓦尔地区的果诺、品丽珠等是主要品种。

意大利的洛萨朵（Rosato）、卡维托（Chiaretto）桃红葡萄酒非常知名；多采取混酿方法的德国，通常将红葡萄酒和白葡萄酒进行混酿。此外，由美国的白仙粉黛、南美的西拉和马尔白克酿造的色深玫瑰红葡萄酒也非常知名。

何谓桃红葡萄酒?

20世纪70年代，美国加利福尼亚州向世人介绍的一种葡萄酒。其使用美国固有品种黑葡萄——仙粉黛，与白葡萄酒几乎采取同一制法。该名源于其色泽较玫瑰红微淡，宛若女性桃红色的脸颊一般。其中，带有葡萄天然甜味的甘甜类型居多。纳帕谷的知名酿造厂——贝灵哲成功酿造出左图的白仙粉黛，进一步扩大了知名度。

·放血法玫瑰红·

以黑葡萄为原料，采取与红葡萄酒同样的制法来酿造玫瑰红葡萄酒的方法。该代表性制法始于法国，并逐渐被广泛引用。Saignée一词法语意为“放血”，在中世纪传入法国，它是一种通过将血液排除体外，可以恢复健康的治疗方法。

其制法是将除梗、搅碎的黑葡萄进行压榨，然后将果汁和果皮、葡萄籽同时浸渍。这就是在酿造红葡萄酒时进行的“香气发酵（提取色泽和香气）”工序。发酵初期阶段，当果汁轻微着色时，仅将果汁移至其他大桶内进行发酵。该方法酿制的葡萄酒，称为“rosé do Saignée ”或者“rosé do par Saignée”。

2008大维尔玫瑰红葡萄酒

大维尔是只酿制玫瑰红葡萄酒的A.O.C.。罗讷丘的名门吉佳乐世家的大维尔玫瑰红葡萄酒强劲有力，值得一尝。

·直接压榨法玫瑰红·

以黑葡萄为原料，采取白葡萄酒制法进行酿造。将黑葡萄除梗、搅碎后放在直接压制机上，让果汁和果皮、葡萄粒相分离。

从黑葡萄果皮色素中提取微带红色气息的果汁。将果汁酒精发酵，与白葡萄酒同样采取“低温澄清法”除去浑浊，该酿造过程就是“直接压榨法”。由于几乎不与果皮和葡萄粒接触，因此形成的清爽玫瑰红葡萄酒色泽淡、几乎无苦涩味。

法国卢瓦尔地区的安茹玫瑰红葡萄酒是采取该制法酿造的代表性玫瑰红葡萄酒。此外，普罗旺斯等地也在酿造色泽优美的高品质玫瑰红葡萄酒。

2011白仙粉黛玫瑰红葡萄酒

色泽呈鲜艳的美丽粉色。美国大樱桃等果香四溢，具有微淡的甘甜和怡人的酸味。

·混酿法玫瑰红·

将发酵前的黑葡萄和白葡萄混合后装进大桶内，然后采取白葡萄酒制法的酿造方法。不区分黑葡萄和白葡萄，同时除梗、搅碎、压榨。此时得到的果汁，由于葡萄中的色素而被染成粉色。将该染色果汁进行低温发酵，便形成了玫瑰红葡萄酒。

该方法在德国被称为Rotling，是酿造玫瑰红葡萄酒的主流方法。此外，法国波尔多地区在被英国占领时，波尔多葡萄酒被称为“Claret”，那时多生产玫瑰红葡萄酒。

日本多将白葡萄甲州和黑葡萄麝香蓓蕾玫瑰、黑皇后混酿成玫瑰红葡萄酒。

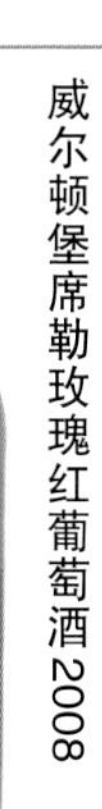

威尔顿堡席勒玫瑰红葡萄酒2008

席勒是德国诗人的名字。该葡萄酒具有草莓的香气和清爽的辛辣口味，冷藏后更加爽口。

起泡葡萄酒的酿制方法

起泡葡萄酒，是富含碳酸气体的发泡性葡萄酒的总称。主要有5种酿造方法，根据制法，每个国家的名称均不同。

有多种酿制方法

起泡葡萄酒的制法，大体分为5种。在酒精发酵之前的工程与白葡萄酒一样。之后，在葡萄酒中添加糖分和酵母进行二次发酵，再将产生的碳酸气体封入瓶内。从该步骤起，分为瓶内二次发酵的“传统方式”；在密闭酒桶内二次发酵的“查马方式”；瓶内二次发酵后转移至酒桶、冷却、过滤后再储存瓶中的“转移方式”；发酵过程中封瓶，剩下的发酵部分在瓶内进行的“乡村祖传酿造方式”；以及直接将碳酸气体灌入葡萄酒中的方法。

除去酒渣的方法

在传统方式二次发酵时添加的酵母，发酵结束后会形成酒渣沉淀。因此，每天需要将酒瓶转动，同时逐渐将整个酒瓶倒立，等酒瓶垂直倒立后，酒渣集中在瓶口附近（remuage，“转瓶”）。仅将酒渣部分冷却至零下20℃后，在拔掉铁盖塞的瞬间，酒渣便会飞溅出来。该去除酒渣的工程被称为“除渣”。其中，损耗的部分可以用加糖葡萄酒进行补充（dosage，“加糖”）。

唐·培里侬和香槟酒

1639年，出生于法国香槟酒地区的皮埃尔·培里侬是本尼迪克特会欧维莱尔修道院的修道士，同时担任葡萄酒储存库库长。据说，他在味觉、嗅觉以及记忆力方面都十分突出，并在修道院为香槟酒酿制事业奉献了自己的一生，直至1715年逝世。他发明了瓶内二次发酵、不同收获年份的混合（assemblage“装配”）、软木塞固定等，为当今葡萄酒酿造打下了坚实的基础，作为将馥郁香气和气泡封入瓶中的伟人，他的事迹闻名遐迩。

起泡葡萄酒的酿制方法

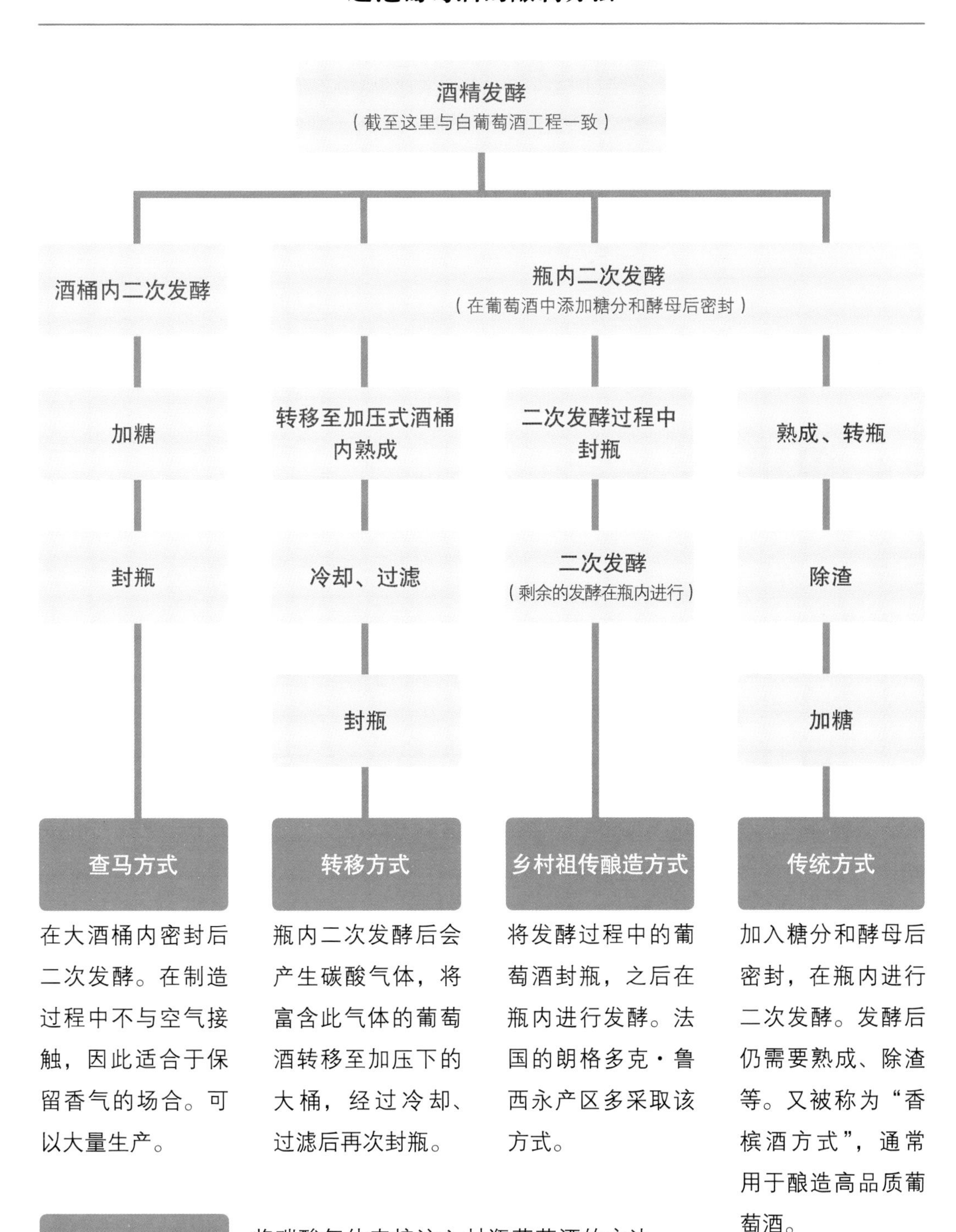

酒精发酵
（截至这里与白葡萄酒工程一致）
酒桶内二次发酵
瓶内二次发酵
（在葡萄酒中添加糖分和酵母后密封）
加糖
转移至加压式酒桶内熟成
二次发酵过程中封瓶
熟成、转瓶
封瓶
冷却、过滤
二次发酵
（剩余的发酵在瓶内进行）
除渣
封瓶
加糖
查马方式
转移方式
乡村祖传酿造方式
传统方式
在大酒桶内密封后二次发酵。在制造过程中不与空气接触，因此适合于保留香气的场合。可以大量生产。
瓶内二次发酵后会产生碳酸气体，将富含此气体的葡萄酒转移至加压下的大桶，经过冷却、过滤后再次封瓶。
将发酵过程中的葡萄酒封瓶，之后在瓶内进行发酵。法国的朗格多克·鲁西永产区多采取该方式。
加入糖分和酵母后密封，在瓶内进行二次发酵。发酵后仍需要熟成、除渣等。又被称为“香槟酒方式”，通常用于酿造高品质葡萄酒。
碳酸气体注入方式
将碳酸气体直接注入封瓶葡萄酒的方法，价格低廉的起泡葡萄酒采取该方法。

贵腐葡萄酒的酿制方法

在特殊的气候和自然条件下，可以酿造出意想不到的葡萄酒。优质的甘甜贵腐葡萄酒也是其中之一，因稀少而具有宝贵的价值。

贵腐菌和生成条件

贵腐葡萄酒，以附着贵腐菌的葡萄为原料。贵腐菌是灰葡萄孢菌的一种，一旦繁殖于熟成的葡萄果实上，便以酒石酸为养分，溶解果皮的劣质成分。随后，果粒中的水分蒸发，糖分更加浓缩。该状态便称为“贵腐”。贵腐菌是灰色霉菌病的病原菌，只在特殊的自然条件下才会起到有效作用。当以下等条件不同时具备时，便不能顺利生产出贵腐葡萄——葡萄表面无其他菌体繁殖；白天温度适中、夜晚温度偏低；葡萄成熟时的温度在20℃左右；湿度在70%~80%。

附着贵腐菌的葡萄。

世界3大贵腐葡萄酒之乡

由贵腐葡萄酿造的葡萄酒，味道极其甘甜，具有浓厚丰润的香气和馥郁的核心味道。世界3大贵腐葡萄酒分别是法国的索米尔、德国的枯萄精选（TBA）、匈牙利的托卡伊。索米尔是由赛美蓉和长相思酿造的贵腐葡萄酒；枯萄精选具有水果般浓厚香气；托卡伊由富尔民特酿造，因受到法国路易14世的称赞而闻名遐迩。

存在“可以酿制”和“不可以酿制”的年份

贵腐菌是自然形成之物，受环境和气候影响很深，管理过程十分困难。在9~11月上旬，气候条件需要湿度达到80%以上，但该时期大雨和恶劣天气连绵，有时葡萄会全部损害，不能进行贵腐葡萄酒的酿造。由于收获量少，价值便随之变高。

世界3大贵腐葡萄酒

索米尔贵腐葡萄酒（法国）

金色色调。具有糖汁白桃和洋槐蜂蜜般的丰富香气。可以享受到润滑、馥郁、复杂味道的甘甜口味白葡萄酒。

TBA枯葡精选葡萄酒（德国）

具有惊人浓缩果味的甘甜口味葡萄酒。同时口味复杂化。为了乐享芳醇的香气，注意不要冷藏过度。

2005托卡伊阿苏3篓白葡萄酒（匈牙利）

美丽的金黄色。具有浓密甘甜般馥郁适中的香气。铅笔芯般的酸味和有力的甜味达到均衡。可谓一款奢华的餐后葡萄酒。

日本贵腐葡萄酒

日本于1975年，在三得利的山梨酿造厂最初发现贵腐葡萄。如今，作为登美之丘酿造厂仍在生产登美贵族葡萄酒。

此外，日本还生产了许多其他卓越的贵腐葡萄酒，譬如长野县林农园的五一贵腐、北海道葡萄酒的悠远贵腐葡萄37凯尔纳、广岛三次酿造厂的TOMOE赛美蓉贵腐等。

贵腐葡萄酒

严格筛选自家农场自然形成的贵腐葡萄。具有贵腐本身的蜂蜜般甘甜和浓缩芳醇的香气。

登美贵族葡萄酒

由登美之丘酿造厂自家葡萄园的贵腐葡萄酿造而成。在小型发酵槽内缓缓低温发酵。

酒精强化葡萄酒的酿制方法

所谓酒精强化葡萄酒，就是将蒸馏酒加入正在发酵的葡萄酒或果汁中，以提高酒精度数的葡萄酒。它作为餐前、餐后酒，非常受人们的喜爱。

酒精强化葡萄酒是怎么诞生的?

在酿造过程中添加酒精，提高酒精度数的酒精强化葡萄酒，又被称为“加强葡萄酒”。其制法就是将葡萄蒸馏酒（以葡萄作为原料的蒸馏酒）加入正在发酵的葡萄酒或果汁中，还可以酿造成红葡萄酒、白葡萄酒。这种酒之所以诞生是因为炎热地域的人们为了防止葡萄酒变质，将蒸馏酒加入至葡萄酒中。

由于保存性强，即使船运也不必担心品质劣化，因此西班牙和葡萄牙向英国大量出口。西班牙雪利、葡萄牙波特和马德拉、意大利马沙拉被称为世界4大酒精强化葡萄酒，皆非常知名。

酒精强化葡萄酒的酿制方法

在酒精发酵之前，其酿制方法与白葡萄酒和红葡萄酒的工程一致，即对原料进行处理。在发酵途中添加葡萄蒸馏酒是一大特征。在糖分残留量较多的早期阶段加入蒸馏酒后，葡萄酒会变得甘甜且酒精度数低。当完全发酵后再添加时，葡萄酒酒精度数高，会变得辛辣。此外，还有在果汁发酵前加入蒸馏酒的酿造方法。其储藏时间大约在数月至2年左右。当然，也有储藏时间更长的情况。封瓶后，有的可以达到10年以上长期熟成。随后，除渣、过滤、再封瓶。

酒精强化葡萄酒的乐享方法

酒精强化葡萄酒的高酒精成分，可以帮助增进食欲、促进消化，作为餐前酒和餐后酒备受人们的喜爱。通常餐前酒配辛辣口味的雪利酒，餐后酒则配可以提高餐后满足感的甘甜口味。除了饮用外，酒精强化葡萄酒也被作为料理专用调味汁、点心甜味剂等。

世界的主要酒精强化葡萄酒

VDN
（法国）

该法国酒精强化葡萄酒产自法国南部。在葡萄发酵过程中添入葡萄蒸馏酒后阻止发酵，因此糖分残余量较高，口味十分甘甜。酒精度数在16~18°左右。红白葡萄酒皆有，从长期熟成类型到早期饮用类型，风格也多种多样。该葡萄酒被AOC认定，熟成时间也具有详细的规定。

2007巴纽尔斯葡萄酒

➔P127

雪利酒
（西班牙）

由白葡萄酿造的西班牙葡萄酒。根据品种的不同，从甘甜风格到辛辣风格，应有尽有，酒精度数在15~17°。葡萄发酵后，在橡木酒樽内熟成并添加葡萄蒸馏酒。随后，按照老雪利酒和新雪利酒相叠的储存方式进行熟成。该工程被称为“葡萄酒的陈年系统”，在上市之前至少需要3年时间。

缇欧佩佩雪利酒

➔P153

餐后利口酒
（法国）

在未发酵的葡萄果汁中加入葡萄蒸馏酒后在酒樽熟成。根据产区的不同，添加的蒸馏酒也存在差异，譬如红葡萄蒸馏酒和酒渣白兰地、雅文邑等。白兰地产地酿造的干邑和卡尔瓦多斯酒等非常知名。代表性的AOC有朗格多克·克莱雷、芳蒂娜麝香等。

夏朗德皮诺葡萄甜酒

（干邑）750ml

波特葡萄酒
（葡萄牙）

葡萄牙的代表性酒精强化葡萄酒，生产于杜罗河上流流域的波尔图市。葡萄酒精发酵后，糖分残留适量后加入77%的葡萄蒸馏酒阻止发酵。由黑葡萄酿造的红宝石类型和黄褐色类型、白葡萄酿造的白色类型、合适年份酿造的年份波特葡萄酒经过长时间的熟成后上市销售。

马德拉十年陈酿白葡萄酒

➔P157

马沙拉酒
（意大利）

生产于意大利的西西里岛。18世纪英国商人试图酿造一款能经得起从马沙拉到英国长途跋涉的葡萄酒，这便是该酒的成因。和雪利及马德拉一样，该酒的酿造方法是在白葡萄酒中添加葡萄蒸馏酒，酒精度数为17~18°。该酒除了作为餐前酒、餐后酒被饮用外，也作为料理专用酒。根据色泽和味道、熟成年份，分为多个等级。

马沙拉白葡萄酒

（科维塔尔）750ml

马德拉
（葡萄牙）

该酒精强化葡萄酒生产于葡萄牙的马德拉岛。在葡萄发酵过程中添加96%的葡萄蒸馏酒。最后酒精度数控制在17~22°。封入橡木酒樽后，利用Estufa温室或太阳能进行3个月左右的加热熟成，这也是马德拉葡萄酒的一大特征。冷却后，需要至少再进行3年熟成。

马德拉辛辣白葡萄酒

（马德拉葡萄酒）750ml

热门的有机葡萄酒

近年来，有机葡萄酒受到全世界的关注。旨在酿造与土地、自然环境共存的葡萄酒之流正在逐渐扩展。

何谓有机葡萄酒?

关于有机葡萄酒，并没有明确的定义。

一般情况下，有机葡萄酒指尽量纯自然酿造的葡萄酒，又称为“自然派葡萄酒”、“天然葡萄酒”。关于葡萄栽培、葡萄酒酿造，它是基于有机栽培和有机农法（不依靠化学药品和化学肥料，酿造出土壤原本自然姿态的有机农法。也是基于天体运行的农法）等多种信念进行葡萄酒酿造的总称。然而，生产者们对自然的认识不尽相同，此外，不同国家和地域的把握方法也存在差异。

欧洲的有机葡萄酒

欧洲生产着大量有机葡萄酒。即由有机农法酿造的葡萄酒。关于是否“有机”的判断，欧洲各国正在实施有机制品相关法律，对品质、肥料和种子管理等多领域均有严格的调查。其中，有诸多调查这些项目的认证机构，倘若没有该认证机关的认定，则不能冠以有机葡萄酒之名。

作为官方的认证机关，有法国的“AB标准”（有机农产物的官方品质保证标准）。在民间，世界最大的团体——法国的“欧盟有机认证”闻名遐迩。欧盟有机认证是仅对葡萄栽培进行认证的机关。

此外，德国的“德米特”是基于鲁道夫・斯坦纳博士提倡的有机农法，对栽培工作进行证明的团体。

世界主要有机葡萄酒

波尔多卡斯蒂永丘葡萄酒

具有蓝莓和樱桃等优美果味和轻快的单宁，且与酸味和苦涩的余韵保持着完美均衡。

（普拉达庄园）750ml

VdF泰勒斯吉拉德葡萄酒

吉拉德是西拉品种、泰勒斯是葡萄田的名称。具有醋栗般果实香气和优美的单宁，以及矿物质口味。

（弗雷德·考撒鲁）750ml

VdF维纳绍葡萄酒

帕斯卡鲁·泡特鲁酿造的葡萄酒，具有馥郁的矿物质感，以及新鲜的果香。

（帕斯卡鲁·泡特鲁）750ml

阿尔萨斯白皮诺葡萄酒

白皮诺是阿尔萨斯的高贵品种。具有南方水果、药草和矿物质感的清新香气，以及蜂蜜般余韵。

（刚古拉杰）750ml

汝拉酒区夏山葡萄酒

具有黄桃的甘甜香气和核桃的芳香、适度的苦味恰到好处。核心味道显著，味道有力。

（伯纳德酒庄）750ml

VdF雷鲁菲由葡萄酒

熟成的果味中夹杂着华丽感。味道浓厚、口感怡人。矿物质感余韵悠长。

（马斯喀特乔木）750ml

酿造自然派葡萄酒的日本酿造家在法国

大冈在东京的大学毕业后，进入波尔多大学专攻酿造学。

大冈弘武师从自然派葡萄酒生产者蒂里·阿拉曼。学技独立后，如今在罗讷河谷北部的大山丘进行13种葡萄酒的酿造。在栽培过程中对有机种植进行实践，不使用除草剂和化学肥料。农药仅使用有机认证团体认可的产品，同时尽量减少使用次数。为了酿造自然葡萄酒，一直秉承“即使生产量低，也要培育优质葡萄”的想法。

“LE CANON”在法语（男性用语）中意为“干一杯吧！”。具有可以轻快饮用的味道。

使用有机栽培的100%小粒白麝香。甘甜口味的起泡葡萄酒。

日本产有机葡萄酒的现状

以欧洲为中心，自然派葡萄酒受到全世界的关注。如今，日本也有很多酿酒厂根据葡萄田的情况，重新审视葡萄酒的酿造。

日本产有机葡萄酒的现状

在欧洲，倘若想要冠以有机葡萄酒之名，必须得到有机认证。

日本对“ORGANIC”和“有机”二词有相关法律规定，但关于“BIO”却没有任何规定。因此在日本，有机栽培的葡萄酒、自然农法酿造的葡萄酒、有机农法酿造的葡萄酒总称为“有机葡萄酒”，通常又被称为“自然派葡萄酒”，它既包括葡萄的栽培和酿造，又包括生产者的见解。

酿造者对葡萄和葡萄酒的酿造想法是十分明朗的。通过知晓这些常识，人们对葡萄酒的理解会进一步加深。

今后被期待的有机葡萄酒

与欧洲相比，日本的有机葡萄酒生产还处于发展途中。日本气候湿度高，葡萄的有机、无农药栽培十分困难。然而，日本对重视土壤和生态系统的有机意识在不断提升，致力于有机栽培法律和有机农法的酿造厂也在逐年增加。其产地，除了葡萄酒生产量较多的山梨县外，还有长野县、琦玉县、枥木县、山形县、大阪府、北海道等。今后的成长情况正在受到人们的期待。

日本主要的有机葡萄酒酿造厂

酿造厂名称	住所	创始时间
Fruit Glower泽登	山梨县山梨市牧丘町仓科5893	1953年
小布施酿造厂	长野县上高井郡小布施町邦羽571	1942年
农乐藏	北海道函馆市元町31-20	2012年
高广庄园	北海道余市郡余市町登町1395	1988年

农业即生命产业 无农药的先驱

Fruit Glower Sawanobori

Fruit Glower 泽登

生产者泽登芳在1953年大学毕业后，在农业协会工作的同时，参与家族农业的发展，从60年代起正式致力于有机农业。60年代后半期，为了葡萄的无农药栽培，不断对可以避雨且保证湿度的设施进行研究，最后成功酿造无农药栽培化。自74年起也开始酿造猕猴桃的无农药栽培。

日本湿度高，很难进行果实的无农药栽培，但泽登怀揣着“农业即生命产业”的使命感，严格筛选抵御病害的系统，不断对品种进行改良，经过10年左右，终于成功酿造葡萄的完全无农药栽培化。

被栽培的酿造专用葡萄，几乎全部是日本固有品种。其中，日本山葡萄系的小公子居多。其糖度高，富含花色素。以小公子为原料，不添加任何添加剂酿造而成的“牧之庄红葡萄酒”味道强烈有力。此外，还有玫瑰红“蔷薇色葡萄酒”和葡萄果汁、猕猴桃葡萄酒，由于限定版销售，需要以明信片或传真形式直接申请。

冠以“农夫之尊”

Obuse Winery

小布施酿造厂

小布施酿造厂旨在100%自家农场化。这需要自己承担葡萄栽培的风险。另外，栽培过程要求无化学农药栽培，发酵过程要求无补糖、无补酸、使用天然酵母。秉承“酿造味道丰富葡萄酒”的理念，在经常思考“何谓真正的自然派葡萄酒”、“何谓有机栽培”的同时，从事葡萄栽培和葡萄酒酿造。2011年，日本初次取得解百纳和霞多丽有机栽培认证（JAS）。

专栏

受到世界认可的日本葡萄

被国际葡萄和葡萄酒组织（OIV）收录的葡萄品种，当向欧洲各国出口时，可以将品种名称标记在标签上。日本固有品种有2种。

日本第一号是2010年的“甲州”

2010年，日本固有的葡萄品种“甲州”被OIV收录。因此，当向欧洲各国出口时，可以在标签上标记“Koshu”和品种名称。这是为了提高甲州葡萄酒在世界市场的认知度。随后，其在国际葡萄酒大赛上获奖的葡萄酒不断增多，口碑也在逐年高涨。

2013年的麝香·蓓蕾玫瑰

红葡萄酒原料、日本固有品种——麝香·蓓蕾玫瑰的栽培地域自东北至九州，范围极广。2013年7月，该品种紧随甲州，作为日本的第2个葡萄酒专用葡萄品种，被OIV收录。

日本固有品种——甲州。

1927年，出生于新泻县上越市的川上善兵卫将美国品种蓓蕾和欧洲品种汉堡麝香相结合，形成了麝香·蓓蕾玫瑰（→P68）。

以麝香·蓓蕾玫瑰为原料的葡萄酒具有草莓般香气，苦涩成分醇厚，作为新酒也非常受欢迎。作为日本国内的红葡萄酒品种，麝香·蓓蕾玫瑰的栽培面积最大。

与甲州葡萄酒同样，人们期待能够进一步提高其世界知名度，同时进一步推广日本葡萄酒标签。

日本新颜——麝香·蓓蕾玫瑰。

第 4 章

世界葡萄酒产地

即使同一葡萄品种，产地不同时，味道也会发生差异。
本章将向大家介绍世界何处栽培何种葡萄，
以及产地特征和代表性葡萄酒。

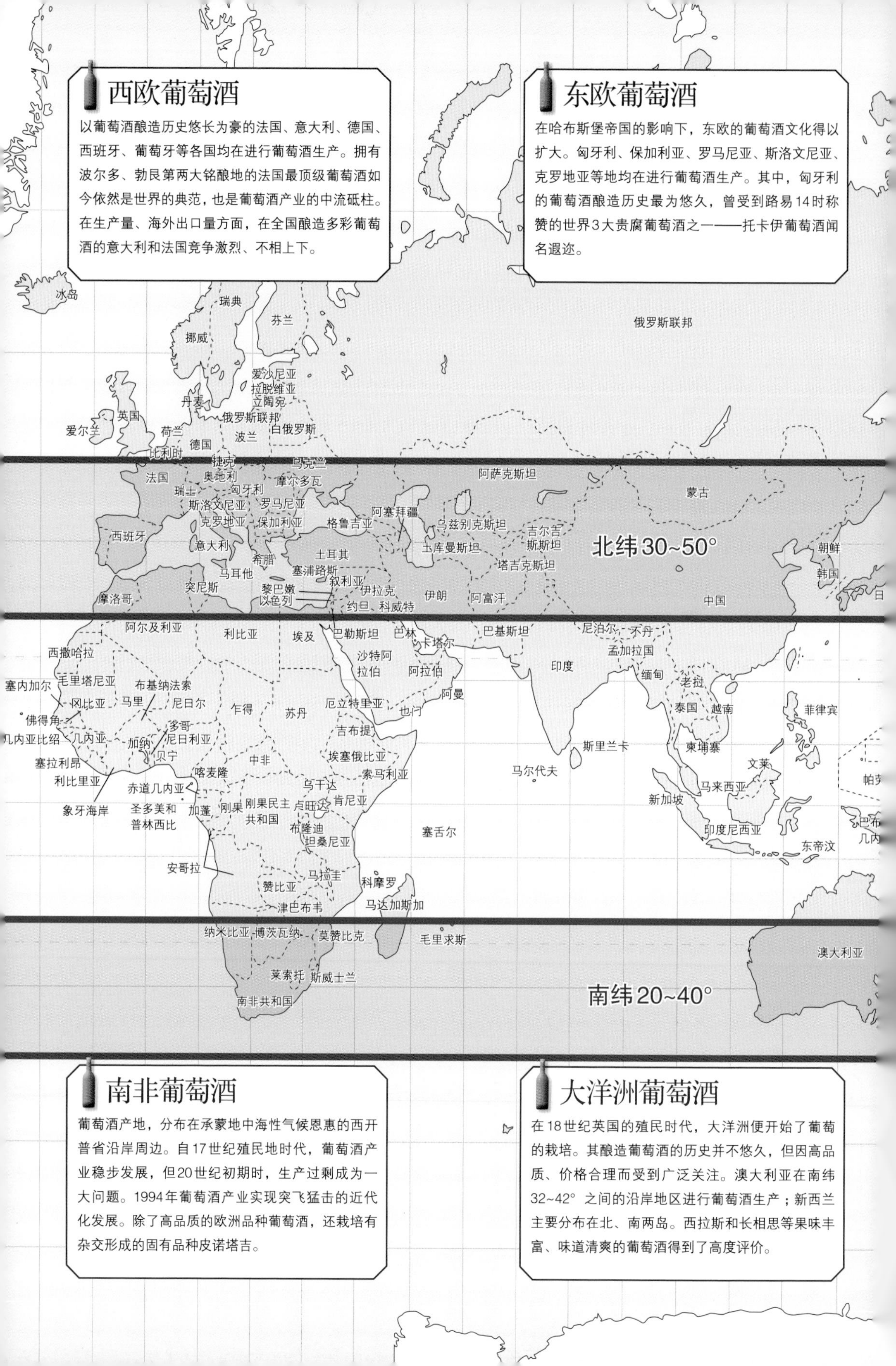
西欧葡萄酒
以葡萄酒酿造历史悠长为豪的法国、意大利、德国、西班牙、葡萄牙等各国均在进行葡萄酒生产。拥有波尔多、勃艮第两大铭酿地的法国最顶级葡萄酒如今依然是世界的典范，也是葡萄酒产业的中流砥柱。在生产量、海外出口量方面，在全国酿造多彩葡萄酒的意大利和法国竞争激烈、不相上下。
东欧葡萄酒
在哈布斯堡帝国的影响下，东欧的葡萄酒文化得以扩大。匈牙利、保加利亚、罗马尼亚、斯洛文尼亚、克罗地亚等地均在进行葡萄酒生产。其中，匈牙利的葡萄酒酿造历史最为悠久，曾受到路易14时称赞的世界3大贵腐葡萄酒之一——托卡伊葡萄酒闻名遐迩。
冰岛
瑞典
芬兰
俄罗斯联邦
挪威
爱沙尼亚
拉脱维亚
立陶宛
丹麦
俄罗斯联邦
英国
爱尔兰
荷兰
白俄罗斯
德国
波兰
比利时
捷克
乌克兰
法国
奥地利
摩尔多瓦
阿萨克斯坦
瑞士
匈牙利
蒙古
斯洛文尼亚
罗马尼亚
阿塞拜疆
克罗地亚
保加利亚
格鲁吉亚
乌兹别克斯坦
西班牙
吉尔吉斯斯坦
意大利
土库曼斯坦
北纬30~50°
朝鲜
希腊
土耳其
马耳他
塞浦路斯
塔吉克斯坦
韩国
突尼斯
叙利亚
黎巴嫩
伊拉克
摩洛哥
以色列
伊朗
阿富汗
中国
约旦
科威特
阿尔及利亚
利比亚
埃及
巴勒斯坦
巴林
巴基斯坦
尼泊尔
不丹
卡塔尔
西撒哈拉
沙特阿拉伯
阿拉伯
孟加拉国
印度
塞内加尔
毛里塔尼亚
布基纳法索
缅甸
老挝
冈比亚
马里
尼日尔
乍得
苏丹
厄立特里亚
阿曼
佛得角
也门
泰国
越南
菲律宾
多哥
几内亚比绍
几内亚
尼日利亚
吉布提
加纳
贝宁
斯里兰卡
柬埔寨
塞拉利昂
埃塞俄比亚
中非
喀麦隆
马尔代夫
文莱
利比里亚
索马里利亚
赤道几内亚
乌干达
马来西亚
新加坡
象牙海岸
圣多美和普林西比
加蓬
刚果
刚果民主共和国
点旺达
肯尼亚
布隆迪
印度尼西亚
塞舌尔
坦桑尼亚
东帝汶
安哥拉
马拉圭
科摩罗
赞比亚
津巴布韦
马达加斯加
纳米比亚
博茨瓦纳
莫赞比克
毛里求斯
澳大利亚
莱索托
斯威士兰
南纬20~40°
南非共和国
南非葡萄酒
葡萄酒产地，分布在承蒙地中海性气候恩惠的西开普省沿岸周边。自17世纪殖民地时代，葡萄酒产业稳步发展，但20世纪初期时，生产过剩成为一大问题。1994年葡萄酒产业实现突飞猛击的近代化发展。除了高品质的欧洲品种葡萄酒，还栽培有杂交形成的固有品种皮诺塔吉。
大洋洲葡萄酒
在18世纪英国的殖民时代，大洋洲便开始了葡萄的栽培。其酿造葡萄酒的历史并不悠久，但因高品质、价格合理而受到广泛关注。澳大利亚在南纬32~42°之间的沿岸地区进行葡萄酒生产；新西兰主要分布在北、南两岛。西拉斯和长相思等果味丰富、味道清爽的葡萄酒得到了高度评价。

以欧洲为首，全世界都在进行葡萄酒的酿造。通过世界地图一览得知，葡萄酒产地主要集中在北纬30~50°、南纬20~40°这一适合葡萄栽培的“葡萄酒产业带”。知晓不同国家、环境下酿造的个性丰富的葡萄酒，其乐趣更加无穷。

美国葡萄酒

新世界的时尚范葡萄酒大国。其中，加利福尼亚州占国内生产量的90%左右，西北部的华盛顿、俄勒冈两州、东海岸的纽约州等地是主要产地。其中，分布在纳帕谷、索诺玛等地且执着于葡萄酒酿造的精品酒庄的登场和贡献，实现了高品质葡萄酒的酿造。

美国
加拿大
美国
子午变更线
巴哈马
夏威夷群岛
北回归线
墨西哥
古巴
多米尼克
马里亚纳群岛
伯利兹
牙买加
海地
波多黎各
危地马拉
洪都拉斯
巴巴多斯
尼加拉瓜
格林纳达
马绍尔群岛
萨尔瓦多
特立尼达和多巴哥
子午变更线
哥斯达黎加
巴拿马
委内瑞拉
苏里南
罗尼西亚
圭亚那
法属圭亚那
基里巴斯
赤道
哥伦比亚
瑙鲁
厄瓜多尔
所罗门群岛
图瓦卢
巴西
秘鲁
萨摩亚
瓦努阿图
斐济群岛
玻利维亚
汤加
南回归线
巴拉圭
乌拉圭
阿根廷
智利
新西兰

日本葡萄酒

以山梨县、长野县为中心，山形县、北海道等多个地域都在进行葡萄酒的酿造。除了日本代表性品种甲州、日本独自杂交而成的美洲葡萄种麝香・蓓蕾玫瑰外，赤霞珠、梅尔诺、霞多丽等欧洲品种也被广泛栽培。在关东、近畿地区，酿制高品质葡萄酒的精品酒庄众多。

南美葡萄酒

被安第斯山脉相隔、位于西部的智利和东部的阿根廷是主要产地。16世纪，西班牙的开拓者将葡萄酒带入两国，开始葡萄酒的酿造。其气候雨量少，抵御病害能力强，智利是世界上唯一一个没有受到害虫（葡萄根瘤蚜）侵害的国家。南美红葡萄酒较多，但阿根廷的特浓情等白葡萄酒也非常优质。

?何谓法国的葡萄酒法律？

法国葡萄酒根据葡萄酒法律，主要分为3大类。条件最为苛刻的是“AOC”。为了保护、管理不同产地的卓越葡萄酒，“AOC”对收获葡萄的地区品种和酿造法等详细条件均做出了规定。如今，45%以上的法国葡萄酒被AOC认定。下一等级“IGP”，指使用限定产地和品种的地区餐酒。最后的“VDF”主要指日常葡萄酒。

香槟酒葡萄酒

位于巴黎东北部，是法国最北部的葡萄酒产地。作为高品质起泡葡萄酒产地而闻名遐迩，但香槟酒这一名称仅限于使用该地区限定产区葡萄、且由规定的酿造方法酿造的葡萄酒。

卢瓦尔葡萄酒

该产地沿着法国最长的大河——卢瓦尔河谷，呈东西走向，分散于古城周边的葡萄田风光明媚、门庭若市。葡萄酒酿造历史也非常悠久，中世纪便建有法国宫殿，与海外贸易往来时间较波尔多还早。每个产区的葡萄品种皆不同，酿造着多种类型葡萄酒。白葡萄酒大约占50%左右，紧接着依次是红、玫瑰红、起泡葡萄酒。

波尔多葡萄酒

生产的葡萄酒几乎全部都是AOC葡萄酒，占法国AOC葡萄酒的1/4，无论在质上，还是量上，均称得上是法国代表性产地。分布在加龙河和其支流周边的产地，由于河流冲运来的石头和沙子的堆积，土质迥异，每个地区都在培育着个性化葡萄。使用自家葡萄田和酿造厂进行一体化生产的“酒庄系统”和多品种葡萄混酿也是波尔多葡萄酒的突出特点。其中，红葡萄酒占70%左右。

朗格多克＆鲁西永葡萄酒

自罗讷河谷向西蔓延的朗格多克地区和位于比利牛斯山脉山麓的鲁西永地区，合称为“朗格多克－鲁西永大区”，该地区占法国葡萄栽培面积的1/4左右。以前多生产日常消费葡萄酒，而近年来不拘泥于传统的新型酿造家也在不断涌现，生产出大量高品质葡萄酒。

法国葡萄酒

法国的葡萄酒生产几乎遍布国内所有地区。除了波尔多、勃艮第、香槟等称冠世界的铭酿地，法国还拥有诸多知名产地，也是生产量占世界首位的葡萄酒王国。

称冠世界的葡萄酒大国

法国葡萄酒的历史，可以追溯到公元前600年。当时，葡萄树被引入希腊的殖民地——马赛，从此，法国南部至罗讷河谷沿岸开始葡萄树的种植。国土广阔的法国，栽培适合各种地域土壤和气候条件的葡萄，酿造的葡萄酒也彰显着每个产地的特色。正如“产地决定味道”所述，其多样性可谓一大魅力。

此外，19世纪后半期至20世纪，由于害虫和病害的影响，葡萄酒的酿造受到了沉重打击。因此，为了坚守葡萄酒产业而制定的葡萄酒法律，至今依然支撑着法国葡萄酒品质的维持和提高。

阿尔萨斯葡萄酒

阿尔萨斯与德国国境相邻，以莱茵河相隔。曾经被德国占领，葡萄品种和酿造方法与德国十分相似，但凭着与德国截然不同的辛辣白葡萄酒而被人们熟知，其中白葡萄酒占生产量的95%左右。在法国，地域名即葡萄酒名，但阿尔萨斯的标签上醒目地标着葡萄品种，这也是一大特色。笛型的细长酒瓶也非常有特点。

勃艮第葡萄酒

自2~3世纪左右，勃艮第开始葡萄的栽培，12世纪由锡特派修道士实现大幅度发展。该地区根据葡萄酒法律，结合已有的传统习惯，对每块葡萄田均进行了等级划分。此外，多数情况下，每个葡萄田和葡萄园由多人持有。几乎所有葡萄酒均由单一品种酿造，其中红葡萄酒占70%以上。

罗讷河谷葡萄酒

自北流入地中海的罗讷河谷周边是葡萄酒产地。由于分布的南北地域存在气候和土壤的差异，葡萄酒性格也截然不同。另一方面，地中海性气候的南部面积广阔、生产量高，酿造出大量简便葡萄酒。其中，红葡萄酒占整体的80%左右。

普罗旺斯葡萄酒

普罗旺斯是法国葡萄栽培历史最悠久的地域。在地中性气候的恩惠下，日照量高、来自北部的湿润强风“密史脱拉风”阵阵吹入，自然条件非常适合葡萄的栽培。栽培地域自海岸至山麓，多种多样，葡萄酒也十分多彩——玫瑰红、红、白。其中，玫瑰红葡萄酒占整体生产量的60%左右，近年来品质也在不断提升。

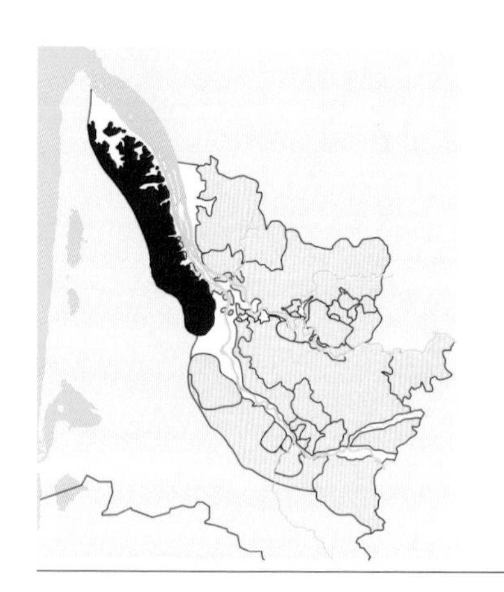

Bordeaux

波尔多

拥有知名酒庄的高级红葡萄酒产地

Le Médoc

梅多克产区

■主要栽培品种/赤霞珠、梅尔诺、品丽珠、味而多、马尔白克

■主要酒庄/拉菲庄园、玛歌庄园、拉图庄园、武当王庄园

波尔多的代表性产地

波尔多地区根据土壤和气候等因素，可以分为多个产区。梅多克位于波尔多的西北部、注入大西洋的吉龙德河的左岸，是波尔多地区生产最高级别红葡萄酒的产区。曾经，该地区是一片未开发的沼泽地，17世纪，荷兰人进行排水开垦，奠定了今日梅多克的基础。其中，中世纪的贵族最早开始酿造葡萄酒。承蒙河流运来的沙砾质土壤的恩惠，该产区的土壤非常适合葡萄的栽培。

占地广阔的拉格兰吉酒庄葡萄田。

如今，该地区主要栽培赤霞珠品种，酿造着味道芳醇厚重、美丽诱人的红葡萄酒。在梅多克产区，仅红葡萄酒受到AOC认定。

众多知名酒庄汇集

在梅多克产区，河流的上游流域是奥梅多克、下游流域是梅多克。梅多克产地大约有70个村庄，圣埃斯泰夫、菩依乐、玛歌、圣朱莉安、穆利斯·梅多克、利斯特拉克·梅多克等所有村庄均被AOC认定，还有很多村庄为村庄AOC。此外，在这些村庄里，分散着法国代表性知名酒庄，其名称自古就闻名于世界各地。

拉格兰吉酒庄的赤霞珠。

凯隆世家酒庄副牌干红葡萄酒

该葡萄酒为梅多克等级3级的凯隆世家酒庄副牌干红葡萄酒。具有优雅华丽的香气和丰富的果味、润滑的单宁。

（凯隆世家酒庄）750ml

2008杜卡斯庄园葡萄酒

具有赤霞珠的柔和果味和强韧的单宁。经过长期熟成，形成具有润滑感的醇厚酒体风格。

（杜卡斯庄园）750ml

2010龙船将军干红葡萄酒

龙船酒庄被形容为“梅多克的凡尔赛宫”，该葡萄酒为其副牌。自未成熟时，就具有圆淳柔和的涩味。

（龙船酒庄）750ml

2009拉格兰吉酒庄葡萄酒

梅多克等级3级。手工收获，30~60%使用新樽进行酒樽熟成。果味、酸味、单宁达到完美的融合。

（拉格兰吉酒庄）750ml

2010迪仙庄园副牌红葡萄酒

迪仙庄园的副牌红葡萄酒。醋栗和杉木等香气非常浓。具有强烈优美的果味和紧缩的单宁。

（迪仙庄园）750ml

2003露仙歌庄园红葡萄酒

果实和香料等沉稳香气给人留下深刻的印象。其果味怡人，还可以感受到香子兰的余韵。

（露仙歌庄园）750ml

2008奥梅多克美人鱼城堡红葡萄酒

色泽呈深石榴石色。具有醋栗和香料、杉木等香气。果味和酸味、涩味完美地结合，性价比极高。

（美人鱼城堡）750ml

2009宝梦酒庄红葡萄酒

果实和香料等复杂香气，馥郁的果味和浓烈的涩味给人带来满足感。在阳光明媚的天气下，人们可以优雅地在餐桌旁饮用。

（宝梦酒庄）750ml

2009岩石古堡红葡萄酒

虽然该古堡位于梅多克产区，但梅尔多品种所占比重高，被评价为“圣埃米利永风格”。果味和单宁完美均衡，酒体适中。

（岩石古堡）750ml

2009圣特美酒庄葡萄酒

古典的波尔多风格。石榴石色调中散发着醋栗和黑胡椒、杉木等香气。味道集各要素于一身。

（圣特美酒庄）750ml

2008圣塔堡酒庄红葡萄酒

该酒庄历史可以追溯至16世纪初期。深色中散发着浓缩的果味，酸味和涩味柔和。

（圣塔堡酒庄）750ml

2009三堡酒庄干红葡萄酒

色泽呈闪耀的石榴石色。具有轻快的果香和杉树等香气。可以轻松享受到青涩果味和单宁的波尔多葡萄酒。

（三堡酒庄）750ml

诞生于排水性能良好地质的
优质葡萄酒

Le Graves

格拉芙产区

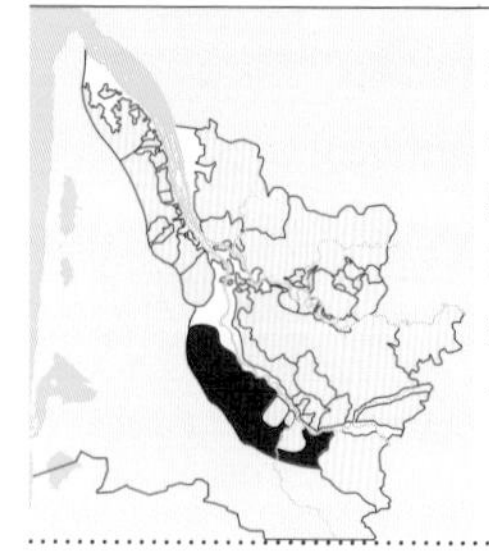

■主要栽培品种/赤霞珠、梅尔诺、长相思、赛美蓉、密斯卡黛

■主要酒庄/红颜容庄园、克莱蒙教皇堡、修道院红颜容、卡尔邦女酒庄

■近年来品质显著上升

格拉芙产区位于波尔多市南部、加龙河左岸。正如格拉芙意为“沙砾”所示，在河流运来的沙砾和玉石堆积的土壤上，进行葡萄的栽培。自20世纪70年代引进最新技术后，努力致力于品质的提高，如今红白葡萄酒均受到AOC认定。红葡萄酒是以赤霞珠为主的稳重酒体系列；而白葡萄酒则以长相思和赛美蓉为主、辛辣味道显著。

■具有独自的等级

在格拉芙产区，拥有佩萨克·雷奥良这一高品质AOC。格拉芙的等级葡萄酒，几乎全部存在于佩萨克·雷奥良。即使同一酒庄，也多生产红白两种葡萄酒。

2007高柏丽酒庄葡萄酒

浓厚感十足的深石榴石色。圆润的香气非常复杂。具有熟成的果味，酒质大方而华丽。

（高柏丽酒庄）750ml

2010佛泽尔酒庄白葡萄酒

该酒庄位于雷奥良村南侧，仅红葡萄酒得到等级认定，但白葡萄酒的品质也很高、口碑佳。具有干练的酸味和悠长的余韵。

（佛泽尔酒庄）750ml

2009卡尔邦女庄园红葡萄酒

卡尔邦女庄园的副牌葡萄酒。果实的香气中除了黑胡椒香外，还有多种香料香气。味道圆润感十足。

（卡尔邦女庄园）750ml

2008鸣雀酒庄红葡萄酒

酒体厚重、香气迷人而华丽。圆润的果味中散发出轻快的苦涩。

（鸣雀酒庄）750ml

2012木桐嘉棣格拉芙珍藏白葡萄酒

柑橘类和白桃般的水果香气占主体。新鲜的果味和酸味怡人、质量上乘。

（菲利普罗斯柴尔德男爵）750ml

位于格拉芙产区南部的
贵腐葡萄酒产地

Sauternes

苏特恩产区

■主要栽培品种/赛美蓉、品丽珠、密斯卡黛

■主要酒庄/狄康堡、芝路庄园、古岱庄园、克里蒙庄园、莱斯古堡

法国的代表性甘甜白葡萄酒

苏特恩产区位于格拉芙产区南部，是法国代表性贵腐葡萄酒的产区。葡萄的栽培地域位于吉龙德河支流——锡龙河周边，南侧是苏特恩，北侧被称为巴尔萨克，二者皆被AOC认定。

特殊的自然环境酿造而成

极度甘甜的贵腐葡萄酒由该地区特有的自然条件孕育而成。锡龙河水温低，与水温温和的加龙河汇合时，形成晨雾，有助于葡萄贵腐菌的形成。该菌在果粒上繁殖，使水分蒸发，形成糖分和香气浓缩的贵腐葡萄。由贵腐葡萄酿造的苏特恩葡萄酒具有芳醇的香气和甘甜。巴尔萨克葡萄酒比苏特恩葡萄酒更轻快些。

2010拉菲莱斯珍宝贵腐甜白葡萄酒

拉菲莱斯酒庄的副牌葡萄酒。具有干果和白花、蜂蜜等香气，浓厚的甘甜和美味、酸味充满魅力。

（拉菲莱斯酒庄）750ml

2007苏特罗酒庄副牌葡萄酒

色泽呈微微的深金黄色，苹果蜜和柠檬果酱等香气四溢，具有浓烈甘甜和轻快苦味这一核心味道的贵腐葡萄酒。

（苏特罗酒庄）375ml

2011鲁缪拉克丝特酒庄葡萄酒

消魂的美丽黄金色中散发着蜂蜜和油脂等复杂香气。浓厚的甘甜和美味的酸味透露着自然的伟大。

（鲁缪拉克丝特酒庄）750ml

苏特恩木桐嘉棣珍藏葡萄酒

具有杏和洋槐的蜂蜜香气，以及多种花香。浓烈优质的甘甜和酸味达到完美均衡。

（菲利普罗斯柴尔德男爵）750ml

杜夫苏特恩白葡萄酒

呈金色的色调。香气丰富，宛如浸渍糖汁的白桃和洋槐蜜。具有润滑馥郁且复杂味道的甘甜白葡萄酒。

（杜夫）750ml

德洛苏特恩白葡萄酒

明亮的黄金色和洋槐蜂蜜般的浓厚香气令人感受到其酒体。浓厚的甘甜和酸味的绝妙正是苏特恩的典型特征。

（德洛）750ml

被载入世界遗产的风光明媚的
葡萄酒产地

Saint-Émilion

圣埃美隆产区

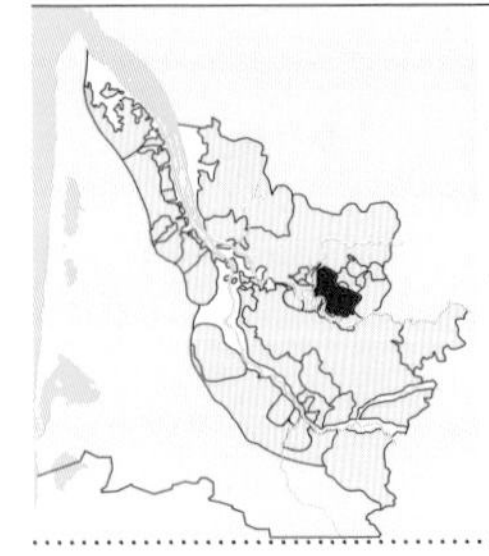

■主要栽培品种/梅尔诺、赤霞珠、品丽珠、马尔白克

■主要酒庄/欧颂酒庄、白马庄园、金钟庄园

■规模较小的铭酿地

葡萄田分散在中世纪的城镇群之中，是已划入世界遗产的一处美丽风景。在多尔多涅河右岸的狭窄栽培地上，汇集着无数酒庄。圣埃米利永产区被称为“建有上千酒庄的丘地”，令人倍感亲切。

■以梅尔诺为主体的红葡萄酒

圣埃米利永土壤的粘土质较多、主要进行梅尔诺的栽培。即使在波尔多葡萄酒之中，其味道也充满个性化，被评为“波尔多的勃艮第”。近年来，由著名酿造咨询顾问亲手酿造的限量版顶级葡萄酒，受到广泛关注。

此外，位于圣埃米利永北部的“圣埃米利永卫星产区”正在酿造着优质葡萄酒。

1993道卡伊酒庄红葡萄酒

道卡伊酒庄曾在1867年的巴黎万国博览会上获得金奖，具有光辉的历史。其色泽明亮，怡人的果味和涩味令余韵悠长。

（嘉德皮奥拉庄园）750ml

1995嘉德皮奥拉庄园红葡萄酒

拥有7公顷左右葡萄田的小规模生产者。浓厚的果味馥郁，味道中夹杂着单宁的均衡润滑感。

（嘉德皮奥拉庄园）750ml

2007芳宝酒庄红葡萄酒

欧颂酒庄的沃提埃家族拥有16公顷葡萄田。具有果味浓缩感的香气和柔和的单宁。

（芳宝酒庄）750ml

2008卡地亚酒庄红葡萄酒

该具有熟成果味的梅尔诺品种孕育于富含铁分的粘土石灰质土壤。单宁润滑，自未成熟时便可以享用。

（卡地亚酒庄）750ml

2009瓦朗德鲁之三红葡萄酒

由瓦朗德鲁酒庄的嫩树葡萄酿造而成。100%使用新樽熟成，具有优雅的香气和味道。

（瓦朗德鲁酒庄）750ml

2007弗禾岱庄园红葡萄酒

该庄园位于圣埃米利永的正西侧，拥有20公顷葡萄田。具有黑色系果实和香料等复杂浓厚的香气。涩味柔和、余韵悠长。

（弗禾岱庄园）750ml

酿造出革新葡萄酒的右岸产区备受瞩目

(Bordeaux)

其他产区

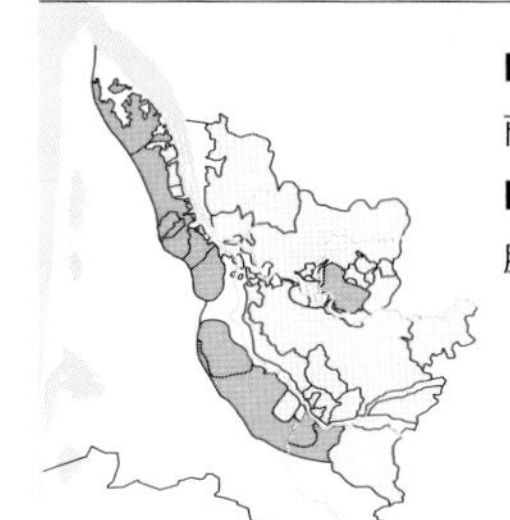

■主要栽培品种/梅尔诺、品丽珠、赤霞珠

■主要酒庄/柏图斯酒庄、里鹏酒庄、卓龙酒庄

高品质葡萄酒的庞马洛产区

自多尔多涅河至吉龙德河的右岸地域，作为革新葡萄酒的产地而备受关注。尤其是位于圣埃米利永西北部的庞马洛产区，虽然它是波尔多最小的产区，且生产量低，但卓越的酒庄林立。其中，只限以梅尔诺为主体的红葡萄酒为AOC，但由于与圣埃米利永不同的含铁土壤，可享受到独特的风味。另外，位于右岸产区的福伦克丘、博格丘、弗龙萨克、布拉伊等红葡萄酒知名产地连绵不绝。

盛产白葡萄酒的两海之间产区

广阔的两海之间产区位于加龙河和多尔多涅河之间。仅限辛辣白葡萄酒为AOC，生产着大量轻便型葡萄酒。

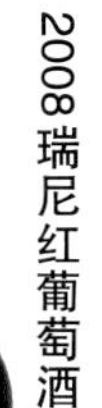

2008瑞尼红葡萄酒

在波尔多，庞马洛产区的小规模生产者居多，主要栽培梅尔诺品种。果味馥郁、涩味稳重。

（瑞尼）750ml

2010夏蒙高达酒庄红葡萄酒

位于福伦克丘产区的酒庄。多使用品丽珠品种，具有石榴石色调，香气中果味充盈。

（夏蒙高达酒庄）750ml

2012大琼酒庄白葡萄酒

家族经营酒庄，如今已是第9代主人，也是该地的古老酒庄。新鲜的果味和稳重自然的酸味怡人。

（大琼酒庄）750ml

2012波尔多珍藏红葡萄酒

具有醋栗利久酒和香料般浓烈香气，纤细的涩味营造出醇厚的余韵。非常适合与肉类料理搭配。

（菲利普罗斯柴尔德男爵）750ml

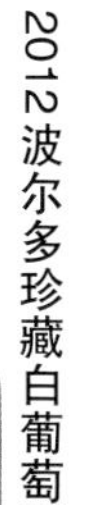

2012波尔多珍藏白葡萄酒

长相思的刺激香气和赛美蓉的圆润感怡人，且保持着均衡。作为餐前酒最为适合。

（菲利普罗斯柴尔德男爵）750ml

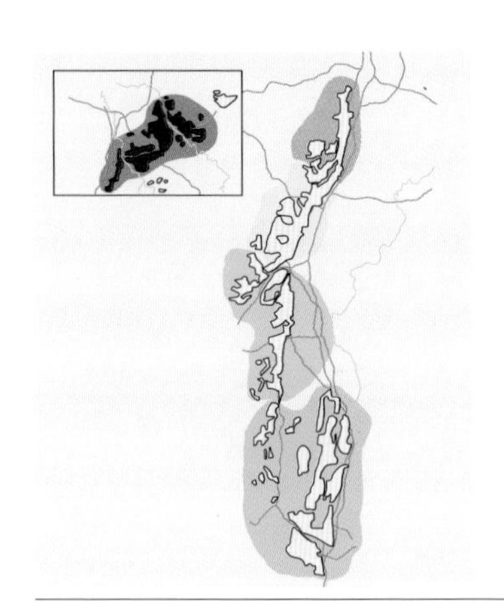

法国引以为傲的辛辣白葡萄酒铭酿地

Chablis

夏布利产区

■主要栽培品种/霞多丽

■主要的酒庄/夏布利特级葡萄园、布朗寿葡萄园、宝歌斯葡萄园、利高葡萄园、格内尔葡萄园、禾玛葡萄园、禾狄斯葡萄园

■独特土壤酿造的葡萄酒

夏布利产区分布于勃艮第最北端的夏布利市。坐拥瑟兰河，在平缓的丘陵地带和平原区域分散着20个左右村庄。在这里，正如“生牡蛎配夏布利”所示，生产着法国代表性辛辣口味白葡萄酒。最初也生产过红葡萄酒，但由于19世纪后半期受到害虫（葡萄根瘤蚜）的侵害，霞多丽品种被移摘到这里，成为白葡萄酒知名产地。

威廉・费尔酒庄的葡萄田。

该地的标志性特点即是葡萄田的土壤，富含牡蛎化石的启莫里阶（Kimmeridgien，一种侏罗纪晚期岩层）石灰土质奠定了基础。即使是同一霞多丽品种白葡萄酒，夏布利酿造的味道自然而浓烈，这与该土壤质地有着密切的关系。

■霞多丽特有的等级划分

夏布利产区根据葡萄田的布局，将葡萄酒分为4个等级。最顶级的夏布利特级位于夏布利市附近、日照条件良好的丘陵斜面，且仅允许被限定的葡萄田。第2级之后依次是夏布利1级、夏布利、小夏布利。由于夏季比较凉爽，冬季寒冷，最顶级的葡萄田被耕作在日照良好、朝向西南的斜面上。

威廉・费尔酒庄。对每一粒葡萄进行精心修剪。

2012夏布利白葡萄酒

具有清新的果味和新鲜自然的酸味。纯净透彻的味道与天麸罗和寿司等日本料理非常搭配。

（威廉・费尔酒庄）750ml

2011夏布利宽谷1级白葡萄酒

1级葡萄田宽谷被夏布利街道所隔，位于顶级葡萄丘的对岸。具有熟成的果味和透明感十足的酸味。

（克里斯坦・莫罗酒庄）750ml

2011夏布利福寿园1级白葡萄酒

1级葡萄田“福寿园”承蒙日照的恩惠，具有熟成果实的风味和透明感十足的酸味。圆润的口感给人留下深刻印象。

（威廉・费尔酒庄）750ml

2011夏布利特级白葡萄酒

将不锈钢酒桶发酵和酒樽发酵的葡萄酒混合而成。熟成的果味和紧缩的酸味、馥郁的矿物质感十分强烈。

（克里斯坦・莫罗酒庄）750ml

2011夏布利宝歌园1级白葡萄酒

该葡萄田位于夏布利特级产区的最北端，朝向西南方向。熟成和果味中夹杂着黄油和烤肉杏仁的香气，赋予了馥郁感。

（威廉・费尔酒庄）750ml

2010夏布利白葡萄酒

位于勃艮第最北端的产地。寒冷气候带来的显著酸味和土壤带来的矿物质感是其主要特征。

（香颂）750ml

2012夏布利白葡萄酒

白花和洋梨等香气，与丰富的果味及清澈的酸味保持着完美的均衡，夏布利特有的矿物质感很好地体现在味道上。

（强克列酒庄）750ml

2010路易拉图夏福乐干白葡萄酒

洋梨和苹果蜜等果香、百合等白花香气赋予了高雅感。精致的酸味显示着原料葡萄的优质。

（路易・拉图）750ml

2012夏布利萨布里埃白葡萄酒

“萨布里埃”是路易亚都公司持有的酿造所名称。通过不锈钢酒桶的精心酿造，酿造出了具有纤细香气的典型夏布利葡萄酒。

（路易亚都）750ml

2010夏布利白葡萄酒

该葡萄酒是由亚伯必修公司“长笛庄园”葡萄田酿造的辛辣口味古典夏布利。味道生动广泛。

（长笛庄园）750ml

2010夏布利白葡萄酒

淡黄色中夹杂着绿色，洋梨和苹果般香气，与黄油般馥郁香气同在。味道纤细而显著。

（弗里格纳德酒园）750ml

2009小夏布利白葡萄酒

淡金色的色调非常美丽。具有新鲜薄荷和草原香气，以及柑橘般酸味和苦味，适合与鱼贝类料理搭配。

（弗里格纳德酒园）750ml

生产众多伟大葡萄酒的勃艮第头等铭酿地

Côte de Nuits

夜丘产区

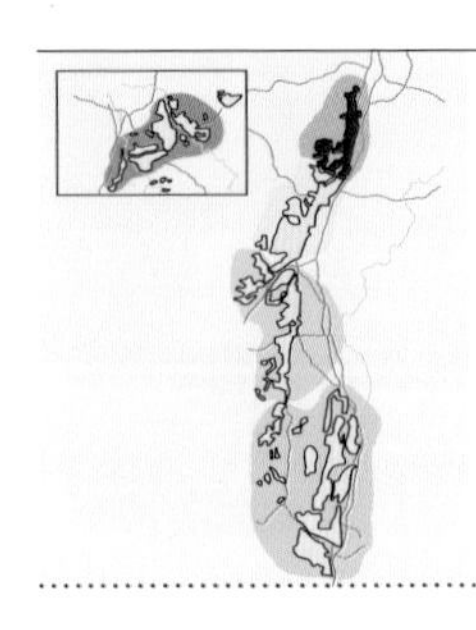

■主要栽培品种/黑皮诺、霞多丽、白皮诺

■主要的村名AOC/哲维瑞·香贝丹、沃恩·罗曼尼、香波·慕西尼、夜·圣乔治、梧玖、摩黑·圣丹尼

■最适合葡萄酒的产地

勃艮第的中心产地，是一条被称为“科多尔丘（黄金之丘）”的细长丘陵地带。其中，北半部分是夜丘产区。在长约20km，宽只有数百米的南北走向的细长产地，葡萄田分布在面向东面的舒缓斜坡上。其中，大部分皆是使用黑皮诺品种的红葡萄酒，生产出众多令世界折服的伟大葡萄酒。

■传说中的红葡萄酒

夜丘产区的村名AOC受到拿破仑的喜爱，譬如生产“香贝丹”的哲维瑞·香贝丹、生产梦幻葡萄酒“罗曼尼·康帝”的沃恩·罗曼尼、生产被评价为“娟之酒”——“慕西尼”的香波·慕西尼等。勃艮第的知名特级田和1级田主要集中在该产区。

2008哲维瑞·香贝丹红葡萄酒

红色系莓果酱和蜜饯果品般香气中，复杂地散发着香料、铁、皮革制品等香气。味道具有浓缩感，非常悠长。

（阿曼·杰夫酒庄）750ml

2010夜·圣乔治红葡萄酒

具有馥郁的黑色系果实香气以及黑胡椒、桂皮、肉豆蔻等辛辣香气。属于涩味浓烈的晚熟类型红葡萄酒。

（亨利高酒庄）750ml

2010沃恩·罗曼尼红葡萄酒

黑樱桃般果味和酸味馥郁而优雅。涩味纤细，悠长的余韵中散发着香木般高贵香气。

（宝尚父子）750ml

2011摩黑·圣丹尼红葡萄酒

摩黑·圣丹尼村备受关注的新一代生产者。充裕的果味和丝绸般单宁、矿物质味道令饮者倍感其深邃。

（夏太尼耶庄园）750ml

2010马沙内·莫诺波勒白葡萄酒

该葡萄酒由布维尔公司独立拥有的3公顷左右葡萄田酿造而成。夜丘产区的霞多丽品种非常稀少，果味和酸味中倍感凉爽感。

（布维尔庄园）750ml

2011香波·慕西尼红葡萄酒

木莓蜜饯般的香气和烟熏味交织，充满个性。具有柔和优美大方单宁的雅致红葡萄酒。

（宝尚父子）750ml

生产优质的红葡萄酒和
最顶级的白葡萄酒

Côte de Beaune

伯恩丘产区

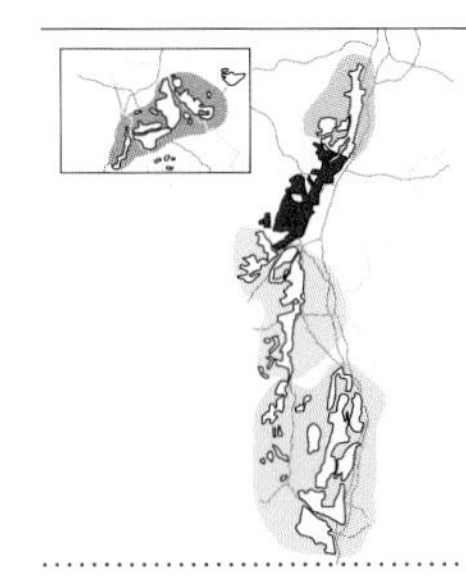

■主要栽培品种/黑皮诺、霞多丽

■主要的村名AOC/阿罗斯·高登、伯恩、梅索、普里尼·蒙哈榭、夏山·蒙哈榭、萨维尼·伯恩

自古便繁荣兴旺的产区

伯恩丘产区位于“科多尔丘（黄金之丘）”的南半部分，中心地伯恩市作为勃艮第一带的葡萄酒贸易中心，自古便繁荣兴旺。产地南北约25km，栽培面积与北部的夜丘相当。与夜丘同样，主要生产使用黑皮诺品种的红葡萄酒，由于土壤的差异，可以享受到与夜丘不同的风味。

酿造出最顶级白葡萄酒

该地区的标志性特征，便是霞多丽酿造的白葡萄酒。正如“红即夜丘、白即伯恩”所示，该地区的白葡萄酒品质之高驰名全世界。虽然生产量比红葡萄酒少，但酿造出了“蒙哈榭”、“ 梅索”、“查理曼”等众多伟大的白葡萄酒。

2011科通查理曼白葡萄酒

屈指可数的伟大白葡萄酒之一。葡萄酒名称源于查理曼大帝。味道厚重而芳醇。可以进行数十年熟成，强烈有力。

（拉装）750ml

2009伯恩1级红葡萄酒

最适合感知到伯恩风土条件的葡萄酒。具有红色的果实香气和微微的烟熏香味。属于酒体适中的红葡萄酒。

（宝尚父子）750ml

2009沃尔奈红葡萄酒

实行减农药农法的生产者。红色莓果的果味和香料、摩加咖啡等口感构成了复杂的香味。

（海柏拉庄园）750ml

2011普里尼·蒙哈榭白葡萄酒

干练的白桃和洋梨、白花、香料等香气十分复杂。酸味醇厚，具有纤细的持续性，令余韵悠长不绝。

（简夏鲁劳顿庄园）750ml

2011夏山·蒙哈榭红葡萄酒

该村凭着白葡萄酒而知名，也生产着高品质红葡萄酒。具有夹杂着香料香的果味和精密的单宁，味道十分深邃。

（蒙特涅庄园）750ml

每年11月份开始饮用的新酒
博若莱新酒的产地
Beaujolais

博若莱产区

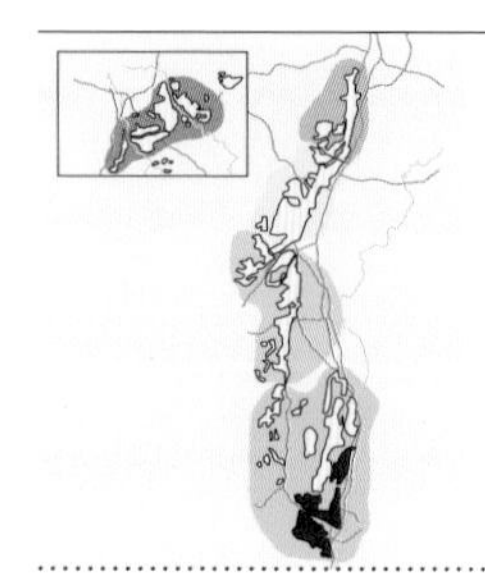

■主要栽培品种/佳美

■主要的博若莱特级村/圣·阿穆尔、朱丽娜、风磨坊、谢纳、布鲁依、希露博、墨贡

2009雅克城堡风车红葡萄酒

莓果系丰富香气中夹杂着淡淡的香料感。有力的味道和熟成赋予的风味增加了其深邃感。
（路易亚都）750ml

2011博若莱雅克酒庄白葡萄酒

由霞多丽酿造而成的博若莱白葡萄酒。具有鲜明的矿物质感和葡萄柚般的新鲜香气。味道纤细而润滑。
（路易亚都）750ml

■佳美品种酿造的红葡萄酒

博若莱位于勃艮第南部，分布于索恩河沿岸，长约55km。其中，以佳美红葡萄酒为主体，生产量占勃艮第全体的三分之一。这也是因为在勃艮第地区，该产区的栽培面积是非常广阔的。除红葡萄酒之外，还酿造着少量白葡萄酒和玫瑰红葡萄酒。

2009亚伯必修酒庄博若莱村级红葡萄酒

在博若莱产区，"村级"表示该葡萄酒特别优质。该红葡萄酒由佳美品种酿造而成，轻快而怡人。
（亚伯必修酒庄）750ml

■AOC的三个等级

博若莱产区酿造着红、白、玫瑰红葡萄酒，但红葡萄酒占很大部分。知名的博若莱新酒，是在每年11月第三个星期四开始饮用的新酒。在博若莱产区，有博若莱、博若莱村级、博若莱特级3个品质级别。其中，博若莱特级需要一些熟成时间。

2012博若莱村级红葡萄酒

红色中夹杂着明亮的紫色，木莓等清爽果香给人带来轻快的印象。也适合户外享用。
（约瑟夫杜鲁安）750ml

2008博若莱红葡萄酒

具有透明感的红色色调，香气适量但赋予了干花和土壤的香气。尤其适合与蔬菜料理相搭配。
（皮尔多利酒庄）750ml

关注科多尔丘南部
生产着怡人的红白葡萄酒

其他产区

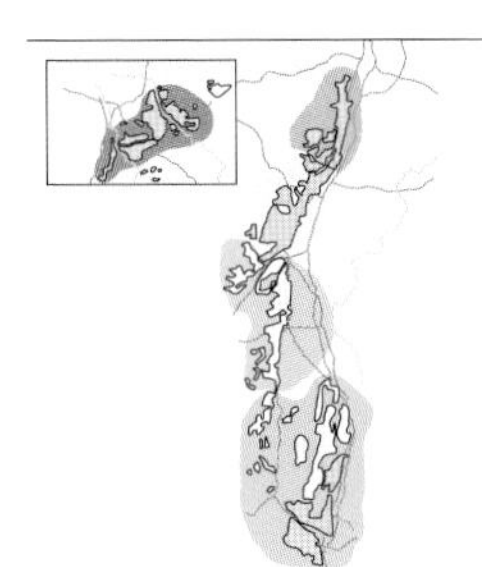

<莎朗尼山坡产区>
■主要栽培品种/黑皮诺、霞多丽、阿里高特
■主要的村名AOC/布哲宏、吕利、梅尔居雷、基辅依、蒙达尼
<马孔内产区>
■主要栽培品种/霞多丽、佳美、黑皮诺

莎朗尼山坡产区

莎朗尼山坡产区位于科多尔丘产区（→P111）南部，是一片平缓的丘陵地带，酿造着优质葡萄酒。与科多尔丘相似，红葡萄酒以黑皮诺品种、白葡萄酒以霞多丽品种为主体，其中红葡萄酒占整体的四分之三。此外，由阿里高特品种酿造的白葡萄酒，比霞多丽品种白葡萄酒味道更加轻快。

白葡萄酒铭酿地——马孔内

位于博若莱产区北部的马孔内产区，是以霞多丽为中心的白葡萄酒产地。据说霞多丽的名字便源于该产区的霞多丽村，主要酿造着“普利·弗塞”、“马孔”、“马孔村级”等白葡萄酒。其中，白葡萄酒占整体的三分之二，也酿造着以佳美品种为主体的红葡萄酒。红白葡萄酒的味道皆轻快怡人。

2011布哲宏白葡萄酒

著名酿造家奥伯特·德·维兰的庄园。具有迷人的香气和新鲜的酸味。还有通过熟成产生的优雅风味。

（维兰庄园）750ml

2011勃艮第霞多丽白葡萄酒

由位于沃恩·罗曼尼村的家族经营庄园酿造而成的白葡萄酒。洋梨和苹果等香气与稳定的口感非常怡人。

（米歇尔·诺埃拉特）750ml

2010勃艮第黑皮诺红葡萄酒

深邃的红宝石色调。木莓和樱桃的果味十分美妙，纤细的单宁诉说着原料葡萄的优质和酿造过程的精细。

（帕斯卡·拉恰斯）750ml

2008瑟温特父子马孔村级白葡萄酒

仅使用自家葡萄田的完全熟成霞多丽。具有柠檬蜜和干草般风味、以及丰富核心味道的白葡萄酒。

（邦格岚酒庄）750ml

NV勃艮第起泡葡萄酒

勃艮第地区酿造的起泡葡萄酒。具有清爽的柑橘系香气，以及支持有力酒体的酸味和矿物质味道。

（凯歌·安巴鲁）750ml

2010梅尔居雷红葡萄酒

石榴石色中夹杂着黑色。作为梅尔居雷，该葡萄酒浓厚、果味中散发着烟熏味。堪称优质的勃艮第葡萄酒。

（路易·拉图）750ml

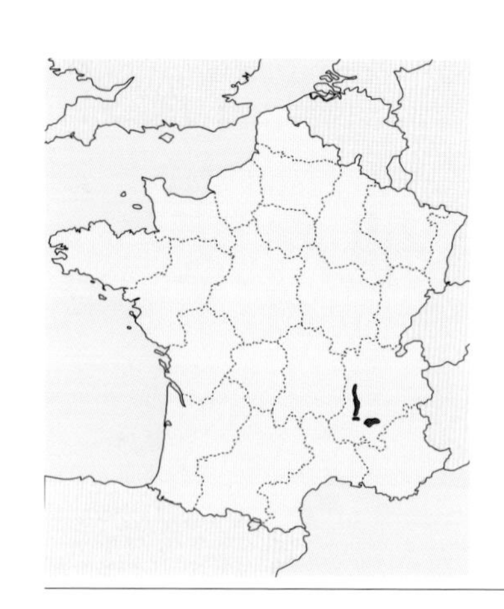

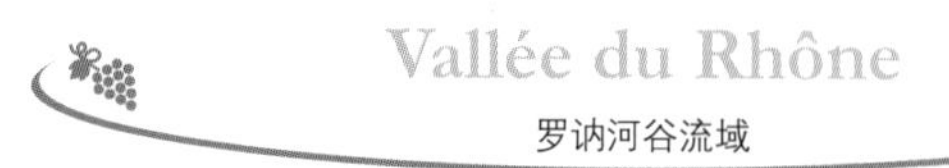

历史悠久的连绵葡萄田生产的卓越罗讷葡萄酒

Vallée du Rhône Nord

北罗讷产区

■主要栽培品种/西拉、维奥涅尔、玛珊、瑚珊

■主要生产地/罗蒂壑地、孔得里约、格里叶庄、圣约瑟夫、赫米塔治、格鲁兹·赫米塔治、圣培露、康那士

■北罗讷的特异环境

罗讷河谷位于法国西南部，南北走向。该河谷周边北自维也纳、南至艾维尼翁的200公里地区，被称为“罗讷河谷流域”，是仅次于波尔多的广阔葡萄酒产地。在这片南北走向的产地，北部和南部的葡萄品种和葡萄酒性格均存在差异，以蒙特利马尔市为界，大致可以分为北罗讷和南罗讷。

北罗讷栽培面积少，生产量仅是南部的十分之一，但生产出很多优质著名的葡萄酒。由于葡萄栽培在罗讷河谷沿岸的花岗石陡峭斜坡上，很难实施机械化，一直采取自古以来的传统生产方法。

北罗讷的风景。

■罗讷的名酿酒汇集

北部主要栽培西拉、维奥涅尔、玛珊、瑚珊等品种。受到世界级高度评价的葡萄酒众多，其中必须要提及的有北罗讷最北部的罗蒂壑地红葡萄酒、由维奥涅尔单一品种酿造的孔得里约和格里叶庄白葡萄酒、圣培露起泡葡萄酒。在罗马时代开垦的“赫米塔治之丘”，闻名遐迩的赫米塔治葡萄酒既有西拉品种酿造的红葡萄酒，又有白葡萄酒。

莎普蒂尔酿造厂位于赫米塔治之丘的山麓处。

2007罗第丘葡萄酒

深邃的红宝石色。具有红色的果实香和香料的香气。单宁圆润，来自橡木的香子兰香气清淡怡人。

（吉佳乐）750ml

2011孔得里约小山丘干白葡萄酒

“La Petite Cote”意为“小山丘”。杏和白桃般甘美香气，与充实的味道，共同奏响了豪华的乐章。

（屈耶龙庄园）750ml

2005赫米塔治红葡萄酒

深邃的石榴石色。果味具有醋栗利久酒般浓厚感，纤细的苦涩带来干练的口味。

（维纳酒庄）750ml

2010莎普蒂尔圣约瑟之歌红葡萄酒

呈美丽深邃的红宝石色。草莓酱和黑胡椒香气透露出其强劲的力道，是一款具有浓缩果味的辛辣红葡萄酒。

（莎普蒂尔）750ml

2011赫米塔治梅索尼尔干红葡萄酒

红色果实、醋栗和木莓的果香中还散发着欧亚甘草等甘甜香草香。味道醇厚，余韵中可感知到香子兰香。

（莎普蒂尔）750ml

2011莎普蒂尔圣约瑟之歌红葡萄酒

红色果实和醋栗、木莓的果香中还散发着欧亚甘草等甘甜香草香。味道醇厚、余韵中散发着香子兰感。

（莎普蒂尔）750ml

2011香啼云雀赫米塔治白葡萄酒

赫米塔治也酿造生产量低的优质白葡萄酒。该葡萄酒具有复杂而厚重的味道、余韵优雅而悠长。

（莎普蒂尔）750ml

2011赫米塔治白葡萄酒

具有黄色花朵般花香和黄油般的馥郁香气。余韵中散发着沉稳而醇厚的酸味。

（歌比亚酒庄）750ml

2009康那士阿里纳斯红葡萄酒

具有醋栗利久酒般浓厚的果香、复杂而浓缩的果味和纤细的涩味。属于酒体稳重的红葡萄酒。

（莎普蒂尔）750ml

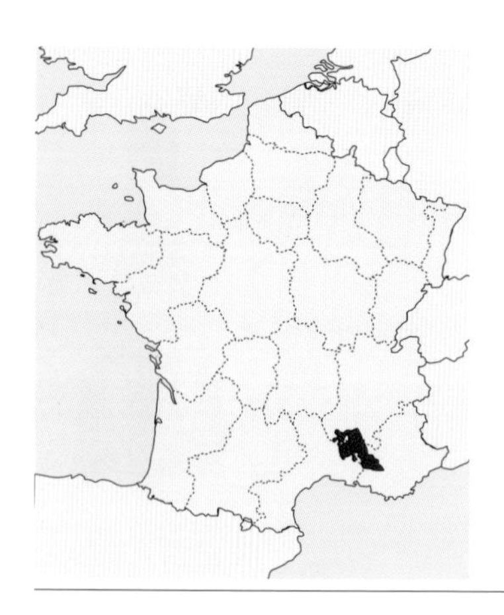

Vallée du Rhône

罗讷河谷流域

酿造价格适当且怡人红葡萄酒的一大产地

Vallée du Rhône Sud

南罗讷产区

■主要栽培品种/格连纳什、西拉、神索、慕合怀特、布布兰克、克莱雷

■主要AOC/教皇新城堡、大维尔、利哈克、吉冈达、瓦奇哈斯、吕贝隆

广阔的栽培地和丰富的生产量

南罗讷产区位于罗讷河谷流域的南半部分，自蒙特利马尔至艾维尼翁，栽培地面积约占北罗讷产区的10倍。该产区属于夏季炎热、冬季稳定的地中海性气候，强风“密史脱拉风”带来艳阳高照，也使日照时间变长，非常适合葡萄酒专用葡萄的栽培。与北部相比，由于栽培面积广阔，所以土壤条件多种多样，其中平缓的丘陵地带和平地地形居多。作为馥郁辛辣的红葡萄酒知名产地，该产区还生产白、玫瑰红、起泡等多种葡萄酒。不仅生产量丰富，价格适当的葡萄酒也有许多。作为仅次于波尔多的AOC葡萄酒生产地而闻名遐迩。

位于罗讷南部的莎普蒂尔葡萄田。

个性化产地可谓一大魅力

在北部和南部，葡萄的品种存在差异。南部以格连纳什为主体，此外还栽培有西拉、慕合怀特等多个品种。

艾维尼翁周边汇集了众多个性化产地，其中最有名的便是教皇新城堡。该产地由中世纪的“艾维尼翁之囚”的罗马教皇创立而成，其历史悠久，生产着代表罗讷地区的红葡萄酒。以格连纳什为主干，共有13个品种被认可，根据主体所占比例，生产出多种类型葡萄酒。此外，还酿造着大维尔玫瑰红、果味丰富的白葡萄酒。

2010教皇新城堡贝娜丁园红葡萄酒

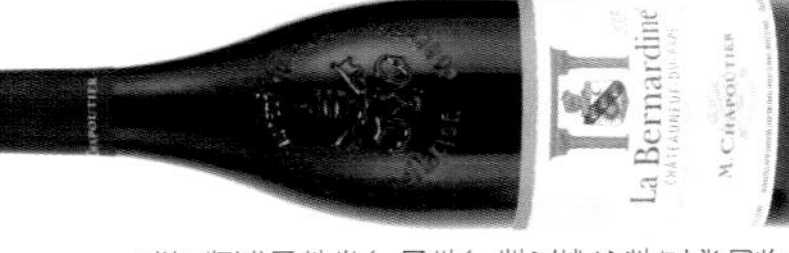

具有醋栗和洋李、咖啡、桂皮等多样复杂的香气，以及充裕的果实味和厚重、圆润、有力的味道。

（莎普蒂尔）750ml

2012教皇新城堡贝娜丁园白葡萄酒

“Chateauf du Pape”意为“法王的新馆”。百合花和浸渍糖浆的柑橘类等暖阳复杂香气扩散开来。

（莎普蒂尔）750ml

2008大维尔玫瑰红葡萄酒

大维尔是仅被玫瑰红葡萄酒认可的AOC。罗讷丘名门吉佳乐公司的大维尔强劲有力，味道怡人。

（吉佳乐）750ml

2010吉冈达嘉伯乐高纳干红葡萄酒

黑莓般浓厚果香令人折服。馥郁浓烈的涩味强劲有力，余韵悠长。

（嘉伯乐酒庄）750ml

2011凡度山庄红葡萄酒

除了醋栗酱般甘甜的果香，还有黑胡椒般辛辣感。涩味柔和，和酸味保持着均衡。

（嘉伯乐酒庄）750ml

2011凡度山庄白葡萄酒

具有白花和木梨、洋梨般香气。新鲜的果味和酸味保持着绝妙平衡，轻快的同时，余韵中夹杂着膨胀感。

（嘉伯乐酒庄）750ml

2012吕贝隆白葡萄酒

该葡萄酒产地位于与普罗旺斯的交界处。该辛辣白葡萄酒具有典型的法国南部特征——丰富的果味和清爽的药草香。

（农庄世家）750ml

2011伯姆维尼斯麝香葡萄酒

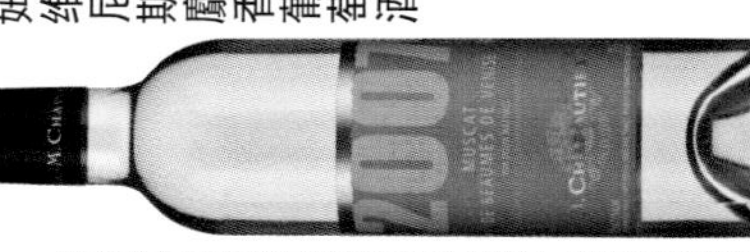

在发酵过程中添加酒精以阻止发酵，保留葡萄原有甘甜的酒精强化葡萄酒。属于不过于甘甜且干练的餐后葡萄酒。

（莎普蒂尔）375ml

2008拉斯多罗讷村级红葡萄酒

拉斯多村位于罗讷丘的南部，该葡萄酒以该村的格兰纳什为主体酿造而成。具有有力的单宁和强劲的核心味道。

（莎普蒂尔）750ml

2012罗讷丘红葡萄酒

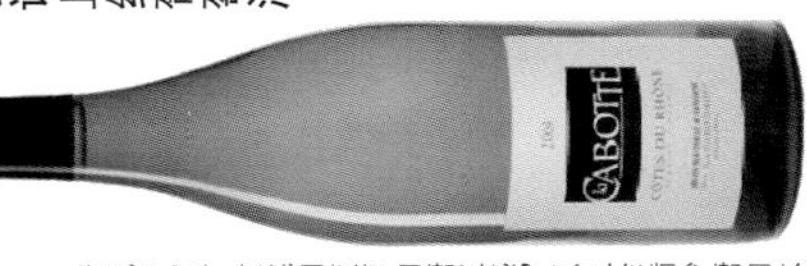

香气中富有黄桃和菠萝的糖浆感，以及涂满砂糖的木梨的甘甜感。醇厚的酸味稳重而悠长。

（拉卡伯特酒庄）750ml

2012罗讷丘红葡萄酒

熟成洋李般的果香和甘甜香料的香气完美融合。具有浓缩的果味、显著的酸味和涩味。

（拉卡伯特酒庄）750ml

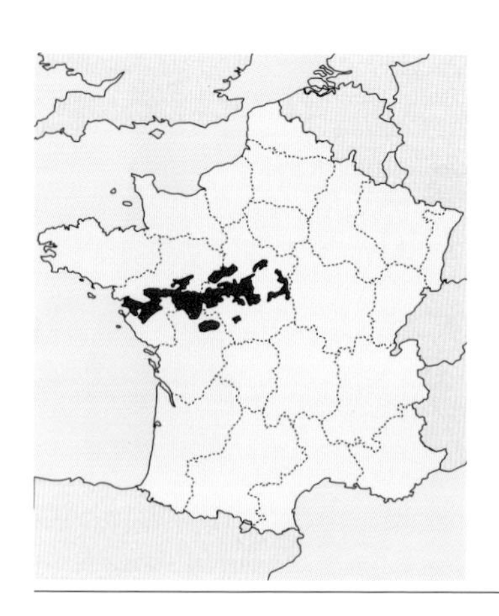

酿造多种多样葡萄酒的卢瓦尔河谷沿岸生产地

Vallée de la Loire

卢瓦尔河谷流域

■主要栽培品种/密斯卡黛、白诗南、品丽珠、赤霞珠、果诺、佳美

■代表性AOC/密斯卡黛、安茹玫瑰红、索米尔、希侬、布尔格伊、乌乌黑、蒙路易、普利富美、桑塞尔

■东西走向的美丽产地

卢瓦尔河发源自法国中央高地，流入大西洋，是法国最长的大河。在中世纪古城依傍的美丽溪谷周边，分布着大约600公里的葡萄田。在东西走向的产地上，每个地域的气候和土壤、栽培品种皆不同，生产者富于多样化的葡萄酒。栽培地域自下游流域大致可以分为南特产区、安茹·索米尔产区、都兰产区、法国中央产区这4大产区。

春季的卡尔庄园葡萄田。

■卢瓦尔的代表性葡萄酒

河口附近的南特产区周边由于受大西洋的影响，气候稳定，由密斯卡黛单一品种酿造的清爽白葡萄酒闻名遐迩。沿着河流溯流而上，安茹·索米尔产区酿造着红、白、玫瑰红葡萄酒，种类非常众多。其中，安茹产区主要酿造以果诺为主体的微甜安茹玫瑰红葡萄酒。而索米尔产区则使用白诗南进行贵腐葡萄酒的酿造。

中游流域的都兰产区周边，受西侧大西洋和东侧大陆性气候的双重影响，葡萄酒也富于多样化。西部生产以品丽珠为主体的希侬、布尔格伊等红葡萄酒，而东部生产以白诗南为主体的乌乌黑等白葡萄酒。此外，位于卢瓦尔地域最东端的法国中央产区酿造的长相思普利富美、桑塞尔受到人们的高度评价。

2011哥涅特酒庄密斯卡黛珍藏白葡萄酒

使用手工收获的密斯卡黛品种。柑橘系和新鲜药草等清爽香味紧凑浓缩。

（哥涅特酒庄）750ml

2010奥托简妮斯密斯卡黛珍藏白葡萄酒

扎根地下深处的葡萄树充分汲取矿物质，赋予了葡萄酒深邃且复杂的果实风味。同时带有黏稠的凝缩感。

（爱古酒庄）750ml

2010铭酿世家密斯卡黛珍藏白葡萄酒

具有新鲜灵动的柑橘系香气和清爽的酸味。精心的酿造赋予了酒体厚重感。非常适合与海鲜料理搭配饮用。

（朗格卢瓦酒庄）750ml

赛德酒庄安茹玫瑰红葡萄酒

呈鲜艳的橙红色。口感柔和，具有果香和微微的甘甜。也非常适合假日午餐时分和户外饮用。

（塞劳卡雷）750ml

2010皮埃尔安茹白葡萄酒

完全熟成的杏和洋梨蜜饯等甘美香气四溢。浓缩感十足的果味和酸味、矿物质味完美均衡，口感厚重。

（卡尔庄园）750ml

2010梅蒂安茹村级葡萄酒

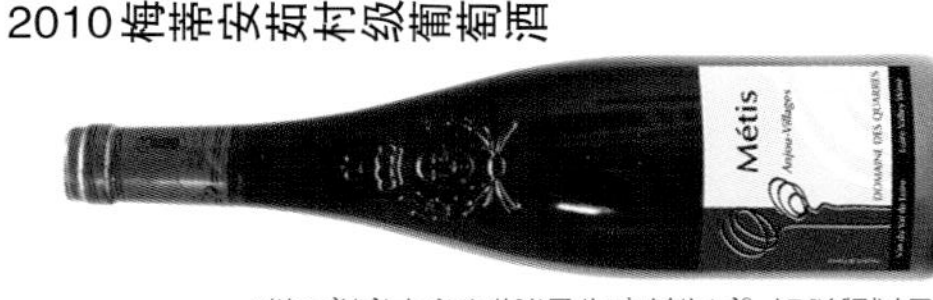

具有熟成红色系果实和香料般香气。高浓缩度的味道中，夹杂着薄荷般的清凉感。

（卡尔庄园）750ml

2011库雷塞兰白葡萄酒

1130年，由锡特派修道士开创的名门葡萄田。白诗南酿造而成的深邃葡萄酒味道令人折服。

（尼古拉·若利）750ml

2012都兰长相思白葡萄酒

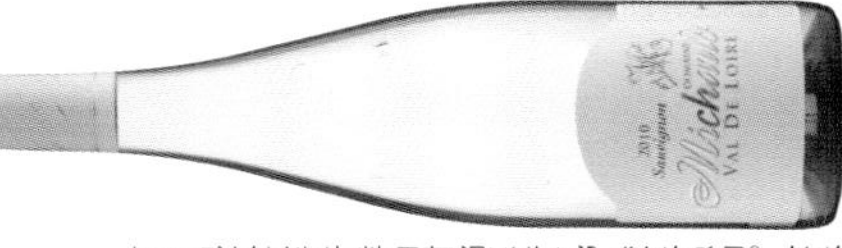

有力地散发着新鲜的柑橘系香气，酸味强劲。余味中的矿物质感成为主角。

（米肯庄园）750ml

2012希侬古兰城堡红葡萄酒

该生产者自1994年起便进行有机栽培实践。红色系果实香气和紫罗兰、黑胡椒等共存。涩味适量，味道柔和。

（古兰城堡）750ml

2012桑塞尔白葡萄酒

具有柠檬和葡萄柚、新鲜药草和嫩草等透明感十足的香气。优雅的酸味赋予了余韵纤细感。

（诺兹庄园）750ml

卢瓦尔NV起泡葡萄酒

使用卢瓦尔地区白诗南品种酿造而成的起泡葡萄酒。洋梨和木梨等清爽香气非常怡人。

（卡尔庄园）750ml

2010索米尔尚比尼干红葡萄酒

使用100%品丽珠品种。其口感轻快，单宁馥郁，令人们对其将来充满期待。味道也非常稳重。

（朗格卢瓦酒庄）750ml

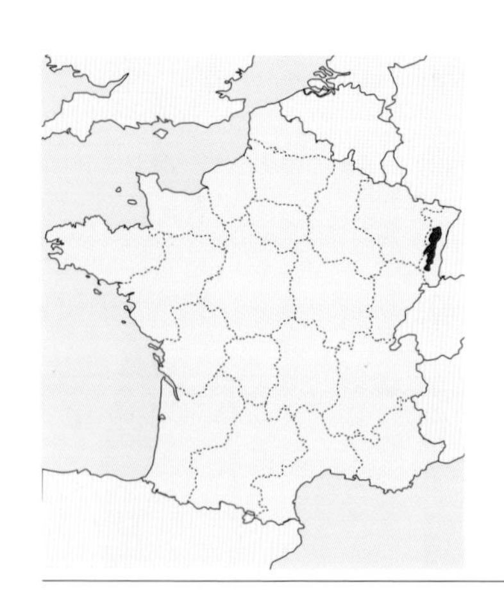

莱茵河恩惠下的辛辣白葡萄酒

Vin de Alsace

阿尔萨斯

■主要栽培品种/雷司令、琼瑶浆、灰皮诺、麝香、白皮诺、西万尼

■代表性AOC/阿尔萨斯、阿尔萨斯特级、阿尔萨斯起泡酒

■得天独厚的气候和复杂的土壤

阿尔萨斯位于法国东北部，西部以弗杰山脉为限、东部以莱茵河为界，是条南北纵长约120km的带状产地。由于与德国仅一条莱茵河所隔，因此该地区曾有一段处于德国和法国之间飘泊不定的历史。1918年回归至法国后，开始种植优质的葡萄品种，从此奠定了如今阿尔萨斯葡萄酒的基础。

由于西部的弗杰山脉挡住了来自太平洋的湿润空气，因而该产区呈现雨量较小、日照时间充足的大陆性气候。此外，土壤也非常复杂——花岗岩和粘土质、砂岩质、石灰质等类型众多，栽培着诸多葡萄品种。为了使葡萄田能够充分得到太阳的恩惠，葡萄田被耕作在海拔在200~400米高的朝东的丘陵地带的山麓处。

■以单一品种的白葡萄酒为中心

阿尔萨斯以白葡萄酒为主体，基本上使用单一品种进行酿造。栽培品种与邻国德国的葡萄酒相似，但阿尔萨斯的酒精度数较高。AOC由上至下依次为阿尔萨斯特级、阿尔萨斯、阿尔萨斯起泡酒。尤其阿尔萨斯特级，它有严格的相关规定，使用品种也仅限雷司令、琼瑶浆、灰皮诺、麝香这4种。此外，阿尔萨斯还生产着由迟摘葡萄和贵腐葡萄酿造的甘甜白葡萄酒。

可感受到传统气息的雨果家族酿造厂。

冰雪覆盖枝头，冬季阿尔萨斯的风景。

2010黑中之白阿尔萨斯起泡葡萄酒

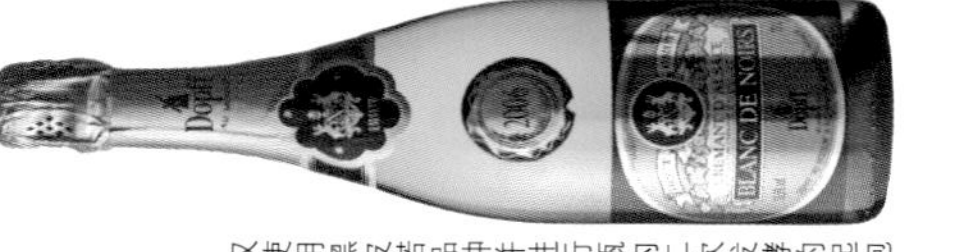

仅使用黑皮诺品种并进行瓶内二次发酵的起泡葡萄酒。具有显著的果味和美妙的酸味。

（多普穆林）750ml

2012雷司令白葡萄酒

具有灵动的柠檬和酸橙香气，以及百合花等华丽花香、铅笔芯酸味和矿物质感。

（多普穆林）750ml

2011琼瑶浆珍藏白葡萄酒

正如名字Gewurz（香料）所示，具有个性化香气。香气宛如荔枝和白玫瑰一般，味道呈稳定的酸味和馥郁的核心味道。

（多普穆林）750ml

2009灰皮诺珍藏白葡萄酒

具有黄桃和洋梨的熟成果香，以及烟熏香气，强劲有力。灰皮诺果皮呈淡紫色。

（婷芭克世家酒庄）750ml

2011麝香珍藏白葡萄酒

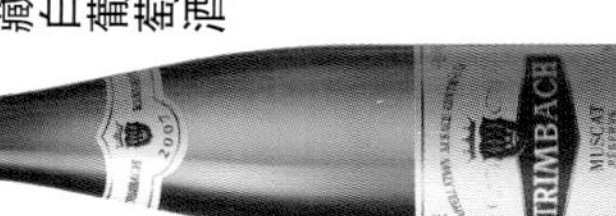

阿尔萨斯地区的麝香葡萄酒在法国是唯一被酿造成辛辣口味的葡萄酒。其果香逼人，具有迸裂般的果味和轻快的酸味。

（婷芭克世家酒庄）750ml

2011黑皮诺珍藏红葡萄酒

收获过程通过手摘完成并进行严格筛选。具有草莓和木莓般怡人香气和清澈果味，涩味适量。

（婷芭克世家酒庄）750ml

2010白皮诺白葡萄酒

具有白色小花和苹果般的香气，口感柔和，酸味新鲜，可与料理轻松搭配。

（雨果家族）750ml

2012西万尼白葡萄酒

新鲜、果感、轻快的白葡萄酒。在阿尔萨斯地区多与冷盘搭配饮用。

（雨果家族）750ml

阿尔萨斯考佳吉白葡萄酒

将西万尼和白皮诺混制而成的辛辣白葡萄酒。具有果香和浓烈的酸味，与鱼贝类料理非常搭配。

（婷芭克世家酒庄）750ml

2007琼瑶浆迟摘葡萄酒

“Vendanges Tardives”意为“迟摘”。该甘甜葡萄酒品质优雅，只有气候等条件兼备，才能生产出来的稀少珍品。

（婷芭克世家酒庄）750ml

2009雷司令迟摘葡萄酒

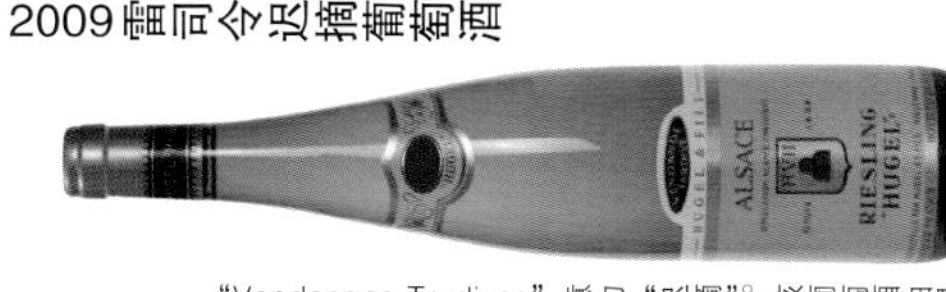

“Vendanges Tardives”意为“迟摘”。该葡萄酒由提高了糖度的葡萄酿造而成，甘美的芳香口挡不住。

（雨果家族）750ml

2002温巴赫奥登堡金牌琼瑶浆精选颗粒贵腐甜白葡萄酒

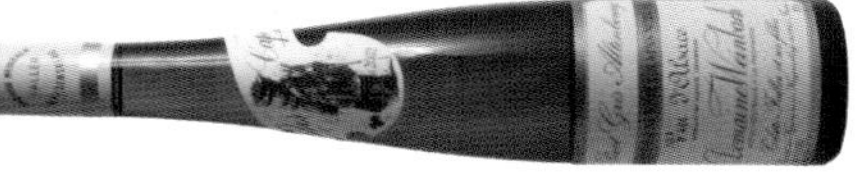

“SELECTIONS GRAINS NOBLES”表示贵腐葡萄酒。该甘甜葡萄酒严格筛选贵腐葡萄酿造而成，极度甘甜。

（温巴赫庄园）750ml

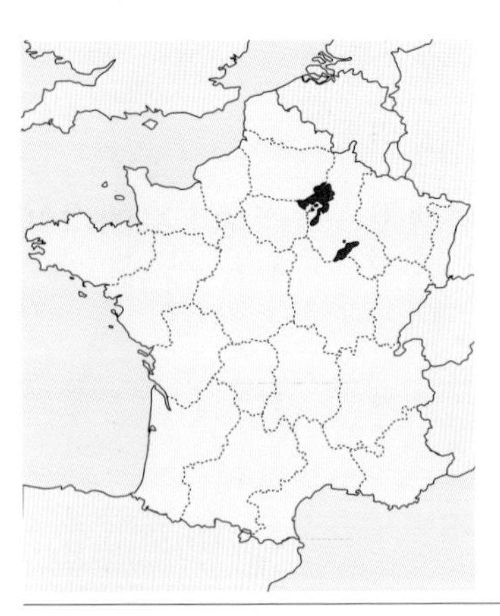

法国引以为傲的名酒·香槟酒的诞生地

Vin de Champagne

香槟产区

■主要栽培品种/黑皮诺、莫尼耶皮诺、霞多丽

■主要酿造商/首席法兰西、库克、沙龙帝皇、欧歌利屋、雅克·瑟洛斯、约瑟夫·佩里耶、宝禄爵、沙龙、凯歌香槟、汉诺、伯瑞、酩悦香槟

法国最北部的葡萄酒产地

香槟酒地区作为“起泡葡萄酒王子”，是知名的香槟酒生产地。其位于巴黎东北部、北纬49°，是法国最北部的产地，也是葡萄栽培的最北界限。该地区气候条件严峻，但属于适合葡萄栽培的石灰质土壤丘陵地带，一直酿造着高品质葡萄酒。其中，主要产地集中在北部，以黑皮诺品种为主的兰斯山脉、以莫尼耶皮诺品种为主的马恩河谷、以霞多丽品种为主的白丘谷地是代表性产地。

当地葡萄田里的老房子。

特殊的生产方法

只有使用香槟酒地区限定产区的葡萄，并满足酿造方法等详细规定的葡萄酒，才能称为“香槟酒”。可以使用的葡萄仅限黑皮诺、莫尼耶皮诺、霞多丽3种，且通过香槟酒方式（瓶内二次发酵）的酿造方式酿造而成。为了保持固定的品质，将不同葡萄田和品种、收获年份的葡萄酒进行混制也是香槟酒的特色之一。其混制比例根据不同酿造厂（酒商）而存在差异，这也注定了香槟酒的个性。普通葡萄酒根据混制情况，通常不在标签上标记年号，即Non Vintage；而“年份香槟”指在葡萄收成佳的年份，仅使用该年的原酒进行酿制。此外，在瓶内二次发酵后加入利口酒，味道会发生改变。

NV汉诺至高白葡萄酒

“Saint v é ran”意为“至高”。白花和奶油面包般的香气之中，美妙的奶油风味令整体更加优雅。

（汉诺）750ml

NV汉诺玫瑰红起泡葡萄酒

橙红色色调和柔和的气泡充满魅力。多使用珍藏葡萄酒，新鲜而富有熟成感。

（汉诺）750ml

2005汉诺干型年份香槟酒

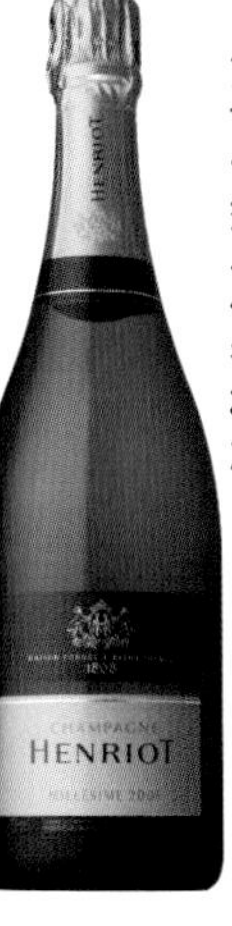

该“干型年份香槟酒”充分地表现着年份个性。霞多丽的纤细和黑皮诺的强劲保存着完美均衡。

（汉诺）750ml

NV汉诺白中白葡萄酒

仅使用白葡萄“霞多丽”酿造的香槟酒“白中白”。新鲜的香气和纤细的气泡给人留下深刻印象。

（汉诺）750ml

NV丽歌菲雅香槟酒

追求新鲜和优雅的香槟酒。优质纤细的气泡和酸味既清爽，又让人感觉到醇厚感。

（丽歌菲雅）750ml

NV德乐梦香槟酒

使用白丘谷地50%霞多丽的优质葡萄酒。熟成感十足的纤细酸味细密优雅又隐藏着力度。

（德乐梦）750ml

NV首席法兰西特酿起泡葡萄酒

位于艾依村的香槟酒酿造商。黑皮诺比例较高，芳醇而有力的酒体是其特征。

（首席法兰西）750ml

NV岚颂玫瑰红香槟酒

轻快感十足，又似烤苹果和烤面包等美味芳香。其紧缩的味道，令料理更加美味。

（岚颂）750ml

NV玛依高级皮诺香槟酒

新鲜的果香和烤面包般香气复杂扩散，伴随着美味的复杂酸味形成了其酒体。气泡十分丰富。

（玛依生产者行会）750ml

NV宝禄爵珍藏香槟酒

熟成感、新鲜感、馥郁感皆十分均衡的香槟酒。其味道多样化，可以与冷盘、鱼肉料理、肉类料理搭配饮用。

（宝禄爵）750ml

伯瑞皇家香槟酒

该酒继承了伯瑞夫人的风格，堪称起泡葡萄酒的元祖。味道新鲜有力、清新而干练。

（伯瑞）750ml

泰亭哲玫瑰红优质葡萄酒

纤细悠久的气泡和美丽的橘红色色泽充满魅力。味道润滑而芳醇。

（泰亭哲）750ml

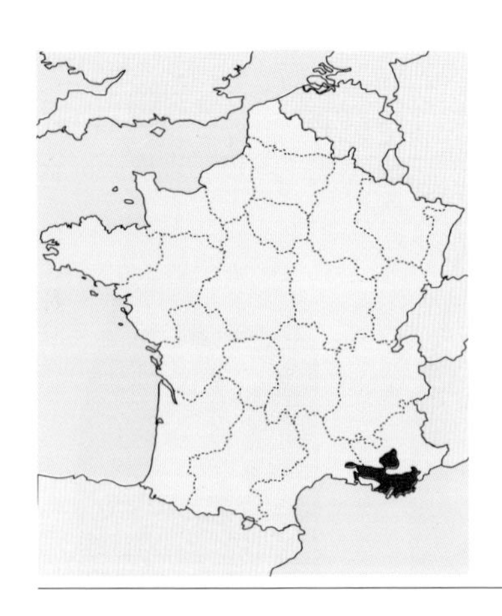

法国南部风土酿造的轻快玫瑰红葡萄酒

Vin de Provence

普罗旺斯

■主要栽培品种/格连纳什、赤霞珠、慕合怀特、西拉、神索、佳丽酿

■主要AOC/普罗旺斯区、艾克斯丘、帕莱特、雷波・普罗旺斯、贝莱、邦多勒、卡西斯、百丽

法国葡萄酒的发祥地

普罗旺斯南邻地中海，是法国最早开始葡萄栽培的地方。公元前600年左右，古希腊人乘船横渡地中海，到达殖民地马萨利亚（现在的马赛）。他们将橄榄和葡萄等果树引入此地，并在周边进行栽培，随后传遍了法国各地。

普罗旺斯的生产地西自罗讷河口的阿鲁鲁周边，东至尼斯，呈东西走向。该地带日照量高、夏季炎热，冬季呈温暖的地中海性气候，特有的强风“密史脱拉风”阵阵吹入，非常适合葡萄的栽培。土壤多石灰质和砂岩质，地形多样化——平地、丘陵地带、溪谷地带。栽培葡萄品种也很多，葡萄酒富于多样化。

碧浓酒庄的葡萄田。

以玫瑰红为主体的红、白葡萄酒

普罗旺斯葡萄酒以玫瑰红为主体，此外还酿造着红、白葡萄酒。在地区AOC中，自普罗旺斯中央部分至东部的普罗旺斯区是法国最大的玫瑰红葡萄酒生产地。西部的艾克斯丘、实行有机农法等新型栽培的雷波・普罗旺斯、历史悠久的铭酿地邦多勒等也非常闻名。

感知历史的西莫内酒庄。

2010卡西斯白葡萄酒

口味辛辣，但酸味稳定，口感醇厚。非常适合与鱼贝料理搭配，尤其经常与鱼蟹羹搭配饮用。

（费尔梅布兰奇庄园）750ml

2012卡西斯玫瑰红葡萄酒

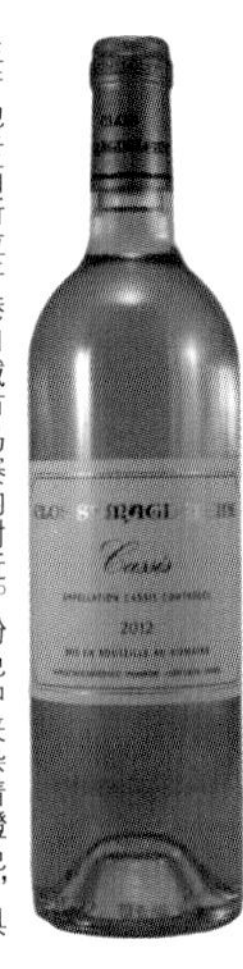

生产地卡西斯位于港口城市马赛的附近。粉色中夹杂着橙色，具有优质的干药草香气。

（马格德雷娜）750ml

2009邦多勒红葡萄酒

以慕合怀特品种为主体酿造的该酒具有浓烈的构成和酒体，特有的皮革制品的香气富有个性化。

（碧浓酒庄）750ml

2011邦多勒白葡萄酒

邦多勒是普罗旺斯地区的代表性葡萄酒生产地。果香和香料、药草香多层重叠，极其复杂。同时，润滑感十足。

（碧浓酒庄）750ml

2011邦多勒玫瑰红葡萄酒

色调呈魅力的红铜色。水果的香气中夹杂着果实香。同时散发着干药草和香料的香气。味道浓烈。

（碧浓酒庄）750ml

2011贝莱玫瑰红葡萄酒

在贝莱的葡萄酒生产者之中，西莫内酒庄的信誉度极高。具有醇厚的口感和熟成的果味、柔和的酸味。

（西莫内酒庄）750ml

2008贝莱红葡萄酒

法国南部强烈日光下熟成的葡萄果味，和酒樽长期熟成带来的香气十分复杂，具有特有的醇厚口感。

（西莫内酒庄）750ml

2009贝莱白葡萄酒

呈深麦秆色，具有干果和坚果的芳香。酸味干练、余韵复杂。

（西莫内酒庄）750ml

2011恬宁圣地芙蓉玫瑰红葡萄酒

以古老树龄的神索为主体酿造而成的呈淡橘红色、风味轻快的玫瑰红葡萄酒。非常适合与亚洲口味料理相搭配。

（恬宁酒庄）750ml

2010恬宁圣地芙蓉维奥涅尔干白葡萄酒

具有杏和白桃、白花和蜂蜜等香气。香气华丽的同时，酸味灵动，与矿物质感保持着完美的均衡。

（恬宁酒庄）750ml

2011 巴隆嘉榭红葡萄酒

以西拉和格连纳什为主体酿造而成的该红葡萄酒，果实风味馥郁、单宁轻快，最适合烤肉等户外饮用。

（巴隆嘉榭）750ml

2011巴隆嘉榭玫瑰红葡萄酒

普罗旺斯地区是法国屈指可数的玫瑰红葡萄酒生产地。该葡萄酒是以西拉和格连纳什为主体酿造而成的辛辣口味玫瑰红葡萄酒。

（巴隆嘉榭）750ml

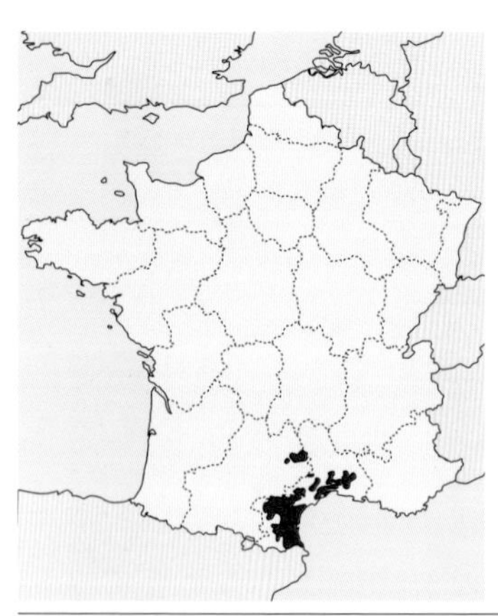

法国一大葡萄酒产地

Vin de Languedoc&Roussillon

朗格多克＆鲁西永

■主要栽培品种/佳丽酿、神索、格连纳什、慕合怀特、西拉、麝香·莫札克、白诗南、霞多丽、小粒白麝香、格连纳什·皮诺
■主要AOC/朗格多克、福热尔、圣夕阳、米内瓦、科比埃尔、利慕、鲁西永丘、鲁西永村

■引以为傲的广阔栽培面积

马斯布兰克庄园的葡萄田。

自罗讷河口尼姆周边至奥德省的朗格多克地区，和与西班牙的边境地区——比利牛斯山脉山麓的鲁西永地区合称“朗格多克＆鲁西永”，也被爱称为“法国南部·比利牛斯大区”。温暖的地中海性气候和石灰质、花岗岩质等适合葡萄栽培的土壤等条件兼备，栽培面积约占法国整体的四分之一。近年来，地区餐酒、日常餐酒等低价格葡萄酒的品质正在不断提升。

■向高品质葡萄酒进军

如上述所示，该地区曾作为低价格葡萄酒的大量生产地而被人熟知，近年来整体品质也在不断上升。

知名的朗格多克AOC生产地有——生产红和玫瑰红葡萄酒的朗格多克、高品质且有力红葡萄酒的福热尔、个性化葡萄酒的圣夕阳、被称为“布朗克特”起泡葡萄酒的利慕。鲁西永AOC主要产地包括——生产辛辣红、白、玫瑰红葡萄酒的鲁西永丘和仅生产高档红葡萄酒鲁西永村等。

此外，在法国，该地区是采取独特熟成方法进行甘甜酒精强化葡萄酒酿造的最大产地，其中朗格多克主要生产小粒白麝香白葡萄酒，而鲁西永主要生产格连纳什·皮诺红葡萄酒。

分布于山麓地区的马斯布兰克庄园。

2009米内瓦狮玛庄园红葡萄

宛如法国南部的阳光注入瓶内一般，果味浓缩。余味中残留的松软涩味令料理更加美味。

（狮玛庄园）750ml

2010米内瓦传统红葡萄酒

以慕合怀特40%、西拉40%、格连纳什20%比例混制而成。单宁浓厚，同时怡人柔和。

（比奇尼酒庄）750ml

2010奥希耶徽纹干红葡萄酒

浓缩感十足的新鲜果味给人留下第一印象。涩味润滑，余味中可以感受到百里香等药草香。

（奥希耶酒庄）750ml

2009科比尔白葡萄酒

该酒庄作为红葡萄酒生产地非常知名，也酿造着高水平白葡萄酒。具有水果醇厚的口感和浓厚的酸味。

（奥利尔酒庄）750ml

2009科比尔玫瑰红葡萄酒

呈深宝石红色调，具有覆盆子等果香和黑胡椒等辛辣味。熟成后充满潜在深邃口感。

（奥利尔酒庄）750ml

2011科利乌尔西格尼玫瑰红葡萄酒

浓厚的玫瑰红色泽。木莓和草莓酱等果香中散发着复杂的香料和药草等香气。酸味的新鲜感十分怡人。

（马斯布兰克庄园）750ml

2010鲁西永丘小帕索红葡萄酒

飘逸着黑色系果实和甘甜的香料香气。具有柔和的口感和浓烈的酸味，甘甜的单宁给人留下深刻印象。

（马斯布兰克庄园）750ml

2008科利乌尔洛斯红葡萄酒

马斯布兰克庄园是巴纽尔斯科利乌尔的名门酿造商。深石榴石色泽中，黑色系果实香气充满魅力，具有缜密的酸味和涩味。

（马斯布兰克庄园）750ml

2007巴纽尔斯葡萄酒

巴纽尔斯是法国的代表性酒精强化葡萄酒。该甘甜葡萄酒通过在发酵途中添加酒精酿造而成，也被称为“天然甜葡萄酒”。

（马斯布兰克庄园）750ml

Ⅲ B奥鲁门葡萄酒

“Ⅲ B”表示最顶级庄园。使用利慕产的霞多丽品种。在橡木酒樽中熟成9个月，果味四溢，味道馥郁。

（简・克劳德・玛斯）750ml

2010朗格多克有机红葡萄酒

将西拉和格连纳什混制而成。黑色系果实的浓厚中夹杂着干药草的口感，酒体适中。

（H&B）750ml

NV利慕优雅起泡葡萄酒

以莫札克品种为主体的起泡葡萄酒。采取传统的古传酿酒法(Methode Ancestrale)酿造而成。酒精度数在6~7°左右。

（简・保罗）750ml

伦巴第大区葡萄酒

伦巴第大区位于意大利北部，首府是米兰。自古以来主要在交通要塞——北部的瓦尔泰利纳溪谷和南部的波河周边进行葡萄酒的酿制。使用传统品种纳比奥罗酿造的瓦尔泰利红葡萄酒非常有名，其中古典等多种风格正在升格至意大利葡萄酒最高等级的DOCG。

皮埃蒙特大区葡萄酒

皮埃蒙特与法国、瑞士接壤，在意大利是DOCG、意大利葡萄酒次高等级的DOC葡萄酒最多的铭酿地。其产地分布在阿尔卑斯山麓处，主要生产与肉类料理搭配的红葡萄酒。DOCG葡萄酒巴罗罗和巴巴莱斯克皆是意大利的代表性葡萄酒。甘甜起泡葡萄酒阿斯蒂也非常受欢迎。

托斯卡纳大区葡萄酒

以首府佛罗伦萨为中心的托斯卡纳大区，与皮埃蒙特大区是意大利的2大铭酿地，DOCG、DOC葡萄酒生产量仅次于皮埃蒙特。多生产与肉类料理相搭配的红葡萄酒，譬如基昂蒂。此外，布鲁内洛·蒙塔奇诺和蒙塔奇诺贵族等高品质葡萄酒汇聚。

拉齐奥大区葡萄酒

以意大利首都罗马为中心的拉齐奥大区，西临第勒尼安海，平地和平缓丘陵地带遍布。生产的葡萄酒以轻快白居多。诗人歌德曾以“宛如身处乐园中一般”来称赞佛拉斯卡帝的味道，该酒是继承自古罗马的铭酿。名字独树一帜的“就是它！就是它！！就是它！！！”历史可追溯至8世纪。

何谓意大利葡萄酒法律？

意大利葡萄酒法律根据欧洲的新葡萄酒规定，于2010年进行了变更。之前由上至下共分为“DOCG（保证法定原产地称呼）”、“DOC（法定原产地称呼）”、“IGT（典型产地）”、“VdT（日常餐酒）”4种，而如今DOCG和DOC合称为“DOP（保护原产地称呼）”、IGT改为“IGP（地理保护）”、VdT改为“Vino（日常餐酒）”，即3个范畴。在新的法律下，仍可以标记之前的DOCG、DOC。

意大利葡萄酒

意大利的20个大区全部从事葡萄酒酿制工作，生产量在世界独占鳌头。栽培的葡萄品种超过400种，酿造着充分发挥地区特性的多样化馥郁葡萄酒。

●威尼托大区葡萄酒

仓谷地带威尼托大区北依阿尔卑斯山东部、东临亚得里亚海，首府是威尼斯。该地区的DOC葡萄酒——红葡萄酒瓦尔波利塞拉和巴多利诺非常知名。位于维罗讷和威尼斯之间的13个村庄进行着白葡萄酒的酿制，其中，索瓦非常受欢迎，生产量位居意大利DOC葡萄酒的第3位。

●艾米利大区・罗马涅大区葡萄酒

艾米利亚街道横贯东西方向的艾米利亚・罗马涅州，自古以来作为交通要塞，经济繁荣。该地区最让人耳熟能详的葡萄酒便是弱起泡型蓝布鲁斯科，其黑白葡萄酒兼具。此外，始于罗马时代的悠久品种阿尔巴纳酿造而成的阿尔巴纳・罗马涅，是意大利第一款得到DOCG认定的白葡萄酒。

普利亚

卡塔

卡拉布里亚

●坎帕尼亚大区葡萄酒

坎帕尼亚大区位于意大利南部，首府是那不勒斯，其气候温暖、土壤肥沃，自古便作为农业地带发展起来。葡萄栽培也十分盛行，其中，意大利南部最初受到DOCG认定的红葡萄酒“道乌拉斯”、维苏威火山山麓处酿造的“维苏威火山基督之泪”等红白葡萄酒闻名遐迩。

●西西里大区葡萄酒

西西里是地中海的最大岛屿，也是意大利的最大的大区。在温暖的地中海气候下，自古便进行着葡萄的栽培，也是意大利最悠久的产地之一。该地区作为大量混制葡萄酒的产地而被人熟知，近年来品质不断上升，DOCG、DOC葡萄酒不断增加。果香红葡萄酒切拉索罗是西西里的第一款DOCG葡萄酒。

产地的多样化充满魅力

在欧洲，意大利自公元前800年就开始葡萄酒的酿制，历史非常悠久。伴随着罗马帝国的繁荣，葡萄酒酿制随之兴起，产地也遍及全国，甚至发展至海外。德国、法国、西班牙的葡萄酒酿制基础也源自意大利。作为以悠久历史和文化为背景的葡萄酒大国，如今意大利每年葡萄酒的生产量与法国并驾齐驱、不分秋色。

南北走向的意大利，各地域的气候和土壤、风土皆不同，栽培的葡萄也多种多样。自古以来的传统品种众多。葡萄酒各种风格兼备，皮埃蒙特、威尼托、托斯卡纳各大区进行着高级葡萄酒的酿制。

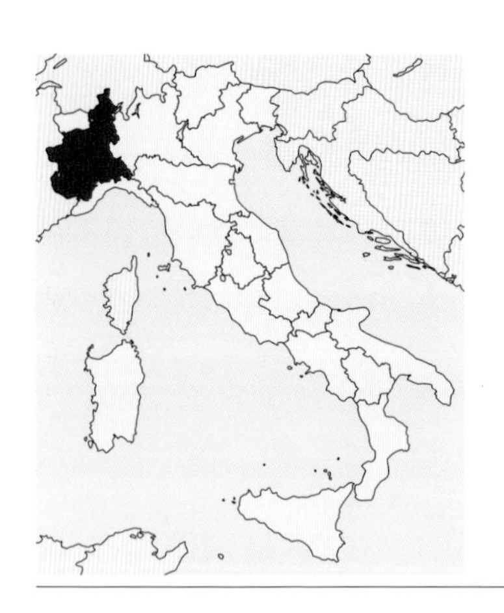

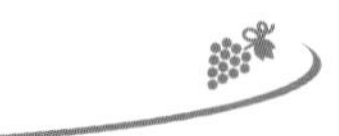

Italy

意大利

生产高品质红葡萄酒的意大利第一铭酿地

Vino rosso di Piemonte

皮埃蒙特（红葡萄酒）

■主要栽培品种/纳比奥罗、巴贝拉、多姿桃、阿内斯、布拉凯多

■主要DOCG/巴罗罗、巴巴莱斯克、罗埃罗、班纳、格天那

阿尔卑斯山脚下的产地

皮埃蒙特大区位于阿尔卑斯南部山脉的山脚处，北部与瑞士接壤，西部与法国接壤。皮埃蒙特意为“山之脚”，葡萄田便分布在山脚处的广阔丘陵地带。当地料理多使用野禽、松露、蘑菇等丰富的山珍，葡萄酒也多是与其搭配的熟成类型红葡萄酒。其中，DOCG、DOC葡萄酒数量位居20个大区之首，质量极高，堪称意大利的代表性产地。

传统品种酿造的红葡萄酒

在皮埃蒙特的DOCG葡萄酒之中，巴罗罗被赞为“葡萄酒之王”、“王的葡萄酒”，可谓意大利的代表性红葡萄酒。产地位于皮埃蒙特南部，以阿尔巴为中心的朗格地区。该地区自古便使用栽培的纳比奥罗品种，酿造长期熟成类型的有力葡萄酒。同时，多使用单一葡萄田的葡萄，根据葡萄田进行相应的评价。此外，同样由纳比奥罗酿造的DOCG葡萄酒巴巴莱斯克也是长期熟成类型的红葡萄酒，作为“巴罗罗的弟弟”而闻名遐迩。

近年来，作为品质显著提高的红葡萄酒而备受关注的有——位于巴罗罗产地西部的罗埃罗纳比奥罗红葡萄酒、东部的班纳甘甜红葡萄酒、阿斯蒂周边的巴贝拉红葡萄酒，它们皆是指定的DOCG。

2009松切拉巴罗罗红葡萄酒

巴罗罗堪称“意大利葡萄酒的王子”。有力和纤细共存的味道，可以进行10年以上熟成。

（赛拉图庄园）750ml

2008巴巴莱斯克红葡萄酒

在橡木酒樽和瓶内进行至少2年的熟成。香气浓缩而优雅。酒体稳重，伴随时间的流逝，香味四溢。

（贾科萨酒庄）750ml

2007阿尔巴纳比奥罗干红葡萄酒

使用手工精心栽培的纳比奥罗品种。在橡木大酒樽熟成的厚重酒体中夹杂着缜密的味道。

（塞里奥酒庄）750ml

2009贝萨诺巴贝拉红葡萄酒

呈深石榴石色调。具有丰富的果香和香料、雪茄等香气。味道新鲜、余韵中残留着咖啡般苦味。

（贝萨诺酒庄）750ml

2007巴贝拉传统红葡萄酒

“Passim”意为传统手法。通过将葡萄晾干以提高糖分的方法酿造而成。味道浓厚、有力，酒体稳重。

（卡斯勒特酒庄）750ml

2010韦洛特多姿桃葡萄酒

深红色中夹杂着紫色。具有洋李和紫罗兰、黑橄榄般香气，以及果味浓烈的味道。

（加维欧）750ml

2010加维欧拉巴贝拉红葡萄酒

闪耀的红宝石色。红色的玫瑰香和馥郁的果味、新鲜的味道充满魅力。涩味极其润滑。

（贝萨诺酒庄）750ml

2008朗格红葡萄酒

使用面向西南方向、日照充沛的斜坡上栽培的纳比奥罗品种。通过小型酒樽熟成，果味更加充实、余韵更加柔和。

（拉纳塔）750ml

2011多利尼亚红葡萄酒

深邃的红色和紫罗兰的香气给人留下深刻印象。具有不锈钢酒樽内发酵形成的优雅酸味及柔和涩味。

（艾劳迪总统酒庄）750ml

2009皮阿鲁巴贝拉红葡萄酒

由于葡萄酒的一部分在新酒樽内熟成，因此增添了深邃感和强劲感。酸味和单宁有力、百饮不厌。

（潘丽赛罗酒庄）750ml

摩尔仕堡2011干红葡萄酒

纳比奥罗、解百纳、梅尔诺混制而成。具有诱人的黑莓香气和深邃感。单宁柔和，宛如羽毛一般。

（嘉雅）750ml

2011蒙内雅巴贝拉微起泡酒

夹杂着紫色的明亮红宝石色，微起泡。香气馥郁、口感柔和。非常适合与腊香肠、番茄酱通心粉、肉类料理等相搭配。

（百来达）750ml

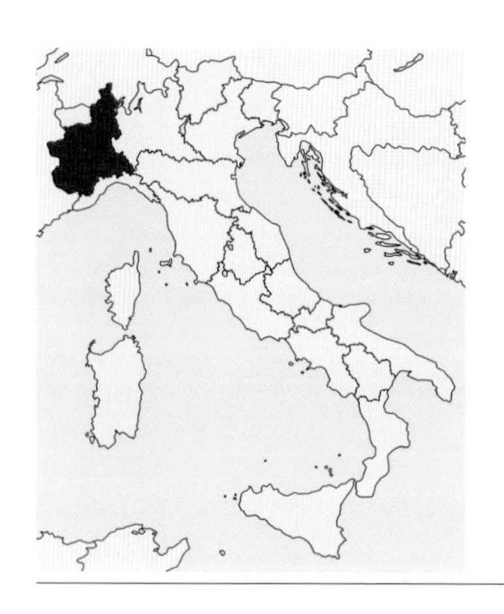

由当地葡萄品质酿造而成的白葡萄酒和起泡葡萄酒

Vino bianco di Piemonte

皮埃蒙特（白葡萄酒）

■主要栽培品种/歌蒂丝、阿内斯、白莫斯卡托、布拉凯多
■主要DOCG/嘉雅、罗埃罗、阿斯蒂、厄布鲁斯迪卡鲁索

清爽的白葡萄酒

在DOCG和DOC葡萄酒数量上，皮埃蒙特大区位于意大利前列。除了红葡萄酒，也酿造着诸多知名白葡萄酒和起泡葡萄酒。辛辣的白葡萄酒嘉雅，便是皮埃蒙特大区东南部——嘉雅周边生产的DOCG葡萄酒。原料歌蒂丝是皮埃蒙特自古以来便进行栽培的传统品种。皮埃蒙特曾经主要酿制甘甜葡萄酒，进入19世纪之后，开始酿造辛辣类型。夹杂着绿色的麦秆色，香气柔和、味道清爽。此外，作为红葡萄酒被人熟知的罗埃罗，以稀少的传统品种阿内斯酿造而成的白葡萄酒也十分受欢迎。

甘甜的起泡葡萄酒

意大利的代表性起泡葡萄酒是DOCG阿斯蒂。其生产地域有阿斯蒂等3个省。100%使用传统品种白莫斯卡托，味道清爽而甘甜。多数采取在酒桶内发酵的香槟方式。

此外，同样作为DOCG的莫斯卡托·阿斯蒂基于100%白莫斯卡托，与阿斯蒂基本一致，但有多种酿造方法，其酒精度数低，属于气泡较少的弱起泡性葡萄酒。

天使阿斯蒂起泡葡萄酒

具有麝香般华丽清爽香气的甘甜起泡葡萄酒。受到全世界的欢迎，冷藏之后可以与餐前酒和点心等搭配饮用。

（花之恋）750ml

2011阿斯蒂莫斯卡托白葡萄酒

具有白莫斯卡托品种的清爽甘甜。微起泡，舒爽地通过喉咙的感觉简直是美妙极了。冷藏之后可以与餐前酒和点心等搭配饮用。

（卡斯勒特酒庄）750ml

2011嘉维干白葡萄酒

白花和苹果、洋梨等香气和清爽的薄荷、荷兰芹等香气四溢。铅笔芯般酸味形成了核心味道。

（杰门）750ml

2011布朗格阿内斯白葡萄酒

阿内斯是意大利的本地品种。具有花朵般的香气、清爽的酸味、矿物质般味道。在意大利本土很有人气。

（赛拉图酒庄）750ml

罗斯巴斯2012干白葡萄酒

洋梨、金冠苹果、香瓜般柔和的果香四溢。膨松感的酸味产生了悠长的余韵和核心味道。

（嘉雅）750ml

皮埃蒙特霞多丽白葡萄酒

具有低温发酵产生的果香。菠萝和桃子、香蕉等香气涌现。新鲜的酸味赋予了味道爽快感。

（恩佐酒庄）750ml

2011嘉雅里维白葡萄酒

由嘉雅高品质产区——“罗韦雷托”70年树龄的歌蒂丝酿造而成的白葡萄酒。可以享受到刺激的味道。

（比克埃内斯托）750ml

2010巴尔比·索普拉尼白葡萄酒

“巴尔比·索普拉尼”是著名葡萄田的地区名。辛辣白葡萄酒具有新鲜果实般纤细柔和的香气和清新的味道。

（卡佩塔酒庄）750ml

2011嘉雅葡萄酒

淡麦秆色，具有歌蒂丝特有的酸橙和葡萄柚般的香气。浓缩的酸味令余韵精彩怡人。

（贾科萨酒庄）750ml

2012罗埃罗阿内斯白葡萄酒

显著的柑橘系果香之中，散发着微弱的烤杏仁芳香。丰富的酸味非常醇厚。

（维埃蒂酒庄）750ml

罗埃罗阿内斯白葡萄酒

闪烁的麦秆色。杏和青苹果的香气、新鲜的药草香等十分清爽。酸味和果味保持着完美均衡。

（卡希纳奇科酒庄）750ml

白朗格菲奥雷白葡萄酒

伴随果香之后，花香四溢。新鲜清爽的味道中夹杂着矿物质感。

（百来达）750ml

意大利最大的红葡萄酒产地之一

Vino di Toscana

托斯卡纳

■主要栽培品种/圣祖维斯、卡内奥罗、布鲁内罗、普罗诺阳提、维奈西卡

■主要DOCG/基昂蒂、布鲁内罗·蒙塔奇诺、高贵蒙特普奇亚诺、卡米尼亚诺、圣吉米亚诺维奈西卡

■代表意大利的基昂蒂

在平缓的丘陵地带，佛罗伦萨等中世纪美丽城市分散在托斯卡纳大区。与皮埃特纳大区并称意大利的代表性葡萄酒产地，主要生产红葡萄酒。

红葡萄酒基昂蒂也可以称为托斯卡纳葡萄酒的代名词，作为DOCG葡萄酒，其在意大利以最大生产量著称。产地位于托斯卡纳中央部分，以圣祖维斯为主体，还添加了卡内奥罗等品种。此外，在基昂蒂之中，熟成时间较长的古典基昂蒂味道十分深邃。

■以传统品种酿造的红葡萄酒为中心

除了基昂蒂，托斯卡纳大区还生产着伟大的红葡萄酒。东南部蒙塔奇诺产区生产的布鲁内罗·蒙塔奇诺使用100%布鲁内罗酿造而成，属于长期熟成的高品质葡萄酒。此外，还有以普罗诺阳提为主体的优质辛辣高贵蒙特普奇亚诺、以圣祖维斯为主体的卡米尼亚诺等，传统品种酿造的DOCG琳琅满目。此外，还有生产者数量不多但极其优秀的白葡萄酒。由维奈西卡酿制而成的辛辣圣吉米亚诺维奈西卡，属于味道柔和又新鲜的DOCG葡萄酒。

2010罗莎·蒙塔奇诺红葡萄酒

醋栗和蓝莓、黑橄香料等香气令人感受到其稳重，味道较轻快，涩味缜密。

（秦托拉尼）750ml

2006布鲁内罗·蒙塔奇诺红葡萄酒

芳醇的果香和酒樽本身的香子兰及烤肉香气完美均衡。酒体稳重，涩味浓烈。

（科尔多奇亚酒庄）750ml

2010圣吉米亚诺维奈西卡白葡萄酒

具有青苹果般轻快的香气和新鲜酸味的辛辣白葡萄酒。可与家常料理轻松搭配。

（格雷维贝萨酒庄）750ml

2010麓鹊荻红干红葡萄酒

麓鹊荻红是佛罗伦萨的名门“花思蝶酒庄”和加利福尼亚葡萄酒之父“蒙大菲酒园”共同设立的酿造厂。

（麓鹊酒庄）750ml

2011宠美路白葡萄酒

来自苹果和洋梨的花香，以及白胡椒和龙蒿般香气，伴随时间的流逝，增加了其复杂感。

（花思蝶庄园）750ml

2009古典基昂蒂珍藏葡萄酒

“Classico”意为自古便酿造基昂蒂的传统地域。其香气深邃复杂、味道厚重、余韵悠长。

（蒙森图葡萄园）750ml

2011卡斯帝利奥尼基昂蒂葡萄酒

紫罗兰的香气和桑葚般的香气赋予了深邃感。酸味稳重，牵引出所有味道，余韵辛辣。

（花思蝶庄园）750ml

2011奇迹酒庄基昂蒂葡萄酒

稻草包式的酒瓶极具意大利风格。味道新鲜而轻快，点燃了餐桌的氛围。

（奇迹酒庄）750ml

2009古典基昂蒂红葡萄酒

浓厚的果香中还能感受到甘甜香料和雪茄等香气，十分复杂。柔软丝绸般的单宁正是优质葡萄酒的象征。

（嘉斯宝来酒庄）750ml

2012安东尼园白葡萄酒

具有青苹果和柑橘般的清爽果香，味道醇厚怡人。可轻松体味到安东尼园的魅力。

（安东尼园）750ml

2009蒙特安帝克红葡萄酒

通过在斯洛文尼亚产和法国产的橡木酒樽内熟成，形成果味和辛辣十分均衡的味道。

（蒙特卡罗安蒂科城堡）750ml

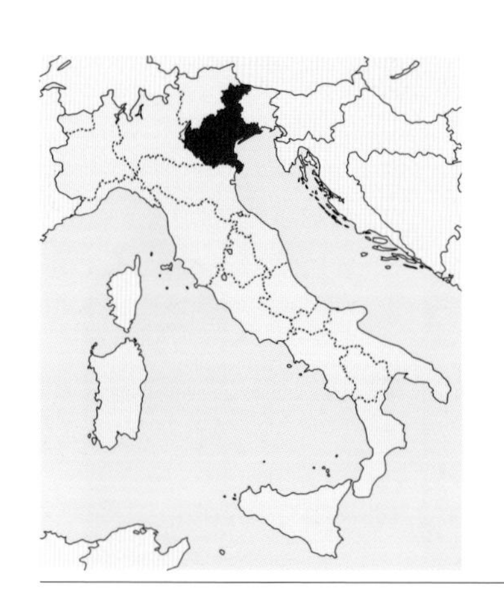

肥沃的丘陵地带、生产量丰富的白红葡萄酒

Vino di Veneto

威尼托

■主要栽培品种/卡尔卡耐卡、特雷比奥罗·索瓦、科维纳、罗蒂妮拉、莫利纳拉
■主要DOCG/超级索瓦、阿玛洛尼瓦尔波利塞拉、巴多利诺

意大利最著名的白葡萄酒

威尼托州的首府是水都威尼斯，多平原和平缓的丘陵地带，温暖的气候得天独厚。葡萄生产量在20个大区中位居第3名，也生产着大量DOCG和DOC葡萄酒。

该地域的标志性葡萄酒便是DOC索瓦。该白葡萄酒由传统品种卡尔卡耐卡为主体，添加特雷比奥罗·索瓦等品种酿造而成，味道舒畅清爽，备受欢迎。生产地位于威尼托州的西部产区，在维罗纳东侧的13个村庄中，该产区的生产量位居意大利白DOC葡萄酒的首位。其中，由自古以来被限定的葡萄园酿造而成的索瓦用“Classico”表示。此外，酒精度数高的超级索瓦、甘甜的雷乔托索瓦被认定为DOCG。

家族经营的阿达米酒庄葡萄田。

传统品种酿造的两种红葡萄酒

另一方面，瓦尔波利塞拉和巴多利诺这两种红葡萄酒是该地区的代表性DOC。生产地均位于自维罗讷北部至西北部的丘陵地带。瓦尔波利塞拉以传统品种科维纳、罗蒂妮拉、莫利纳拉为主体，味道青涩，被称为“维罗讷的王子”。其中，强劲有力的阿玛洛尼、甘甜的雷乔托正在向DOCG升级。此外，巴多利诺由与瓦尔波利塞拉同样的葡萄品种酿造而成，味道更加轻快纤细。

阿达米酒庄位于索瓦村。

2011超级瓦尔波利塞拉葡萄酒

莓果系果实和干花等松软香气，与香料、烤肉香等厚重气息形成了层次感。余味中带有柔和的涩味。

（阿达米酒庄）750ml

2012索瓦白葡萄酒

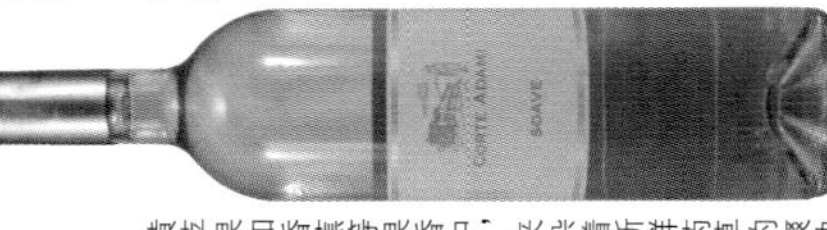

黄苹果和香蕉等果香中，夹杂着新鲜药草的爽快感，香气纯正。其口感圆润，铅笔芯的酸味赋予了良好印象。

（阿达米酒庄）750ml

2009阿玛洛尼瓦尔波利塞拉葡萄酒

“阿玛洛尼”意指将葡萄晾干以提高糖分的厚重葡萄酒。浓厚的冲击力中，复杂地散发着浓密芳香的风味。

（阿达米酒庄）750ml

NV普西哥DOC起泡葡萄酒

具有纤细的气泡、青苹果般爽快香气。恰到好处的碳酸刺激和轻快的酸味十分怡人，味道清澈而自然。

（拉加拉）750ml

2008雷乔托索瓦白葡萄酒

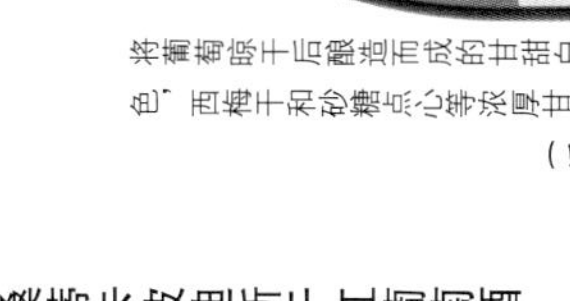

将葡萄晾干后酿造而成的甘甜白葡萄酒。呈深黄金色，西梅干和砂糖点心等浓厚甘甜般香气平稳四溢。

（派洛朋酒庄）500ml

2009桑蒂卡波迪斯干红葡萄酒

新鲜的果香和花香、香料香等浓缩汇聚。涩味适量，馥郁的酸味构成主体味道。

（桑蒂酒庄）750ml

2011古典索瓦葡萄酒

内含新鲜的果香和葡萄花等华丽感。清澈的酸味和新鲜的果味保持着完美均衡，余韵中夹杂着矿物质感。

（派洛朋酒庄）750ml

2011宝籁卡多莎白葡萄酒

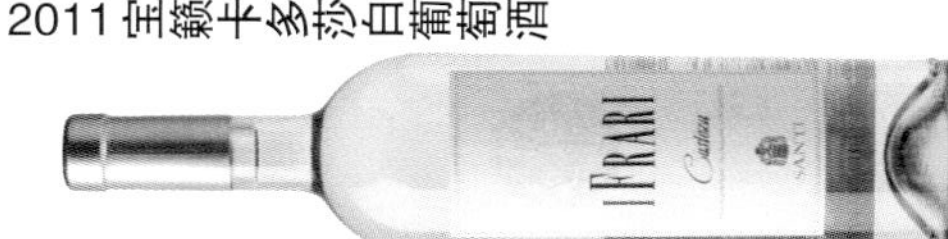

发酵、熟成均在不锈钢酒桶内进行。具有清爽新鲜酸味的辛辣白葡萄酒。作为日常葡萄酒可轻松享用。

（桑蒂酒庄）750ml

2011安科白葡萄酒

具有桃子和洋槐花、香蕉等果香及新鲜的香气。酸味厚重、余味苦涩。

（马西酒庄）750ml

卡波福林红葡萄酒

夹杂着深邃黑的红宝石色。具有黑樱桃和洋李、紫罗兰的香气。柔软浓厚的口感令人感知到其馥郁性。

（马西酒庄）750ml

白曼左尼葡萄酒

夹杂着绿的淡麦秆色。洋梨和油桃等香气优雅飘逸。酸味醇厚、持久性强、长至余韵。

（伦达雷・噶斯帕尼）750ml

维内噶兹赤霞珠红葡萄酒

呈深红宝石色。通过酒樽熟成，香气更加深邃。充裕的果味和显著的单宁形成了味道的构架。

（伦达雷・噶斯帕尼）750ml

使用传统品种的多样化阵容

其他大区

■主要栽培品种/纳比奥罗、贾洛、皮科里特、富莱诺、阿巴娜、蓝布鲁斯科・索巴拉、普罗卡尼可、特雷比奥罗、维德乔、蒙特普恰、黑达沃拉、维蒙蒂诺

■主要葡萄酒/瓦尔特林纳、拉曼道罗、弗留利东山、罗萨松、阿巴娜・罗马涅、蓝布鲁斯科、维多利亚瑟拉索罗、维蒙蒂诺

■酿造出名酒的北部产地

意大利各大区，使用传统品种酿造着个性化葡萄酒。特别是意大利北部，生产出众多著名葡萄酒。伦巴第大区由纳比奥罗酿造的瓦尔特林纳，作为厚重的长期熟成类型红葡萄酒而备受好评。而意大利东北部的弗留利・威尼斯朱利亚大区，作为白葡萄酒圣地而闻名遐迩，该地区最古老的品种——贾洛酿造的甘甜拉曼道罗等，生产着高品质DOCG。产地分布于阿迪杰河流沿岸的特伦蒂诺・上阿迪杰大区生产着红、白、玫瑰红个性化葡萄酒。艾米利亚・罗马涅也生产着历史悠久的阿巴娜・罗马涅白葡萄酒、蓝布鲁斯科弱起泡红葡萄酒等。

位于阿布鲁佐的吉乌萨・格兰德酒庄。

■各历史悠久地区的葡萄酒

意大利中部多酿造白葡萄酒，譬如阿布鲁佐大区的“特雷比奥罗”、翁布里亚大区的“就是它！就是它！！就是它！！！”等，使用传统品种的葡萄酒汇集一堂。此外，阿布鲁佐大区的蒙特普恰红葡萄酒非常知名。西西里和撒丁大区这2大岛屿的葡萄酒酿制工作也非常盛行，西西里的维多利亚瑟拉索罗红葡萄酒、撒丁大区的维蒙蒂诺白葡萄酒皆被DOCG认定。

2012特雷卡萨利蒙特普恰红葡萄酒

柔软的果香和味道保持着均衡，可轻松享用。与多种料理均能轻松搭配的万能红葡萄酒。

（吉乌萨·格兰德酒庄）750ml

2012特雷卡萨利特雷比奥罗白葡萄酒

夹杂着绿色的淡黄色。水果和花香涌现。自然的酸味怡人，可轻松享用。

（吉乌萨·格兰德酒庄）750ml

2010艾格尼帕拉佐红葡萄酒

该酿造厂在艾米利亚·罗马涅大区拥有15公顷葡萄田。紫罗兰等花香、浓烈的涩味赋予了满足感。

（莎比奥纳）750ml

2008特伦托内罗皮诺红葡萄酒

黑皮诺在意大利被称为“内罗皮诺”。具有红果实般果香的醇厚的口感的轻快的果味。

（安德里齐庄园）750ml

2009特伦托琼瑶浆白葡萄酒

夹杂着绿色的微深黄色。玫瑰和荔枝、黄桃等果香中还带有白胡椒等辛辣感。香气逼人的一款辛辣白葡萄酒。

（安德里齐庄园）750ml

2012特伦托皮诺·杰治奥白葡萄酒

外观呈淡麦秆色。具有柑橘系新鲜香气和花香，灵动的酸味十分轻快、怡人。余味中带有药草的风味。

（凯味特）750ml

2010科利奥长相思白葡萄酒

馥郁的香气——白桃和白胡椒、鼠尾草，以及紧缩的油脂感。清澈厚重的酸味带来了核心味道。

（维拉·鲁西）750ml

2011就是它！就是它！！就是它！！！蒙泰菲亚斯科内白葡萄酒

拉丁语意为“找到了！找到了！！找到了！！！”这一奇妙名字。香气华丽，味道新鲜而清爽。

（蒙泰菲亚斯科内生产者行会酿造所）750ml

美第奇艾美特协奏曲蓝布鲁斯科起泡酒

柔和的气泡和碳酸气体的刺激十分怡人。新鲜的果味爽快，与稳定的单宁完美均衡，余味自然。

（美第奇艾美特）750ml

NV美丽园弗朗齐亚柯达葡萄酒

该纤细的起泡葡萄酒与香槟酒同样，通过瓶内二次发酵酿造而成。气泡纤细而透彻。

（美丽园）750ml

普米蒂沃孔蒂·泽卡葡萄酒

具有熟成的洋李和草莓酱，黑胡椒的辛辣香气。馥郁甘甜的果味四溢。优质的苦涩感成为重点。

（孔蒂·泽卡）750ml

阿兰斯奥黑达沃拉葡萄酒

醋栗等果香和黑胡椒等辛辣香气四溢。酸味怡人优质，与柔软的单宁融合一体。

（阿兰斯庄园）750ml

何谓德国葡萄酒法律？

在欧洲，德国葡萄酒具有独自的品质分类。该分类基于收获时的葡萄糖度，糖度越高，则品质和价格越高。主要分为2大类——日常的葡萄酒称为Vin（餐桌葡萄酒），糖度高，葡萄酿造的葡萄酒称为Qualitätswein（优质葡萄酒）。Qualitätswein可以分为QbA（限定生产地的优质葡萄酒）和更上级的QmP（限定生产地的等级优质葡萄酒）。QmP根据收获时的葡萄糖度，还可以进一步分为6个等级。

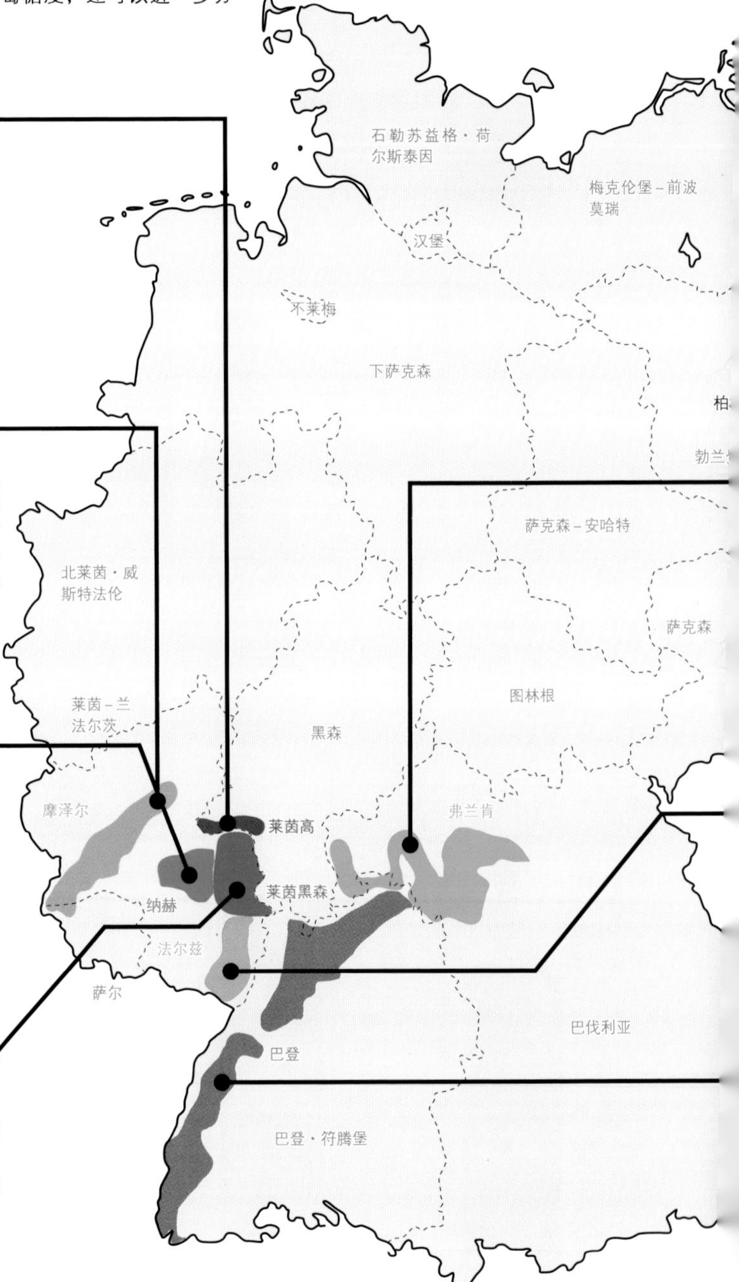

莱茵高葡萄酒

作为德国最高级葡萄酒的产地而闻名遐迩。葡萄田分布在莱茵河畔朝南的斜坡上。栽培的葡萄中，雷司令大约占80%，酿造着众多历史悠久的白葡萄酒。比起摩泽尔，味道更显著、更浓厚。

摩泽尔葡萄酒

在摩泽尔河与其支流萨尔河、鲁韦尔河流域，分散着130个美丽城镇和村庄，是德国的代表性铭酿地。独特的地形和板岩质土壤下栽培的雷司令含有清爽的酸味，酿造着灵动极致的白葡萄酒。被称为“摩泽尔型”的个性化绿色酒瓶也非常知名。

纳赫葡萄酒

分布在莱茵河支流纳赫河流域的生产地。位于摩泽尔和莱茵黑森之间，葡萄酒兼备两个地域的特征。该地域多种土壤混存，栽培着雷司令、米勒图高等30余种葡萄品种，葡萄酒的味道也多种多样。

莱茵黑森葡萄酒

莱茵黑森是德国最大的葡萄栽培地域，生产量也位居第1名。其位于莱茵高南侧，东侧和北侧毗邻莱茵河。产地多平缓的丘陵和平原，栽培的葡萄中，米勒图高品种最多。随着不断机械化，出口贸易正在火热进行中。

德国葡萄酒

生产量是法国的十分之一，但将葡萄栽培北方界限这一不利地理条件转为优势，酿造着个性化葡萄酒。尤其优雅的雷司令甘甜白葡萄酒，是德国在全世界引以为傲的铭酿酒。

优雅白葡萄酒的铭酿地

德国葡萄酒的历史可以追溯至罗马时代。德国生产地比法国偏北，大概在北纬50°附近，是葡萄栽培的北方界限，因此自古以来，就在品种和栽培地、收获时期等方面做了各种努力。德国葡萄酒产地大部分位于莱茵河及其支流沿岸，分为13个地域和继续细分的产区。其中，摩泽尔和莱茵高作为德国的两大铭酿地闻名遐迩。

德国生产的葡萄酒中，白葡萄酒大约占整体的60%。在原料葡萄中，雷司令品种粒儿小、耐寒、收获期越晚则糖分越高，非常适合寒冷的德国，并以此酿制着具有清爽酸味和优雅香气的高级葡萄酒。

●弗兰肯葡萄酒

位于法兰克福东侧、分布在蜿蜒的莱茵河流域，是德国最古老的葡萄酒产地。栽培品种中，米勒图高占30%左右，其次是西万尼。西万尼作为辛辣的白葡萄酒而被人知晓，属于德国葡萄酒的稀少类型，具有男人般的味道。其独特的扁圆形酒瓶可谓一大特点。

●法尔兹葡萄酒

分布于莱茵黑森的南侧，延绵至法国阿尔萨斯的北方。栽培面积、生产量皆仅次于莱茵黑森，位居第2名。栽培品种中，雷司令最多，其次是米勒图高。一条源自罗马世道的德国葡萄酒街道纵贯南北80km，周边分散着知名生产场所。

●巴登葡萄酒

巴登位于德国生产地的最南端，与法国属于同一气象产区。其北自海德堡、西至博登湖，产地狭长，栽培面积位居德国第3名。由于产地南北走向，因此气候和土壤等栽培条件也多样化，生产着多种类型的葡萄酒。法国系葡萄品种居多是其一大特征。

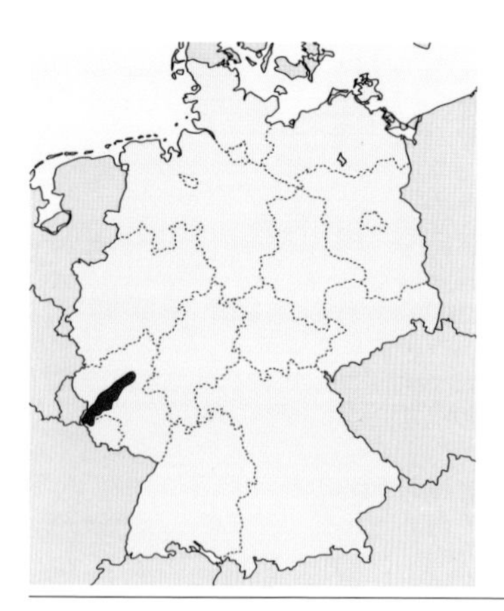

特别环境下孕育的雷司令极致白葡萄酒

Wein von Mosel

摩泽尔

■主要栽培品种/雷司令、米勒图高、艾伯灵、肯纳

■主要葡萄酒/本喀斯特勒医生、比斯波特·黄金水滴、格拉齐仙境园、日晷园、沙兹堡、策尔黑猫

■摩泽尔葡萄酒的魅力

摩泽尔分布在莱茵河支流——摩泽尔河及其支流萨尔河、鲁韦尔河3大河川流域，是德国的代表性葡萄酒产地。自南向北蜿蜒流动的摩泽尔河，两岸多日照良好的朝南斜上，而葡萄就有力地栽培在该斜坡上。

摩泽尔主要生产白葡萄酒，葡萄品种中，雷司令大约占60%。在摩泽尔特有的板岩风化土壤上栽培的雷司令，与德国其他产地相比，味道截然不同，果香和自然的酸味充满魅力。

伊慕公司的葡萄田。

■各产地的铭酿酒

摩泽尔是南北走向的产地，各产区的葡萄酒风味也存在差异。摩泽尔葡萄酒的中心地包括位于中部的本喀斯特勒产区，据说本喀斯特勒医生治愈了天主教主教的疾病，以及酿造着比斯波特·黄金水滴的“黄金水滴”葡萄田等，这些地区均生产着著名的葡萄酒。此外，北部泽尔河周边的泽尔产区，酿制着味道纤细而柔和的高级葡萄酒“泽尔雷司令”，其中，沙兹堡被评为“德国葡萄酒的最高峰”。而摩泽尔河下游流域的策尔产区是日常葡萄酒的产地，多生产黑猫标签的可爱“策尔黑猫”。

特里尔慈善联合协会。

2012策尔黑猫白葡萄酒

“黑猫”之名源自策尔村庄的传说——“黑猫坐过的酒樽酿造的葡萄酒最优质”。该微甜白葡萄酒非常清爽。

（彼德美德酒庄）750ml

施密特世家策尔黑猫起泡葡萄酒

“策尔黑猫”的起泡葡萄酒。甘甜和酸味完美均衡，纤细气泡的刺激乐趣无穷。

（施密特世家）750ml

策尔黑猫KAB白葡萄酒

意为“黑猫”的葡萄酒。观望黑猫的表情也是该葡萄酒的乐趣之一。具有稳定甘甜的清爽酸味的微甜口味。

（斯伯格园）750ml

2009日晷园KAB葡萄酒

“Sonnenuhr”意为“日晷”。该葡萄田酿制着优雅酸味和柔和核心味道兼备的魅力葡萄酒。

（JJ帕洛美家族）750ml

2011比斯波特·黄金水滴KAB葡萄酒

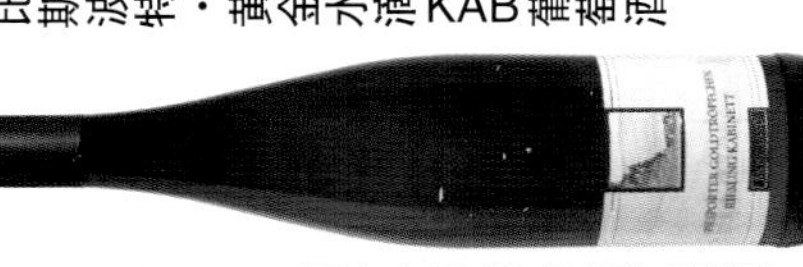

分布在朝南陡峭斜坡上的“黄金水滴”铭酿葡萄田。柔和甘甜和酸味之间的均衡充满魅力、人气高涨。

（摩泽园）750ml

2011心连心雷司令白葡萄酒

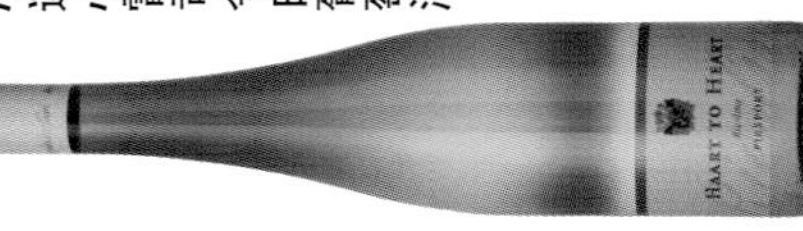

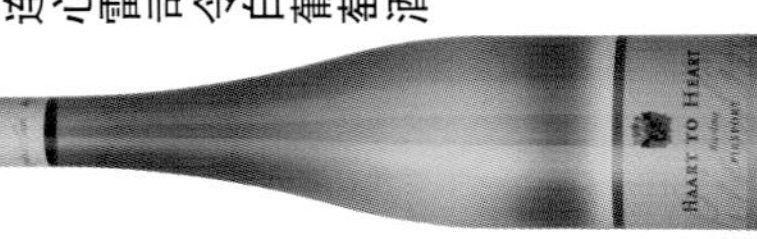

柠檬和酸橙等柑橘类香气，与白桃般果香共存。味道新鲜、矿物质感四溢。冷藏后饮用更佳。

（莱茵霍尔德·哈特）750ml

2011比斯波特·黄金水滴QbA葡萄酒

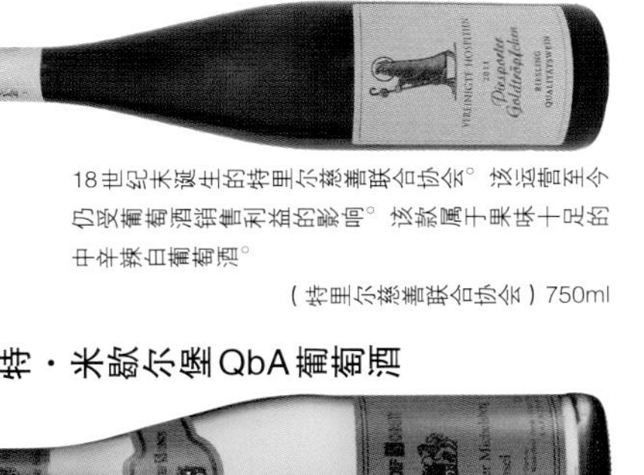

18世纪末诞生的特里尔慈善联合协会。该运营至今仍受葡萄酒销售利益的影响。该款属于果味十足的中辛辣白葡萄酒。

（特里尔慈善联合协会）750ml

比斯波特·米歇尔堡QbA葡萄酒

比斯波特村的集合葡萄田米歇尔堡的葡萄酒。具有桃子和杏的香气，清爽不腻的甘甜和酸味，非常受欢迎。

（施密特世家）750ml

2011伊慕家族雷司令QbA葡萄酒

清爽的酸味将雷司令品种的特征表现无遗。非常适合与腊肠和蒜肠等加工肉制品搭配饮用。

（伊慕家族）750ml

2011沙兹堡白葡萄酒

生产者酿造出世界最高峰白葡萄酒“神之水滴”。酸味清爽、柔和、轻松的精致感。余韵悠长。

（伊慕家族）750ml

SA帕洛美精粹雷司令白葡萄酒

微甜白葡萄酒。具有水果的果味和新鲜药草般清凉感。酸味纤细而自然。

（SA帕洛美家族）750ml

2011豪斯皮缇恩雷司令QbA葡萄酒

摩泽尔产区的个性化精致酸味酿造的辛辣类型。味道紧缩，余韵中带有矿物质味。

（特里尔慈善联合协会）750ml

酿造众多铭酿酒、历史悠久的生产地

Wein von Rheingau

莱茵高

■主要栽培品种/雷司令、斯贝博贡德、米勒图高
■主要葡萄酒/施塔茨、约翰山堡、沃尔莱茨古堡、罗兰、爱柏马可、罗恩塔乐

■莱茵河沿岸的铭酿地

自南向北贯穿德国的莱茵河，与流自东方的尼罗河汇合在一起，在美因茨附近呈直角变换成向西流。自此流经40km左右的河流北侧斜面，便是莱茵高的葡萄酒产地。其葡萄田全部位于朝南的斜坡上，由于北侧耸立着陶努斯山，因此该地处于葡萄栽培的北方界限——北纬50°，但其自古以来作为德国最高级葡萄酒的铭酿地一直具有巨大影响力。在风化的板岩及黄土层土壤上，雷司令约占栽培葡萄的80%。莱茵河河流宽度长达1公里，葡萄收获期间气温低下，同时产生细水雾。因此，该地区也栽培着贵腐葡萄。

■莱茵高的知名葡萄酒

莱茵高生产着德国具有代表性的高品质葡萄酒。施塔茨是14世纪创建的锡特派修道院葡萄田，使用雷司令品种生产着强劲有力的白葡萄酒。13世纪作为本笃会派修道院开设的约翰山堡如今是仅栽培雷司令品种的酿造场所。除了华丽的白葡萄酒，该地区历史悠久的贵腐葡萄酒也非常知名。此外，沃尔莱茨古堡葡萄田仿佛围绕着沃尔莱茨城一般，是莱茵高最大的葡萄田，酿造着100%雷司令微辣白葡萄酒。

莱茵高的代表性名门生产者——基穆勒男爵家族。

2011莱茵高甲州白葡萄酒

莱茵高甲州的葡萄栽培于2003年，酿制工程始于2005年。糖度和酸度完美均衡。清澈的味道具有透明感。

（诗蓝柏）750ml

2011罗伯特威尔酒庄雷司令QBA贵腐葡萄酒

罗伯特威尔是举世闻名的生产者。该葡萄酒具有柠檬和嫩白桃等紧缩香气。具有辛辣润滑的酸味和矿物质味。

（罗伯特威尔酒庄）750ml

2011雷司令贵腐葡萄酒

葡萄田面向莱茵河，位于朝南的绝好位置。作为精心酿造的葡萄酒，果味和酸味完美均衡，非常适合与料理搭配。

（诗蓝柏）750ml

2011埃贝尔巴赫修道院QBA葡萄酒

具有白花和洋梨的香气，以及白胡椒和新鲜药草等香气。该辛辣白葡萄酒的新鲜酸味十分怡人。

（埃贝尔巴赫修道院酿造所）750ml

霍赫海姆QBA贵腐葡萄酒

该辛辣白葡萄酒具有柔和的酸味和矿物质感，百合般花香馥郁且魅力十足，是铭酿葡萄田特有的佳品。

（乔基姆·弗里克酿造所）750ml

2011艾尔巴赫·鸿宁KAB葡萄酒

夹杂着绿色的淡黄色。香气平稳四溢，具有莱茵高紧缩的酸味和果味，且完美均衡。

（艾尔巴赫葡萄生产者行会）750ml

2011艾尔巴赫·马可KAB葡萄酒

莱茵高产区的代表生产者。浓缩的芳醇味道可以深入到身体每个感官。给人留下了深刻印象的标签始于19世纪。

（基穆勒男爵）750ml

莱茵高雷司令QbA贵腐葡萄酒

德国的名门酿造商。具有柑橘花般香气和优雅酸味，余味中残留的矿物质令饮者感受到其传统风格。

（沃尔莱茨古堡）750ml

2011约翰山堡葡萄酒

葡萄酒的酿制历史悠久，很早便发展了晚摘工艺，是德国的代表性酿造所之一。

（梅特涅公爵家族）750ml

2011阿斯曼豪森侯兰堡红葡萄酒

由黑皮诺品种酿制而成的红葡萄酒。在德国，黑皮诺又被称为“斯贝博贡德”。与淡色调相反，味道的持续性非常强。

（埃贝尔巴赫修道院酿造所）750ml

施塔茨雷司令白葡萄酒

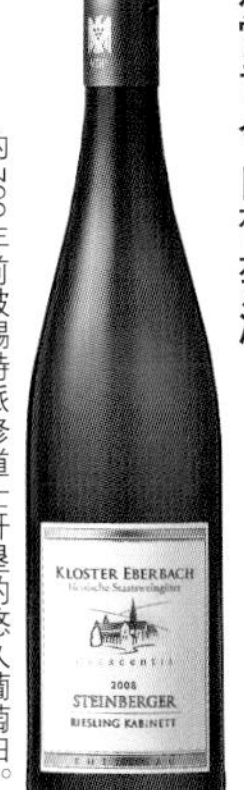

约700年前被锡特派修道士开垦的悠久葡萄田。具有莱茵高雷司令品种特有的个性化味道。

（埃贝尔巴赫修道院酿造所）750ml

圣母之乳QbA葡萄酒

“Liebfraumilch”意为“圣母之乳”。自1971年起被政府规制，属于微甜的柔和味道。

（施密特世家）750ml

何谓西班牙葡萄酒法律？

西班牙根据欧洲葡萄酒法律进行分类。葡萄酒大致可以分为DOP（保护原产地称呼）和IGP（保护地理性表示）。DOP由上至下可以分为VP（特优级法定产区酒）、DOCa（特级法定产区酒）、DO（法定产区酒）、VC（地区标识酒）等范畴。VP是由单一葡萄田生产的高级葡萄酒，即使地域没有得到DO认定，也可以得到VP认定。DOCa是从DO产葡萄酒之中，基于严格标准得以升格的葡萄酒，如今仅里奥哈和普里奥拉特得到认可。DO是基于严格标准的西班牙高级葡萄酒范畴。

纳瓦拉葡萄酒

纳瓦拉位于里奥哈东侧，北靠比利牛斯山脉，南邻埃布罗河，自然条件得天独厚。曾是以玫瑰红为主体的产地，自20世纪80年代改革之后，作为高品种红葡萄酒的产地而闻名遐迩。该产区引进丹魄和赤霞珠等外来品种。单一品种葡萄酒也备受关注。

里奥哈葡萄酒

里奥哈产地分布在西班牙北部的埃布罗河流域，是西班牙的代表性产地。以丹魄品种为主体的高品质红葡萄酒占中心地位，也生产着白、玫瑰红葡萄酒。1991年在西班牙被认定为首个DOCa。在该铭酿地上，使用酒樽熟成的传统葡萄酒和近代化酿造技术同存。

卡斯蒂利亚·雷昂葡萄酒

卡斯蒂利亚·雷昂位于东西走向贯穿西班牙的杜罗河及其支流流域。分散着杜埃罗河岸、卢埃达、希加雷斯、比埃尔索等9个著名DC，备受关注。所有产地皆因品质之高而闻名。红、白葡萄酒皆复杂、稳重而厚重。

卡斯蒂利亚·拉曼恰葡萄酒

卡斯蒂利亚·拉曼恰是西班牙内陆地区的广大产地，生产量占西班牙整体的三分之一左右。红、白葡萄酒皆以轻松的餐桌酒和混酿葡萄酒为中心。在瓦尔德佩纳斯和拉曼恰这两个DO，酿造着性价比极高的高极葡萄酒。

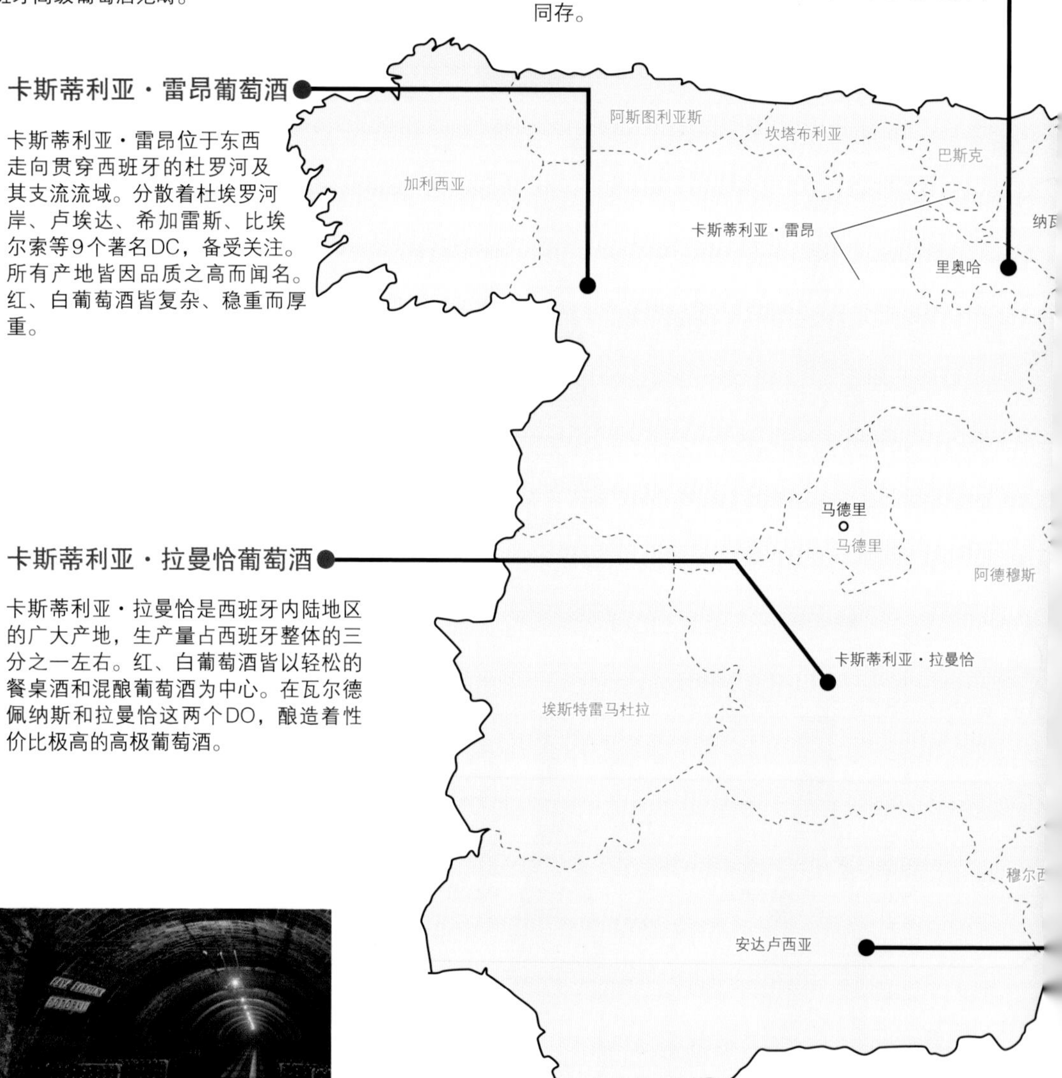

西班牙葡萄酒

拥有广阔国土的西班牙，葡萄栽培面积位居世界第一。葡萄酒酿造工程充分发挥了地区特色。平静葡萄酒、卡瓦和雪利等多种魅力葡萄酒汇聚一堂。

生产着多样化葡萄酒

在西班牙广阔的国土上，几乎所有地方都有葡萄栽培。栽培面积位居世界首位。葡萄酒生产量仅次于法国、意大利，位居第3名。其葡萄酒酿造历史悠久，葡萄栽培始于公元前1100年左右。中世纪伊斯兰文化传入西班牙，通过与欧洲文化的融合，也酿造出具有独特个性的葡萄酒。

西班牙先天具有温暖气候和适合葡萄栽培的土壤，其中里奥哈、卡特鲁西亚、安达卢西亚是西班牙的代表性产地。全国栽培着近150种葡萄。以高品质红葡萄酒为中心，还酿造着白葡萄酒和卡瓦、雪利等多类型葡萄酒，这也是其一大特色。

卡特鲁西亚葡萄酒

卡特鲁西亚位于西班牙东北部、毗邻地中海，自古以来作为葡萄酒铭酿地而闻名遐迩。在生产产区中，最有名的是与里奥哈共同被DOCa认定的普里奥拉特。该产区因引入外来品种的时尚葡萄酒而倍受欢迎，作为起泡葡萄酒卡瓦的产地，也闻名遐迩。

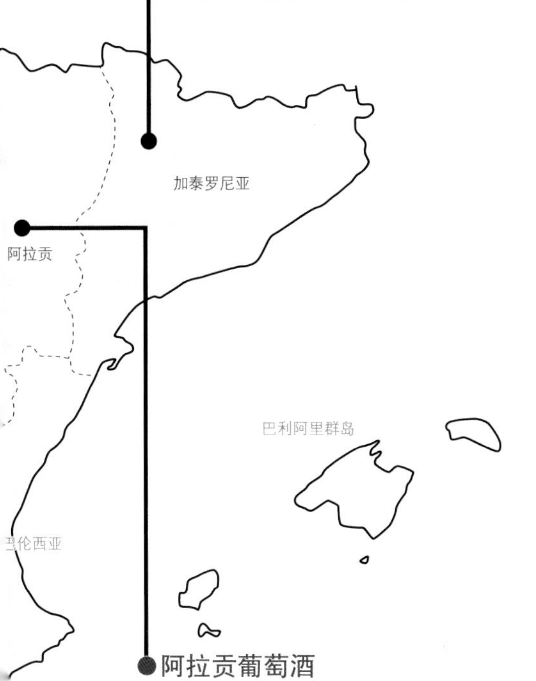

阿拉贡葡萄酒

阿拉贡位于比利牛斯山脉山麓处，其引进最新技术生产新类型葡萄酒。位于埃布罗河北侧的DC索蒙塔诺，使用外来品种酿造着红、白、玫瑰红葡萄酒，被称为西班牙的新世界。另一方面埃布罗河南侧的卡利涅纳，使用西班牙的传统品种酿造着高品质葡萄酒。

安达卢西亚葡萄酒

位于南部的安达卢西亚地区作为雪利产地而被人熟知。雪利葡萄酒的酿造方法是在葡萄酒中加入白兰地，并进行3年以上熟成，是一种酒精强化葡萄酒（加强葡萄酒），其独特的风味充满魅力。安达卢西亚仅在认定产区生产着赫雷斯、圣卢卡尔等。

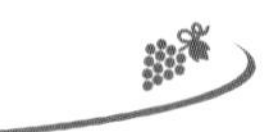
España
西班牙

西班牙的代表性高级红葡萄酒产地

Vino de Rioja

里奥哈

■主要栽培品种/丹魄、歌海娜、格拉西亚诺、马士罗、维奥娜、玛尔瓦萨、白歌海娜
■主要葡萄酒/温得蜜、罗达Ⅰ、雅芭迪、卡塞里侯爵、慕卡布兰卡

■西班牙北部的生产地

埃布罗河源自与法国边境接壤的比利牛斯山脉山麓处，流入地中海，是西班牙的第2大河，在该流域上，分布着葡萄酒产地。其中，位于上游流域的里奥哈地区，作为西班牙最高级品质葡萄酒产地而被人熟知。产地自埃布罗河上游可分为上里奥哈、阿拉瓦里奥哈、下里奥哈3大产区，尤其是前2个产区，生产着优质葡萄酒。大西洋气候和地中海气候交汇，雨量较多，气候稳定。

罗达酒庄的酿造厂。

此外，19世纪后半叶，法国葡萄酒受到害虫（葡萄根瘤蚜）的侵害，波尔多酿造者移居到这里并传播了葡萄酒技术，因此，里奥哈又被称为“第二个波尔多”。1991年在西班牙被认定为首个DOCa（特级法定产区酒）。

■传统和革新共存

里奥哈一直基于DOCa的严格标准进行着葡萄酒生产。轻快的红葡萄酒占整体的75%左右，此外，还酿造着白和玫瑰红葡萄酒。红葡萄酒品种中丹魄居多，还栽培有歌海娜、格拉西亚诺、马士罗等。里奥哈葡萄酒采取在酒樽长期熟成的传统酿造方法，用“珍藏”和“特藏”进行标记，受到高度评价。此外，最近还积极采取近代化葡萄酒进行酿造，单一品种葡萄酒正在不断增加。

罗达酒庄的葡萄田。

2012范德米亚干红葡萄酒

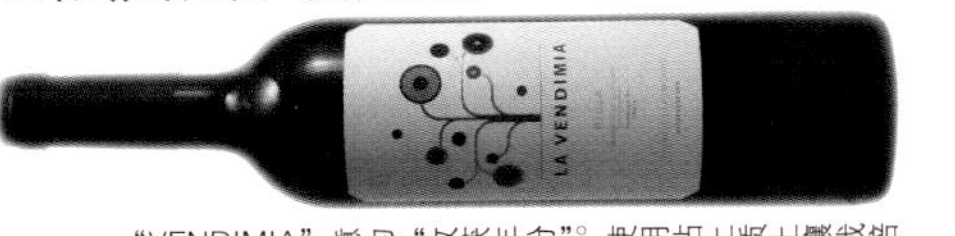

“VENDIMIA”意为“收获年份”。使用粘土质土壤栽培的葡萄。浓缩感和轻快感兼备，味道时尚。

（帕拉西茂斯·莱蒙德）750ml

97罗达酒庄Ⅰ红葡萄酒

具有浓缩感的果香，源自法国橡木的香子兰香气优雅显著。厚重和轻快并存的稀有性充满魅力。

（罗达酒庄）750ml

2006雅芭迪红珍藏葡萄酒

呈深红宝石色。洋李等浓厚果香中，夹杂着香料、雪茄等香气。代表着传统的里奥哈。

（橡树河畔）750ml

2010瑟库干红葡萄酒

美丽的里奥哈日常红葡萄酒。呈明亮的红宝石色，直率的果香非常轻快，口感柔和清澈，味道新鲜。

（巴高阿雷巴赫斯）750ml

2010卡塞里侯爵酒庄布兰卡白葡萄酒

呈闪耀的淡麦秆色，具有洋梨般的果香。清澈怡人的酸味洋溢在口中。

（卡塞里侯爵酒庄）750ml

2008卡塞里侯爵酒庄范德米亚红葡萄酒

美丽的红宝石色给人留下深刻印象。具有新鲜的红莓果般的果香。味道兼备新鲜和醇厚感。

（卡塞里侯爵酒庄）750ml

2012慕卡布兰卡葡萄酒

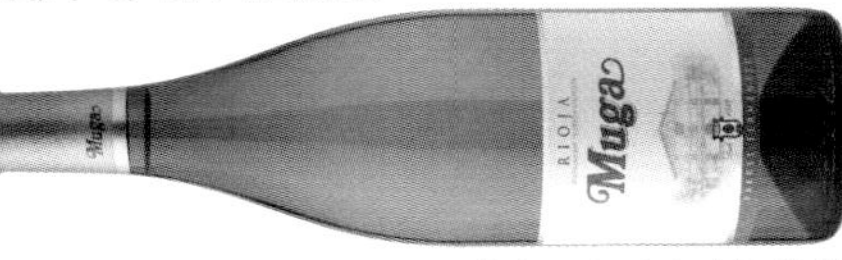

具有柑橘类和白桃香气以及酒樽熟成产生的香子兰香气。新鲜的酸味怡人，果香余韵长存。

（慕卡酒庄）750ml

2008慕卡珍藏葡萄酒

干果、胡桃和杏仁等坚果类主体香气令人感受到熟成感。单宁润滑，余韵悠长。

（慕卡酒庄）750ml

2009福斯蒂诺佳酿葡萄酒

使用100%丹魄酿造的优质餐桌酒。在美国橡木酒樽和法国橡木酒樽中熟成，果味馥郁。

（福斯蒂诺酒庄）750ml

2006福斯蒂诺5世红葡萄酒

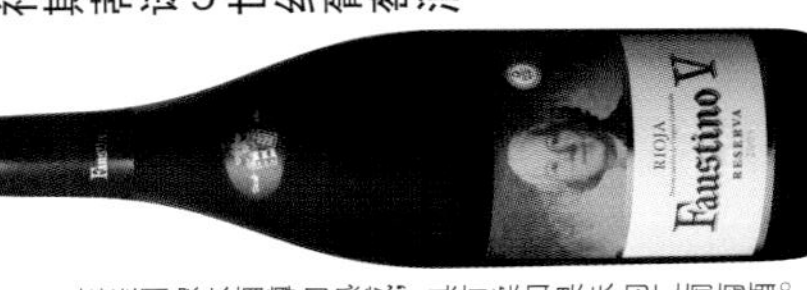

在美国橡木酒樽内熟成，具有柔和果味的红葡萄酒。深邃的芳醇和醇厚十分醒目。

（福斯蒂诺酒庄）750ml

2000福斯蒂诺1世特酿葡萄酒

西班牙皇家御用的佳品。通过长期熟成，赋予了该传统葡萄酒深邃芳醇的核心味道，以及更加悠长的余韵。

（福斯蒂诺酒庄）750ml

2010雅芭迪葡萄酒

具有白桃和杏的果香，以及新鲜药草的清爽香气。轻快的酸味怡人，酒樽本身的橡木香气增加了复杂感。

（雅芭迪酒庄）750ml

酿造高品质葡萄酒的一大生产地

Vino de Cataluña

卡特鲁西亚

■主要栽培品种/歌海娜、佳丽酿、帕雷亚达、沙雷洛、赤霞珠、梅尔诺、白歌海娜、蒙纳斯翠尔

■卡特鲁西亚的DO/佩纳迪斯、塔拉戈纳、特拉阿尔塔、巴尔贝拉河谷、克斯特鲁斯、巴赫斯平原、阿雷亚、阿姆普丹、蒙桑特、卡特鲁西亚

多样化丰富的葡萄酒

卡特鲁西亚地区位于西班牙东北部，葡萄酒酿造历史悠久。多数产地分布在注入地中海的埃布罗河流域。坐拥1个DOCa（特级法定产区酒）和10个DO（法定产区酒），是西班牙的代表性产地。承蒙适合葡萄生长的土壤和温暖气候的恩惠，生产着起泡、红、白、玫瑰红等多样化丰富葡萄酒。

令人瞩目的普奥拉度，与里奥哈是西班牙仅有的两个DOCa认定产区。将传统品种歌海娜、佳丽酿、赤霞珠、梅尔诺、西拉混酿而成的时尚高品质红葡萄酒备受关注。

科多纽酒庄的葡萄田。

特色的原产地称呼

在卡特鲁西亚存在众多个性丰富的DO（法定产区酒）。分布在巴塞罗那西南一带的佩纳迪斯使用最先端的技术进行高品质葡萄酒的酿制，其中，白葡萄酒备受欢迎。此外，始于罗马时代且历史悠久的塔拉戈纳、很早便引进外来品种的克斯特鲁斯、新的DO蒙桑特等，皆是魅力的产地。

卡瓦可谓西班牙起泡葡萄酒的代名词，而卡特鲁西亚作为卡瓦的产地闻名遐迩。几乎全部卡瓦均产自卡特鲁西亚的佩纳迪斯产区。其使用帕雷亚达和沙雷洛等当地葡萄品种，与香槟酒同样通过瓶内二次发酵酿造而成。

与科多纽酒庄共同设立的餐厅。

科多纽传统白葡萄酒

在西班牙，通过瓶内二次发酵酿制而成的起泡葡萄酒被称为“加瓦”。具有浓烈的辛辣口味和显著的口感。

（科多纽）750ml

科多纽传统玫瑰红葡萄酒

将西班牙传统品种均衡混制而成的美丽玫瑰红色。迷人果香飘逸的辛辣玫瑰红葡萄酒。

（科多纽）750ml

科多纽雷纳玛丽亚克里斯蒂娜葡萄酒

西班牙皇家御用的加瓦酒。葡萄酒名称源于任命该酒为皇家御用酒的王妃。该酒是科多纽公司的旗舰顶级卡瓦。

（科多纽）750ml

2011奥瓦帕乐卡明干红葡萄酒

具有浓缩的果香和干花、香料、烤肉香等馥郁香气。味道润滑、轻快、怡人。

（奥瓦帕乐）750ml

沙雷洛古典白葡萄酒

西班牙较早从事有机栽培的生产者。味道新鲜而富于果味，余味自然，可就餐时轻松搭配。

（亚伯诺雅酒庄）750ml

丹魄古典红葡萄酒

该红葡萄酒100%使用规定下培育而成的有机栽培葡萄。一贯性的味道非常适合作为日常餐酒饮用。

（亚伯诺雅酒庄）750ml

2010桃乐丝殿堂梅尔诺干红葡萄酒

木莓般的果香馥郁扩散。夹杂着甘甜的苦涩在口中飘逸，并伴随着缜密的酸味。

（桃乐丝酒庄）750ml

2007熙飞庄园红葡萄酒

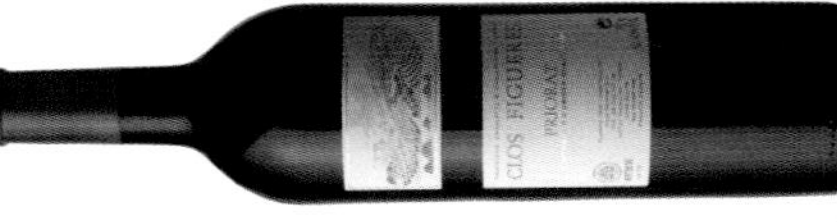

该葡萄酒使用树龄20年以上的佳丽酿和格连纳什酿造而成。在法国橡木酒樽内熟成16个月，酿造过程非常奢侈，可乐享到其浓厚。

（熙飞庄园）750ml

2011马斯塔罗内红葡萄酒

葡萄田位于埃布罗河南岸高地——特拉阿尔塔。该红葡萄酒不进行酒樽熟成，果味直接而透彻。

（塔罗内）750ml

2008若曼达赤霞珠红葡萄酒

在卡特鲁西亚语中，“Raimat”意为“葡萄”和“手”。该葡萄酒具有浓缩果味的复杂深邃香气，味道浓烈。

（若曼达）750ml

2013若曼达霞多丽白葡萄酒

具有洋梨、白桃、丁香花、莲花、蜂蜜等多样化的香气。味道厚重润滑，余韵柔和悠长。

（若曼达）750ml

2012桃乐丝维纳·埃斯梅拉达干白葡萄酒

具有白花、荔枝和麝香般华丽果香。轻快的甘甜和新鲜酸味也可作为餐前酒饮用。

（桃乐丝酒庄）750ml

发挥地区特性的个性化葡萄酒

其他产区

■主要栽培品种/丹魄、红多罗、汀塔派斯、歌海娜、弗德乔、帕罗米诺、佩德罗·席曼尼斯
■主要DO/杜埃罗河岸、卢埃达、托罗、比埃尔索、希加雷斯、纳瓦拉、索蒙塔诺

■杜埃罗河流域的铭酿地

卡斯蒂利亚·雷昂位于西班牙北部的杜埃罗河及其支流周边，拥有9个DO，生产着高品质葡萄酒。其夏季和冬季之间温差显著、气候干燥。其中最有名的DO是因汀塔派斯红葡萄酒而备注关注的杜埃罗河岸，它拥有皇家御用的酿造厂——贝加西西里亚酒庄。此外，凭着弗德乔辛辣白葡萄酒而知名的卢埃达、因当地品种红多罗（与丹魄属于同一品种）红葡萄酒而著名的托罗等，皆生产着受到国际高度评价的葡萄酒。

此外，位于里奥哈东部的DO纳瓦拉，实现了从玫瑰红葡萄酒至红葡萄酒产地的完美变身。除了一直以来的歌海娜品种，还在积极栽培丹魄和外来品种赤霞珠等，生产着高品质葡萄酒。

卢世涛酒庄的葡萄田。

■西班牙特有的葡萄酒

南部的安达卢西亚地区，酿造着西班牙特有的酒精强化葡萄酒（加强葡萄酒）——雪利。产地只能是以赫雷斯为中心的认定地域。其酿造方法是在使用帕罗米诺、佩德罗·席曼尼斯和麝香这3个品种的葡萄酒中加入白兰地，利用酒樽内产生的酵母酿制而成。该酵母将会形成雪利的独特风味。从甘甜口味至醇厚口味，既可以作为餐前酒、也可以作为餐后酒享用。其最低需要3年以上的酒樽熟成，而根据熟成时间，20年以上的用VOS表示、30年以上的用VORS表示。

雪利酒生产盛行。

缇欧佩佩雪利酒

世界知名的菲瑙类型雪利酒。浓厚的味道非常适合作为餐前酒。显著的味道之中夹杂着纤细的香味，与鱼贝类料理搭配相得益彰。

（冈萨雷比亚斯家族）750ml

曼萨尼亚雪利酒

沿海地区桑卡尔熟成的菲瑙类型雪利酒。具有橄榄和杏仁香气，余韵中夹杂着潇洒的风味。

（卢世涛酒庄）750ml

阿蒙蒂亚拿破仑葡萄酒

呈琥珀色色调，榛子般高贵的香气四溢。柔软且醇厚的味道形成冲击力。具有来自熟成的复杂香气。

（希达哥酒庄）750ml

2006阿里安红葡萄酒

具有熟成果实的甘甜香气和香料香气。经过时间的洗礼，咖啡和苦巧克力等更加深邃，浓厚的香气飘逸。

（阿里安酒庄）750ml

2009贝隆德拉德·鲁顿葡萄酒

具有复杂的香气和强烈的核心味道、悠长的余韵，是西班牙几乎所有米其林星级餐厅必备的人气葡萄酒。

（贝隆德拉德酒庄）750ml

2012孔蒂斯阿尔巴雷白葡萄酒

呈鲜艳的麦秆色，具有花朵般花香的辛辣白葡萄酒。沉稳的酸味非常适合与海鲜类料理搭配。

（孔蒂斯阿尔巴雷）750ml

2012蒙特布兰卡红葡萄酒

具有完全熟成和芒果等香气。新鲜感和馥郁感兼备。怡人的酸味十分自然。

（蒙特布兰卡）750ml

2008安娜利亚长相思白葡萄酒

该葡萄酒使用凉爽夜间收获的葡萄酿造而成。药草和柑橘类般香气、新鲜的酸味和白桃般果味汇聚。

（巴高阿雷）750ml

2007索莱斯弗朗西斯科珍藏干红葡萄酒

在美国橡木酒樽中进行1年以上的熟成，具有香子兰和香料、水果的深邃香气。悠长的余韵强劲有力。

（索莱斯酒庄）750ml

2004迭戈德阿尔马格罗特藏葡萄酒

经过酒樽2年、瓶内3年熟成的“特藏葡萄酒”。拥有西梅干、和香子兰和咖啡等复杂香气，与涩味共同融入味道之中。

（索莱斯酒庄）750ml

2008赛格勒XVI红葡萄酒

堂吉诃德中知名的拉曼恰葡萄酒。给人带来西班牙全盛时期16世纪的印象，设计的标签配以金色，十分高档。

（基督斯维酒庄）750ml

博颂酒庄古典葡萄酒

位于马德里东北部的博尔哈产区日照量高、昼夜温差大，因此葡萄品质较高。该款性价比非常卓越。

（博颂酒庄）750ml

? 何谓葡萄牙葡萄酒法律?

葡萄牙的葡萄酒根据欧洲葡萄酒法律进行分类。大致可以分为DOP（原产地保护标签）、IGP（地理性保护标识）、Vinho de Mesa（日常餐酒标签），如今，29个产区被认定为DOP，11个产区被认定为IGP。以往的DOC（改为DOP）和Vinho Regional（改为Vinho de Mesa）仍然被使用着。

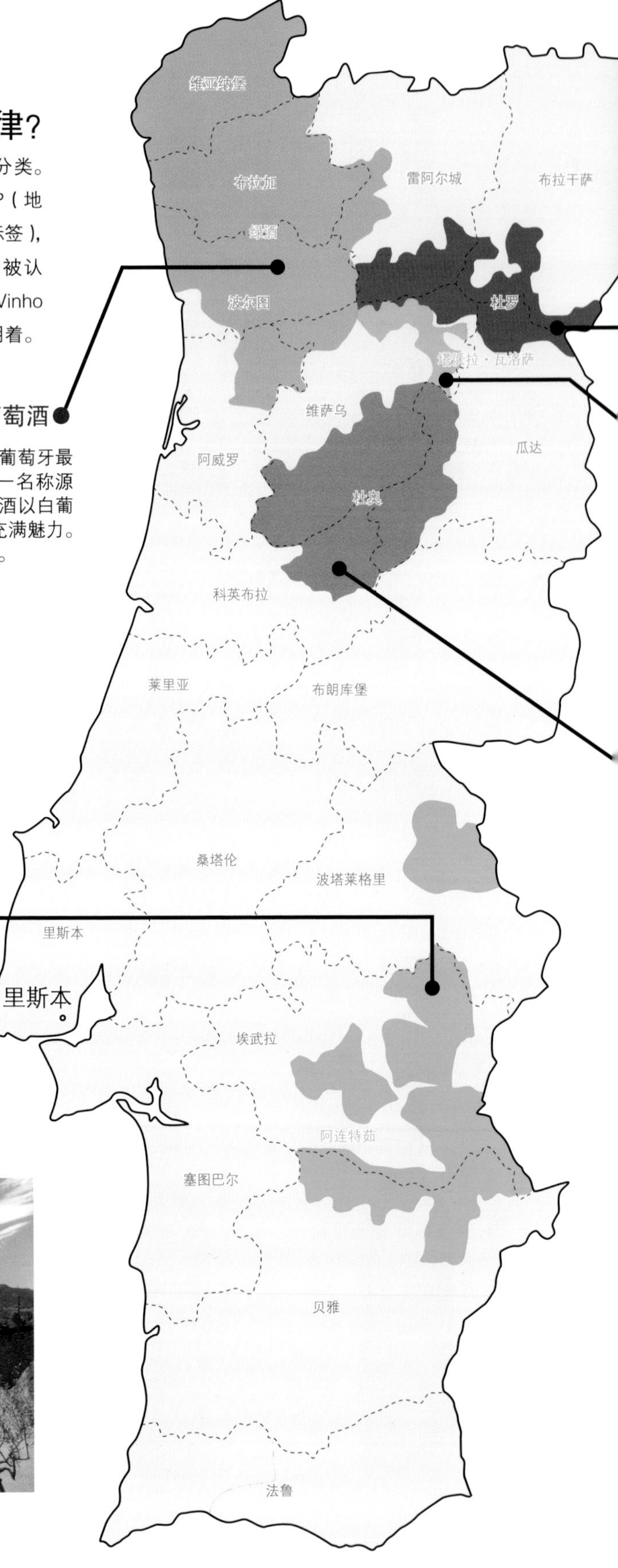

绿酒葡萄酒

分布在流经西班牙边境处的米尼奥河南部，是葡萄牙最大的DOP产地。“绿酒（绿色的葡萄酒）”这一名称源于该产地酿造的葡萄酒具有青涩的味道。葡萄酒以白葡萄为主体，含有微微的碳酸，青涩的清新味道充满魅力。此外，核心味道显著的白葡萄酒也非常受欢迎。

阿连特茹葡萄酒

阿连特茹位于葡萄牙南部，橄榄和软木塞橡树汇集，是葡萄牙的一大粮仓地带。此外，该产地葡萄酒栽培盛行，在夏季炎热、雨水较少的气象条件下，葡萄糖度也很高，葡萄酒浓密而醇厚。

葡萄牙葡萄酒

葡萄牙与西班牙同为历史悠久的葡萄酒之国。葡萄主要栽培于北部，平静葡萄酒、波特葡萄酒和马德拉葡萄酒、微起泡葡萄酒等个性丰富的葡萄酒汇集。

杜罗葡萄酒

杜罗与西班牙接壤，作为波特葡萄酒产地非常知名。波特葡萄酒是使用当地传统品种酿造的具有本地特色的加强葡萄酒。自罗马时代起，该产地便进行葡萄酒酿造，历史悠久，被联合国教科文组织确立为世界文化遗产。

塔沃拉·瓦洛萨葡萄酒

塔沃拉·瓦洛萨位于杜罗河南部、杜罗地区与杜奥地区之间，是葡萄酒首个被认定为起泡葡萄酒DO的生产地。花岗岩质土壤酿造出的起泡葡萄酒具有清爽的酸味和水果口味，充满魅力。

杜奥葡萄酒

该产地分布于较中央部分偏北，杜奥河流域的丘陵地带。1900年在巴黎万博会上荣获金奖，一跃受到世界的瞩目。使用当地传统品种酿造的的波特风格的、浓厚有力红葡萄酒，是葡萄牙的代表性高级葡萄酒。其属于长期熟成类型，愈加熟成，风味愈加美味。

多样化丰富的个性派葡萄酒

葡萄牙的葡萄栽培始于公元前5世纪左右，历史悠久，罗马时代已经开始对外输出葡萄酒。葡萄牙国土南北纵长，北部和南部自然条件迥异，主要在北部进行着知名葡萄酒的酿造。中部的杜奥、东北部的杜罗、西北部的绿酒皆是葡萄牙的代表性产地。

葡萄牙栽培的固有葡萄品种丰富，高达500余种。葡萄酒种类也多种多样——平静葡萄酒、酒精强化葡萄酒、起泡葡萄酒等等。另外，葡萄牙有着世界最畅销玫瑰红葡萄酒“蜜桃红玫瑰红葡萄酒”。葡萄牙虽然国土狭窄，但各地均充分发挥土地特性，进行着葡萄酒的酿制。

? 何谓葡萄牙酒精强化葡萄酒?

葡萄牙的波特葡萄酒和马德拉葡萄酒，与西班牙的雪利酒共称为“世界三大酒精强化葡萄酒”。所谓酒精强化葡萄酒，就是在葡萄发酵途中或者发酵后添加白兰地的葡萄酒，又称为“加强葡萄酒”。其多为甘甜口味，发酵后一旦添加白兰地，也可成为辛辣口味。独特的香气和醇厚的口感充满魅力，既可作为餐前酒也可作为餐后酒享用。

葡萄牙的代表性高级红葡萄酒

Dão

杜奥

■主要栽培品种/珍拿、多瑞加、皮涅依拉、阿弗莱格、依克加多、阿瑞图

■主要葡萄酒/考雷依耀、洛克斯、珍藏

■生产着熟成类型红葡萄酒

产地分布在杜奥河流域，生产着葡萄牙的代表性高级葡萄酒。与西班牙的里奥哈同样，19世纪后半期，遭受害虫（葡萄根瘤蚜）侵害的波尔多酿造者移居到这里并传播了葡萄酒技术，生产着与波尔多葡萄酒相似的厚重且圆润的红葡萄酒。甚至有些葡萄酒经过长期熟成后，其品质毫不逊色于波尔多。其中，红葡萄酒占整体的80%左右，也生产着白葡萄酒。

含有微弱碳酸的青涩白葡萄酒

Vinho Verde

绿酒

■主要栽培品种/塔佳迪拉、洛雷罗、阿维苏、白阿莎尔、佩尔迪南

■主要葡萄酒/绿酒、嘉泽亚

■新鲜的微起泡葡萄酒

该广阔产地位于葡萄牙西北部、流经西班牙边境处的米尼奥河南部，约占国土的14%。“Vinho Verdo”意为“绿色的葡萄酒”，表示其青涩（Verdo）的味道。正如其名称所示，该产地酿造的葡萄酒多早饮类型。白葡萄酒约占70%，含有丰富的酸味和微弱的碳酸口感，可乐享到新鲜的清凉感。同时该地还生产着少量玫瑰红葡萄酒。

即使日本也倍感亲切的波特葡萄酒

Douro

杜罗

■主要栽培品种/多瑞加、弗兰克多瑞加、廷托

■主要葡萄酒/波特葡萄酒

■波特葡萄酒的生产地

该产地位于东北部的杜罗河流域，生产着葡萄牙的代表性葡萄酒，是世界上最早引入DOP制度的地域，也被收录为世界文化遗产。同时还生产着平静葡萄酒，而波特葡萄酒占整体的40%左右。二者皆使用多瑞加等传统品种，葡萄田位于海拔近1000米、被河岸围绕的山坡斜面上。

猫牌绿酒

具有新鲜而笔挺的酸味。柔和的口感中，果实风味四溢。冷藏后饮用俱佳。

（博格斯）750ml

嘉泽亚葡萄酒

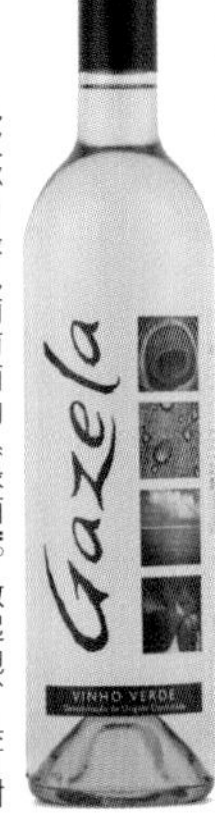

也被称为绿色葡萄酒的“绿酒”。微起泡，具有柑橘类香气和微弱的甘甜，在全世界人气飙升。

（苏加比）750ml

2011杜奥考雷依耀红葡萄酒

深樱桃和醋栗等浓厚果香和源自酒樽的香子兰香气重叠。经过10年左右的熟成，富有复杂感和高贵感。

（洛克斯）750ml

2007莱德珍藏葡萄酒

使用的葡萄全部手工摘取。夹杂着黑色的深石榴石色。浓厚感一目了然。厚重的味道和柔和的余韵给人留下深刻印象。

（洛克斯）750ml

2010玫瑰红起泡葡萄酒

美丽的玫瑰色泽的起泡葡萄酒。樱桃和木莓的果香怡人，味道浓厚而自然。

（洛克斯）750ml

2011尼伯特埃托宪章干红葡萄酒

日本限定销售的葡萄牙葡萄酒。使用独特的线条在标签上画着12生肖，味道浓密而光滑。

（尼伯特）750ml

2011浓缩红葡萄酒

具有红色系莓果的果香、花香和咖啡般深邃的香气。柔和的单宁怡人，甜味和酸味完美均衡。

（尚帕利默）750ml

2012玛丽亚戈麦斯葡萄酒

具有玛丽亚戈麦斯品种特有的强烈花香，以及清爽的口感和自然的酸味，非常适合与鱼贝料理搭配。

（路易斯帕图）750ml

芳塞卡红宝石色波特酒

葡萄牙的代表性酒精强化葡萄酒。呈美丽的红宝石色，具有熟成西梅干等果香。显著的甘甜构成芳醇的余韵。

（芳塞卡）750ml

芳塞卡茶色波特酒

呈黄玉色。具有强烈甘甜的干果、杏仁和雪茄等香气。浓缩的味道最适合作为餐前酒饮用。

（芳塞卡）750ml

马德拉中干葡萄酒

微弱的甘甜和酸味完美均衡。除可以作为餐前酒或安眠酒享用外，还可以与多种料理搭配。

（巴贝托）750ml

马德拉十年陈酿白葡萄酒

100%使用舍西亚尔品种的马德拉葡萄酒。显著的果味和干练的酸味构成浓烈的味道，余韵悠长。

（巴贝托）750ml

狭小国土上多种类型葡萄酒汇集

Switzerland
瑞士

■主要栽培品种/莎斯拉、佳玛蕾、黑皮诺、佳美、梅尔诺

■主要葡萄酒/芬丹、乌巴班

根据生产地风格迥异的葡萄酒

瑞士国土狭小，但却酿造着充分发挥地域特性的个性化葡萄酒。其位于法语圈西部、德语圈东部、意大利语圈南部，在不同的地区，生产着与毗邻国家非常相似的葡萄酒。其中，主要的生产地是瓦莱州的罗讷溪谷一带，它是瑞士葡萄生产量最大的地区，酿造着著名葡萄酒。此外，沃州的高海拔莱蒙湖畔一带，斜坡承蒙日照的恩惠，生产着高品质葡萄酒。日内瓦州也是主要产地。瑞士葡萄酒的葡萄品种丰富，白葡萄多以莎斯拉为主体，占生产量的40%左右。而红葡萄多栽培有黑皮诺、佳美、梅尔诺等。

辛辣白葡萄酒占主流的澳大利亚葡萄酒

Austria
奥地利

■主要栽培品种/绿维特利纳、蓝佛朗克

■主要葡萄酒/塞鲁维斯、阿基拉、诺伊齐德勒

位于东部的葡萄酒生产地

奥地利葡萄酒中，白葡萄酒占整体的70%左右。味道与德国相似，但通常酒精度数偏高。主要产地集中在东部，生产着国内一半以上葡萄酒的下奥地利，和生产着奥斯布鲁等贵腐葡萄酒的甘甜葡萄酒产地——布尔根兰并称“奥地利的2大铭酿地”。白葡萄酒主要使用奥地利传统品种绿维特利纳。此外，位于首都维也纳近郊的葡萄田酿造着含有微弱碳酸的新酒（heurige）。

奥地利国内的葡萄酒法律依照欧洲法规。与德国一致，根据果汁糖度进行分类，以及像法国那样，根据原产地进行分类。

塞鲁维斯红葡萄酒

"塞鲁维斯"意为"你好"。该酒产自奥地利东部的布尔根兰，果味水灵。

（伦茨·莫泽）750ml

塞鲁维斯白葡萄酒

主要品种是绿维特利纳。强烈的香气和味道构成紧密浓缩的新鲜口味，最适合作为日常葡萄酒饮用。

（伦茨·莫泽）750ml

2009阿基拉红葡萄酒

在布尔根兰方言中，"阿基拉"意为"啊，完美"。该红葡萄酒使用100%蓝佛朗克品种，具有果汁般的味道。

（霍黑俊葡萄生产者行会）750ml

2012格尔酒庄绿维特利纳古典葡萄酒

具有白花和柑橘类香气以及白胡椒般的辛辣感。水灵的果味和矿物质感构成特有的味道。

（格尔酒庄）750ml

2007诺伊齐德勒贵腐葡萄酒

拥有干果、洋槐、蜂蜜等香气。粘稠的口感中，优雅的甘甜和酸味四溢，余韵悠长。

（皇家庭）375ml

2011绿维特利纳葡萄酒

使用奥地利的代表性品种——绿维特利纳。具有白胡椒般的辛辣感和充沛的矿物质感。

（力高拉荷夫酒庄）750ml

2011凡斯坦雷司令白葡萄酒

"凡斯坦"表示该葡萄酒由高糖度的优质葡萄酿造而成。具有清澈的果味和浓烈的矿物质感。

（力高拉荷夫酒庄）750ml

2011乌巴班佳美红葡萄酒

红宝石色和樱桃、木莓等果香令人感受到轻快感。此外，还有微弱的烟熏味和适量的涩味。

（乌巴班）750ml

2011乌巴班莎斯拉葡萄酒

酸橙和柠檬等柑橘类香气为主体，具有白桃等甘甜果香。青涩的酒帽产生自然紧缩的酸味。

（乌巴班）750ml

2011乌巴班梅尔诺&佳玛蕾葡萄酒

将梅尔诺和瑞士原产品种佳玛蕾混酿而成。通过酒樽熟成，香子兰和橡木的风味与果香奏起和谐的乐章。

（乌巴班）750ml

2012普罗文黑皮诺葡萄酒

呈红宝石色色调，具有醋栗般的果香。浓烈的涩味与甘甜和酸味完美均衡，酿造出其润滑感。

（普罗文酒庄）750ml

2011鹌鹑之眼玫瑰红葡萄酒

葡萄酒名称意为"鹌鹑之眼"。正如名字所示，该酒呈黑皮诺的美丽色调，属于稀少的辛辣玫瑰红葡萄酒。

（谢纳城堡）750ml

生产着世界3大贵腐葡萄酒托卡伊

Hungary
匈牙利

■主要栽培品种/富尔民特、蓝色妖姬、赤霞珠
■主要葡萄酒/埃格尔公牛血、礼拜山

■偶然诞生的贵腐葡萄酒

匈牙利是世界首个贵腐葡萄酒诞生地。十七世纪中叶，因为战乱而错过收获季节的葡萄却阴差阳错地促成了贵腐葡萄酒的诞生。该酒被尊称为葡萄酒中的“帝王之酒”。东北部托卡伊地区酿制的甘甜贵腐葡萄酒——托卡伊葡萄酒，是世界三大贵腐葡萄酒之一。此外，埃格尔地区酿造的埃格尔公牛血干红葡萄酒也是知名葡萄酒。

面朝亚得里亚海的东欧生产地

Croatia
克罗地亚

■主要栽培品种/巴比奇、普拉瓦茨、卢卡塔茨、玛瑞斯提纳、普鲁克、梅古佳、卡斯特拉瑟丽
■主要葡萄酒/巴比奇、普拉瓦茨、兹拉坦

■新鲜的红葡萄酒和白葡萄酒

东欧国家克罗地亚北部与匈牙利接壤、南部面朝亚德里亚海，从罗马时代就开始生产葡萄酒，历史极其悠久。产地大致分为沿海部分和内陆部分，沿海部分的达尔马提亚地区和内陆部分的斯拉夫尼亚地区是主要产地。该生产地同时酿造红葡萄酒和白葡萄酒，包括黑葡萄巴比奇、普拉瓦茨，白葡萄卢卡塔茨、玛瑞斯提纳等。

东欧最大的葡萄酒生产国

Romania
罗马尼亚

■主要栽培品种/霞多丽、奥托奈麝香、赤霞珠、黑皮诺
■主要葡萄酒/可纳利、穆尔法特拉尔、福西、碧扎奥

■品质突飞猛进

罗马尼亚葡萄酒鲜为人知，但实际上其产量在世界名列前茅。由于第一次世界大战后的社会主义体制和后来的独裁体制，罗马尼亚葡萄酒从市场消失身影。2007年加入欧盟之后，开始实行酿造商近代化等措施，品质不断上升。生产馥郁香气白葡萄酒的可纳利、生产红葡萄酒的穆尔法特拉尔、生产玫瑰红和白葡萄酒的福西皆是罗马尼亚的代表性产地。

2010托卡伊富尔民特干白葡萄酒

使用100%富尔民特品种。令人感觉到完全熟成的苹果和白桃的香气以及薄荷等药草香。具有水果般润滑酸味。

（奥廉穆斯）750ml

2002托卡伊晚摘白葡萄酒

迟摘葡萄酿造的甘甜葡萄酒，具有白花和蜂蜜般香气、生动的酸味令余味紧缩。

（奥廉穆斯）375ml

2005托卡伊阿苏婆白葡萄酒

呈美丽的黄金色。具有浓密的甘甜及馥郁适中的香气。浓烈的甘甜与铅笔芯酸味完美均衡。堪称一款奢侈的餐后葡萄酒。

（多利酒庄）750ml

埃格尔公牛血干红葡萄酒

被称为“公牛之血”的匈牙利代表性红葡萄酒。具有橡木酒樽熟成的深邃辛辣香气和松软的涩味。

（多利酒庄）750ml

礼拜山黑皮诺葡萄酒

呈明亮的红宝石色。木莓般诱人果香轻松扩散。涩味强烈、味道轻快。

（礼拜山）750ml

礼拜山梅尔诺葡萄酒

醋栗和木莓等果香和黑胡椒等辛辣香气复杂四溢。该红葡萄酒属于适中酒体，单宁怡人。

（礼拜山）750ml

礼拜山皮诺杰治奥葡萄酒

新鲜感饱满的柠檬和酸橙、青苹果等爽快香气充满魅力。味道以醇厚新鲜的酸味为主体。

（礼拜山）750ml

礼拜山霞多丽白葡萄酒

具有白桃和洋梨般浓厚果实的甘甜香气，与杏仁的芳香共存。优雅的酸味是其特征。

（礼拜山）750ml

2010兹拉坦・奥托克白葡萄酒

将普鲁克、梅古佳等土著品种混制而成的白葡萄酒。新鲜的柑橘类香气给人留下深刻印象。属于清爽的辛辣口味。

（兹拉坦・奥托克）750ml

2008兹拉坦卡斯特拉瑟丽红葡萄酒

土著品种卡斯特拉瑟丽酿造的红葡萄酒。红莓果果味和辛辣感相融合。具有柔和的甘甜和涩味。

（兹拉坦・奥托克）750ml

2011西耶娜红葡萄酒

具有醋栗利久酒般浓厚果香和烟熏气息。微弱的香子兰香气成为核心。

（特拉斯・达努比安奴）750ml

2011碧扎奥黑皮诺红葡萄酒

罗马尼亚铭酿地“德亚卢马尔”酿制的红葡萄酒。红色果酱般浓烈果味和酸味显示着其存在感。

（蒙塔里奥鲁庄园）750ml

俄勒冈州/华盛顿州葡萄酒

20世纪70年代之后，西北部的这2个州在葡萄酒品质、生产量上均受到世界瞩目。位于加利福尼亚州北部的俄勒冈州承蒙寒冷气候和多样土壤的恩惠，作为优质黑皮诺品种的生产地而非常知名。华盛顿州也使用霞多丽等酿造着高品质葡萄酒。近年来生产者不断增加，生产量仅次于加利福尼亚州。

爱达荷州葡萄酒

1812年，法国和德国移民开始种植从欧洲带来的葡萄苗，从此开创了该州葡萄酒酿制的历史。唯一的AVA(美国葡萄酒产地制度)葡萄酒产地——蛇河谷横跨爱达荷州西南部和俄勒冈州东南部。由于昼夜温差大，因此葡萄悠然成熟是该地区的一大特征。

加利福尼亚州葡萄酒

生产量占全国的90%左右，是国内首屈一指的葡萄酒产地。其中，北海岸汇集着酿制优良葡萄酒的精品酒庄；中央峡谷拥有众多以较低价格葡萄酒为主流的大规模酿造厂。近年来，圣路西亚高地等中央海岸也因品质之高而备受关注。与欧洲葡萄酒不同，该产地将重点并不放在原产地，而放在葡萄品种名称上。在标签上标有品种名称。

美国葡萄酒

美国葡萄栽培历史始于16世纪中叶，现如今的主要生产地——加利福尼亚州始于1769年。伴随葡萄酒消费量的扩大，生产葡萄酒的州不断增多。

何谓美国葡萄酒法律?

美国葡萄酒法律，制定于1978年，在1983年进行修订。其最主要的特征是设置了政府认定的美国葡萄酒产地制度（AVA），如今约有200处认定地。AVA对栽培地进行了规定，并没有对葡萄品种、酿造方法等进行规定。此外，当在标签上标记品种、生产地、收获年份时，需要对该品种葡萄的含有比例进行规定。

●纽约州葡萄酒

纽约州葡萄酒历史可追溯到17世纪中叶，始于荷兰人将葡萄种植在曼哈顿岛。20世纪之前主要酿造拉布拉斯卡纳品种葡萄酒，20世纪50年代开始使用欧洲葡萄品种进行葡萄酒的酿制。如今，在纽约州内的葡萄酒酿造厂有200余家，共有9个AVA被认定。

消费量占世界第一位的葡萄酒大国

美国在葡萄酒消费量和生产量上均排在世界前列，是屈指可数的葡萄酒大国之一。主要生产地分布在西海岸、东海岸，其中，太平洋一侧的温暖西海岸酿造着高品质葡萄酒。担负着国内生产量90%的加利福尼亚州和俄勒冈州、华盛顿州在世界上也受到高度评价。

美国的葡萄酒产业在十九世纪后期引进欧洲系葡萄后发展起来，但受到害虫葡萄根瘤蚜的侵害长达十年之久，处于一种毁灭状态。之后，栽培技术和品质研究同步发展，生产出了风味更加显著的葡萄酒。果味明显是美国葡萄酒的特征。近年来，美国更加侧重酿造纤细且风味均衡的葡萄酒。

占全美生产量90%的一大产地

California

加利福尼亚州

■主要栽培品种/赤霞珠、黑皮诺、梅尔诺、仙粉黛、霞多丽、鸽笼白、白诗南

■主要生产地/纳帕谷、索诺玛谷、卡尼洛斯、圣克鲁兹山脉、圣路西亚高地、帕索罗布尔斯、艾德纳谷、圣丽塔山

■分布于太平洋沿岸的葡萄酒地带

加利福尼亚州位于西海岸，承蒙适合葡萄栽培的日照气候，仅本州的生产量就占世界前列。其生产地呈南北走向，位于太平洋沿岸，作为生产地，除了知名的北海岸外，近年来，圣路西亚高地等中央海岸也凭着高品质而备受关注。而在内陆的广大平原上，南北约770公里长的中央峡谷存在众多大规模酿造厂，主要生产着较低价位的葡萄酒。

高地葡萄园的葡萄田。

■精品酒庄的贡献

20世纪70年代之前，大量生产一直以内陆部分为中心，而以罗伯特·蒙达维为代表、怀揣高远志向的生产者为追求适合葡萄栽培的寒冷气候，开拓了北部沿岸的纳帕和索诺玛。他们的酿造厂致力于栽培方法和发酵、酿造，酿造出了优质葡萄酒，被称为“精品酒庄”，对加利福尼亚葡萄酒品质的提高作出了巨大贡献。

此外，80年代后半期，以可以从法国正式进口葡萄树为契机，寒冷的索诺玛和中央海岸等地，开始使用黑皮诺和霞多丽等生产着毫不逊色于欧洲铭酿葡萄酒的优质葡萄酒。

向日葵葡萄园的葡萄田。

2011白色仙粉黛葡萄酒

呈鲜艳的粉色色泽。美国樱桃等果香四溢，具有微弱的甘甜和怡人的酸味。

（贝灵哲葡萄园）750ml

2010蒙达维酒园木桥仙粉黛红葡萄酒

轻便味道的“木桥”系列仙粉黛品种，具有灵动的果味和柔和的涩味。

（罗伯特·蒙达维）750ml

2008纳帕谷高地仙粉黛红葡萄酒

完全成熟的西梅干、紫罗兰、黑胡椒、香子兰和苦巧克力等香气复杂而浓厚。味道润滑、酒体浓厚。

（高地）750ml

2006赤霞珠红葡萄酒

夹杂着红色的深黑色色调衬托着葡萄的优质。具有浓缩感的果味和缜密的涩味带来柔和感。

（贝灵哲葡萄园）750ml

2009玻璃山梅尔诺红葡萄酒

具有莓果和洋李的香气、香料和烟熏香、微弱的花香。果汁味中夹带着柔和的涩味。

（马卡姆酒庄）750ml

2011索诺玛白富美葡萄酒

具有洋梨和甜瓜等果香，以及微微青涩的新鲜药草香。酸味浓烈而自然。

（圣·让城堡）750ml

2012圣巴巴拉霞多丽白葡萄酒

该产地昼夜温差大，实施收获量限制和缜密栽培管理等措施，酿制的葡萄酒兼备浓缩的果味和优雅的酸味。

（拜伦酒庄）750ml

2011中央海岸曲佩酒庄西拉葡萄酒

严格筛选自中央海岸的3大产区葡萄。具有黑胡椒和薰衣草的辛辣以及清爽的甘甜、丝绸般口感。

（曲佩酒庄）750ml

2011向日葵有机红葡萄酒

在意大利语中，“Girasole”意为“向日葵”。从完全熟成的红果实香、伸缩的果味和酸味，可见产地气候的清凉。

（向日葵葡萄园）750ml

2011纳帕谷史密斯·麦道奥雷司令白葡萄酒

具有柑橘花和新鲜杏、酸橙等香气。清澈馥郁的酸味和稳定的甘甜构成均衡的味道。

（史密斯·麦道奥酿造厂）750ml

2010马尼斯维奥涅尔白葡萄酒

具有水果般白玫瑰和酸橙、白桃、蜂蜜的香气。味道浓烈，稳重的酸味和苦味构成核心味道。

（马尼斯维家族）750ml

2009纳帕努克干红葡萄酒

黑樱桃和醋栗奶油、薄荷、甘草、香子兰香气从酒杯溢出。味道饱满而润滑。

（多明纳斯酒庄）750ml

受到高度评价的西北部两大州

Oregon, Washington

俄勒冈州/华盛顿州

■主要栽培品种/俄勒冈州……黑皮诺、霞多丽、白皮诺、雷司令　华盛顿州……赤霞珠、梅尔诺、西拉、雷司令、霞多丽
■主要生产地/俄勒冈州……威拉米特谷、乌姆普夸谷、南俄勒冈　华盛顿州……哥伦比亚山谷、瓦拉瓦拉山谷、哥伦比亚河谷

■备受关注的两大生产地

位于美国西北部的俄勒冈州和华盛顿州，作为仅次于加利福尼亚州的葡萄酒生产地，自20世纪70年代后，受到全世界瞩目。馥郁的果味和自然的酸味完美均衡、优雅，多数葡萄酒均可与料理轻松搭配。

■凭着黑皮诺而闻名遐迩的俄勒冈州

俄勒冈州位于加利福尼亚州北侧，承蒙寒冷气候和多样土壤的恩惠，作为优质黑皮诺的生产地而闻名遐迩。该地与法国勃艮第地区几乎同样处于北纬45°周边，雨量少，是生产霞多丽、白皮诺、雷司令的理想场所。同时，小规模生产者众多。以威拉米特谷为中心，生产着果味馥郁的葡萄酒。

瓦鲁克坡的葡萄田。

■成长显著的华盛顿州

华盛顿州较俄勒冈州偏北一些。以喀斯喀特山脉为界，生产地分为高湿度的海洋性气候西侧，和干燥的大陆性气候东侧。二者皆承蒙长日照、理想土壤、昼夜温差等条件的恩惠，酿造着高品质葡萄酒。主要品种有霞多丽、赤霞珠、梅尔诺等。近年来，该地葡萄酒生产量剧增，跃居美国第2名。尤其，瓦拉瓦拉山谷的成长令人瞠目结舌。

瓦鲁克坡的高迪·希尔先生。

2011哥伦比亚山谷雷司令白葡萄酒

该精心培育的雷司令品种的每天日照时间比加利福尼亚州长2个小时，酿造而成的适中辛辣白葡萄酒非常清爽。

（圣密夕酒庄）750ml

2010哥伦比亚山谷赤霞珠红葡萄酒

典型的木莓和樱桃香气与香料、橡木香气完美均衡。浓烈的果味和涩味相融合。

（喜妙道庄园酒窖）750ml

2011哥伦比亚山谷霞多丽白葡萄酒

具有熟成的苹果、甜瓜般的香气，摩加咖啡和烤肉香。饱满的果味和风格化酸味保持完美均衡。

（喜妙道庄园酒窖）750ml

2012水博客酒庄长相思白葡萄酒

具有酸橙、柠檬和草坪等刺激香气和葡萄柚等柑橘类新鲜味道。余韵自然。

（水博客酒庄）750ml

2012灰皮诺白葡萄酒

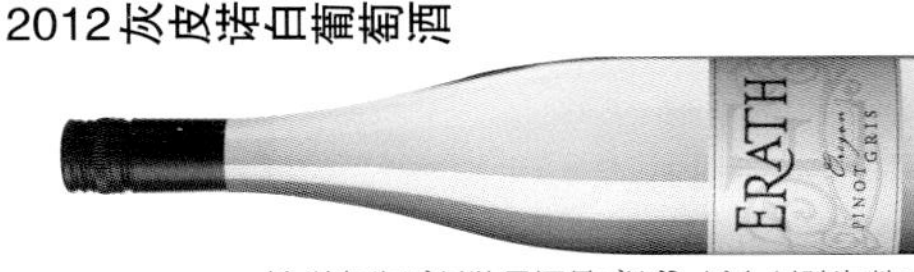

不进行香气发酵和酒樽熟成，充分发挥新鲜果味和酸味。具有果味和厚重感的辛辣白葡萄酒。

（艾拉斯酒庄）750ml

2010高贵葡萄酒公司招牌酒

熟成草莓和木莓果香，牛皮和烤肉香气轻轻飘逸。具有浓烈坚实的涩味，非常适合与肉类料理相搭配。

（高贵葡萄酒公司）750ml

2009瓦鲁克坡赤霞珠红葡萄酒

具有美国樱桃和蔓越莓的果香，以及红茶叶般的沉稳香气。口感柔和，味道新鲜强烈。

（瓦鲁克坡）750ml

2009瓦鲁克坡梅尔诺红葡萄酒

可以微弱地感受到醋栗利久酒般的香气和浓咖啡的深邃香味。具有柔软馥郁单宁的饱满感。

（瓦鲁克坡）750ml

2010艾科勒No41赛美蓉白葡萄酒

华丽的柑橘类和白花等香气中，也可感受到蜂蜜般的香味。冲击力柔和，果味和酸味完美均衡。

（艾科勒No41）750ml

2010伍德沃酒庄赤霞珠红葡萄酒

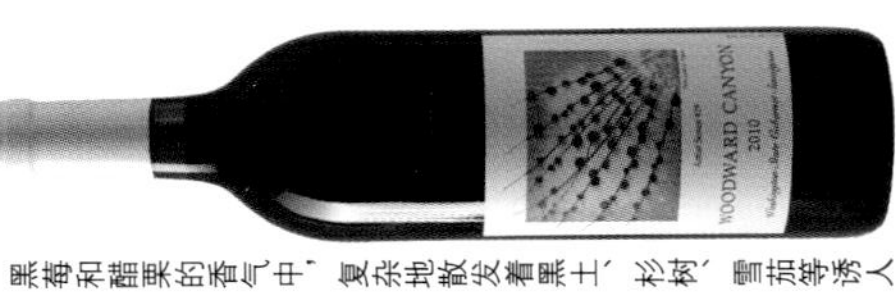

黑莓和醋栗的香气中，复杂地散发着黑土、杉树、雪茄等诱人香气。润滑的质地十分丰富，味道显著。

（伍德沃酒庄）750ml

富瑞斯雷司令白葡萄酒

苹果和白桃的果香中，散发着百合和干药草的香气。纯正的酸味赋予了舒心感，属于性价比卓越的白葡萄酒。

（富瑞斯酿造厂）750ml

2011俄勒冈黑皮诺红葡萄酒

黑莓等浓厚果香和咖啡、可可等香气令其更加深邃。柔和润滑的味道形成冲击力。

（俄勒冈杜鲁安庄园）750ml

何谓澳大利亚葡萄酒法律？

为了提高葡萄酒品质和在国际市场的评价，澳大利亚葡萄酒管理局（WAC，1929年成立时称为AWBC）设立了多种规定。1993年，伴随着面向欧洲出口量的增加，引入了在标签上标记原产地的地名保护规定、地理性称呼GI。WAC并不是对栽培、葡萄酒酿制进行严格规定、制约，而是对葡萄酒品质进行管理。此外，在澳大利亚，当酒精度数未达到8%时，不能认定为葡萄酒。

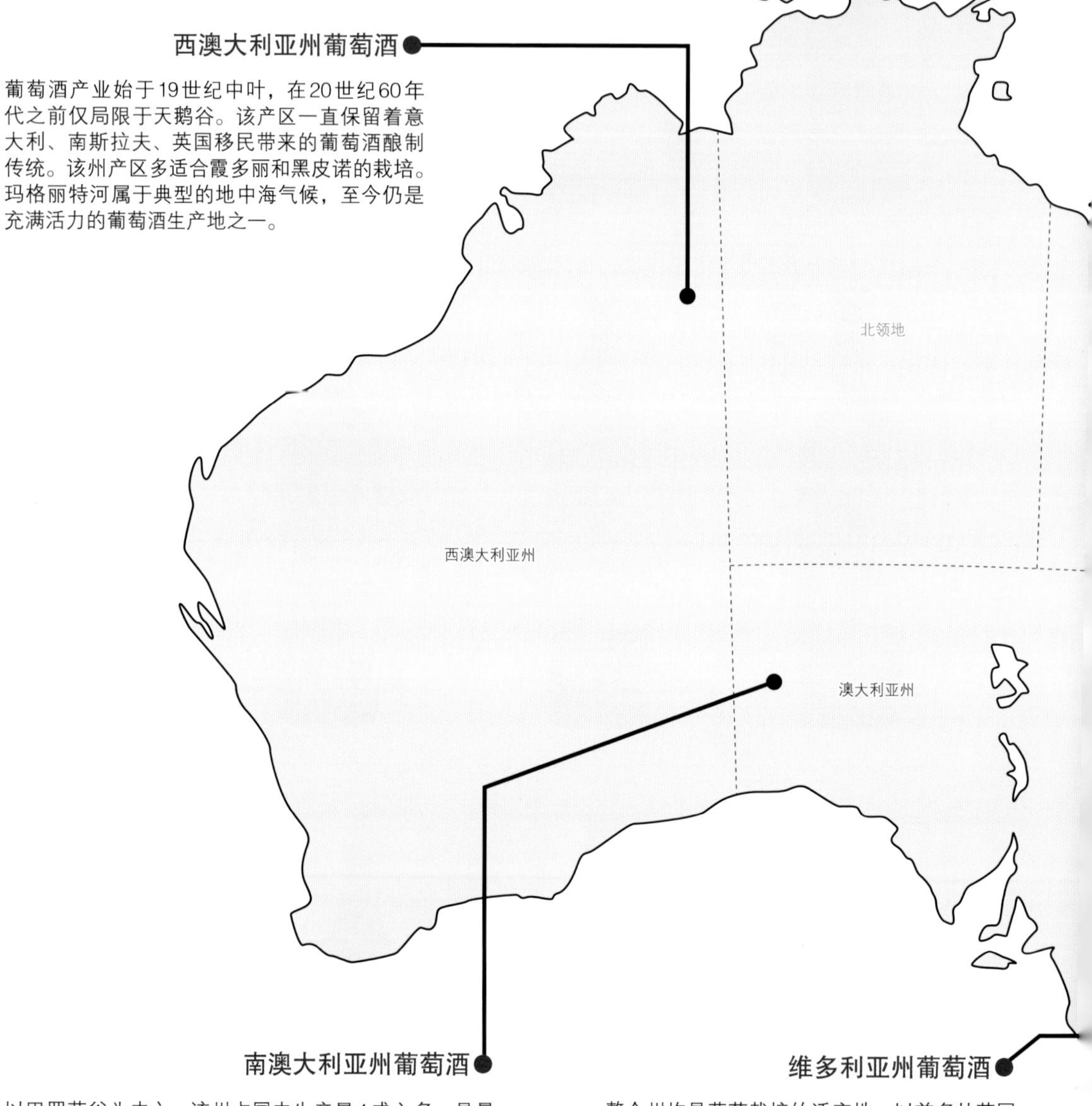

西澳大利亚州葡萄酒

葡萄酒产业始于19世纪中叶，在20世纪60年代之前仅局限于天鹅谷。该产区一直保留着意大利、南斯拉夫、英国移民带来的葡萄酒酿制传统。该州产区多适合霞多丽和黑皮诺的栽培。玛格丽特河属于典型的地中海气候，至今仍是充满活力的葡萄酒生产地之一。

南澳大利亚州葡萄酒

以巴罗莎谷为中心，该州占国内生产量4成之多，是最大的葡萄酒产地。承蒙适合葡萄栽培气候的恩惠，酿造着高品质葡萄酒。其中，红葡萄西拉斯世界闻名，与原产地——法国罗讷地区的西拉品种相比，其明亮的果味更加清澈。此外，不同产地之间混制而成的解百纳·西拉斯也是代表性葡萄酒。

维多利亚州葡萄酒

整个州均是葡萄栽培的适宜地。以前多从英国进口，如今400余家酿制厂酿造着多种风格、富于多样化的葡萄酒。其中，主要生产地有5个——亚拉河谷栽培着澳大利亚最优质的黑皮诺，高尔本谷至今仍利用1860年种植的葡萄树进行着葡萄酒的生产。

澳大利亚葡萄酒

在世界七个大陆中，澳大利亚是最古老的大陆，土壤富于多样变化。其葡萄酒酿造历史约220年。1788年，由英国人亚瑟·菲利普大佐引入种植时，主要栽培于悉尼附近的植物园。如今，自南部起，东南部海岸生产量占整体的90%。

因性价比而备受关注的优质葡萄酒

18世纪，英国人将葡萄引入该国，并在悉尼周边开始种植，葡萄酒酿制历史仅有220年左右。然而，自20世纪80年代起，其生产量飞跃发展，生产着众多高品质、低价位的葡萄酒。凭着高性价比而备受关注。

该国国土广阔，但适合葡萄栽培的产地主要位于南纬32° ~42° 之间的沿岸部分。主要产地有新南威尔士州、维多利亚州、南澳大利亚州。西澳大利亚州和塔斯马尼亚州也酿造着高品质葡萄酒。

澳大利亚虽以欧洲系品种为中心，但知名的却是西拉斯品种。与法国罗讷地区的西拉品种相比，其明亮的果味更加清澈。此外，不同产地之间混制而成的解百纳·西拉斯也是代表性葡萄酒。

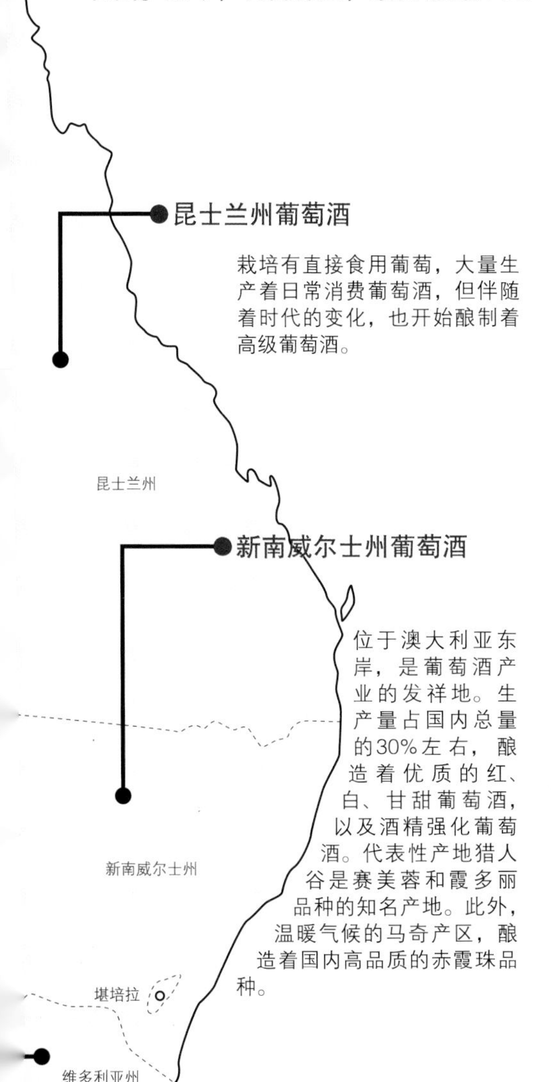

昆士兰州葡萄酒

栽培有直接食用葡萄，大量生产着日常消费葡萄酒，但伴随着时代的变化，也开始酿制着高级葡萄酒。

新南威尔士州葡萄酒

位于澳大利亚东岸，是葡萄酒产业的发祥地。生产量占国内总量的30%左右，酿造着优质的红、白、甘甜葡萄酒，以及酒精强化葡萄酒。代表性产地猎人谷是赛美蓉和霞多丽品种的知名产地。此外，温暖气候的马奇产区，酿造着国内高品质的赤霞珠品种。

塔斯马尼亚州葡萄酒

长时间以来，该州一直被认为不适合作为葡萄酒生产地，而实际证明，该州还是非常适合酿制葡萄酒的。20世纪70年代以来，葡萄酒开始产业化。由于气候寒冷，霞多丽、黑皮诺、雷司令占主流地位。虽然生产量低，但品质之高，受到高度评价。

澳大利亚

澳大利亚的代表性生产地

South Australia

南澳大利亚州

■主要栽培品种/西拉斯、赤霞珠、梅尔诺、佳美娜、赛美蓉、长相思、霞多丽、雷司令

■主要生产地/巴罗莎谷、麦克拉伦谷、库纳瓦拉、阿德莱德山、嘉拉谷

气候得天独厚的国内最大产地

米多罗位于巴罗莎谷。

南澳大利亚州是澳大利亚最大的葡萄酒产地，占国内生产总值40%以上。在温暖的澳大利亚，该产区承蒙适合葡萄栽培的寒冷气候恩惠，栽培着高品质葡萄。此外，由于地形富于变化，根据地区不同，栽培环境和葡萄酒特征也存在差异。

主要产地的葡萄酒特征

巴罗莎谷是澳大利亚最大的葡萄酒产地，酿造着充分发挥品种特性的葡萄酒，以西拉斯、赤霞珠为首，酿造着核心味道显著、纤细、醇厚的红葡萄酒，以及香气浓郁、清爽的白葡萄酒。此外，巴罗莎谷也是波特类型酒精强化葡萄酒的产地。

麦克拉伦谷位于巴罗莎谷南侧，强劲有力的白葡萄酒、浓厚的红葡萄酒、黑皮诺起泡葡萄酒等非常知名。

阿德莱德山作为最高级葡萄酒和起泡葡萄酒的生产地而闻名遐迩。其气候寒冷，栽培着霞多丽、黑皮诺等品种。

库纳瓦拉土壤呈红土（Terra rossa）和石灰岩质混合状态，生产着澳大利亚最顶级的葡萄酒。酿造着核心味道优雅而芳醇的红葡萄酒、具有果香和浓烈酸味的白葡萄酒。

此外，澳大利亚还有凭着雷司令而知名的嘉拉谷等产地。

1999年设立的米多罗葡萄田。

2011美味西拉斯葡萄酒

黑莓和樱桃的果味与花香完美均衡。口感流畅润滑、酒体适中，非常适合作为日常餐酒饮用。

（石柱）750ml

2012雷司令白葡萄酒

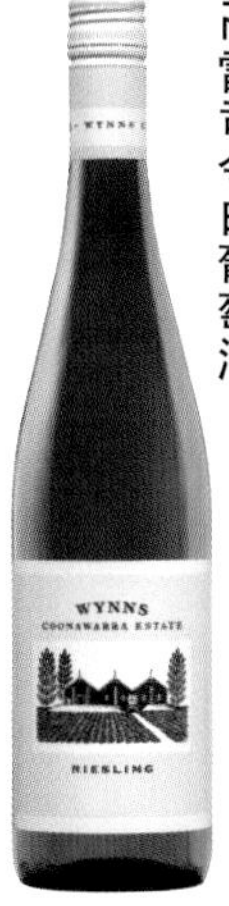

寒冷的气候和石灰质土壤的葡萄田酿造出酸味和风味丰富的葡萄酒。具有芳香和伸缩自然的酸味。

（库纳瓦拉葡萄园）750ml

2012阿德莱德山黑皮诺葡萄酒

黑樱桃等浓缩香气，和法国橡木酒樽带来的香子兰香气深邃复杂。馥郁的酸味和纤细的涩味达到绝妙的平衡。

（沙朗酒庄）750ml

2010米多罗莎威红葡萄酒

强劲有力的果味和润滑的单宁、香草和土壤的香气赋予了复杂感。味道充满力量，但余韵十分优雅。属于限定生产的葡萄酒。

（米多罗）750ml

2011米多罗杰斯特维蒙蒂诺白葡萄酒

夹杂着绿色的柠檬色调令其闪烁玲珑。可以乐享到新鲜的柑橘类、清爽的药草香等直率果味。

（米多罗）750ml

2005雅塔娜霞多丽白葡萄酒

1995年初次发行。在法国橡木中进行9个月左右的熟成。白桃和洋梨、奶油面包和烤肉香等复杂香气令人感受到其风格。

（奔富酒庄）750ml

2010圣特哈雷特·宝查斯赛美蓉长相思白葡萄酒

具有新鲜酸橙和柠檬的清爽以及花儿般的花香。自然新鲜的酸味充盈于口中。

（圣哈利特酒庄）750ml

圣哈利特酒庄塔缇阿拉解百纳&西拉斯葡萄酒

醋栗和木莓的果香中，可感受到黑胡椒、丁香、桉树等香料香。纯净的果味、显著的酸味和涩味十分怡人。

（圣哈利特酒庄）750ml

圣哈利特酒庄塔缇阿拉霞多丽白葡萄酒

洋梨和葡萄柚的香气立现，菠萝等香气缓缓散开。酸味赋予了利落的清凉感。

（圣哈利特酒庄）750ml

2012奔奇马克解百纳·西拉斯葡萄酒

醋栗等黑色系果香中夹杂着辛辣感。冲击力柔和、恰到好处，涩味和酸味完美均衡，味道优雅。

（格兰特伯爵）750ml

2011gb88赤霞珠红葡萄酒

醋栗和杉木般香气直接。味道浓缩，甘甜和酸味、涩味完美均衡。

（格兰特伯爵）750ml

2009奔富酒庄BIN28卡琳娜红葡萄酒

浓缩的黑色系果香中，复杂地散发着香料、甘草、桉树等香气。利久酒般粘稠的口感充满魅力。

（奔富酒庄）750ml

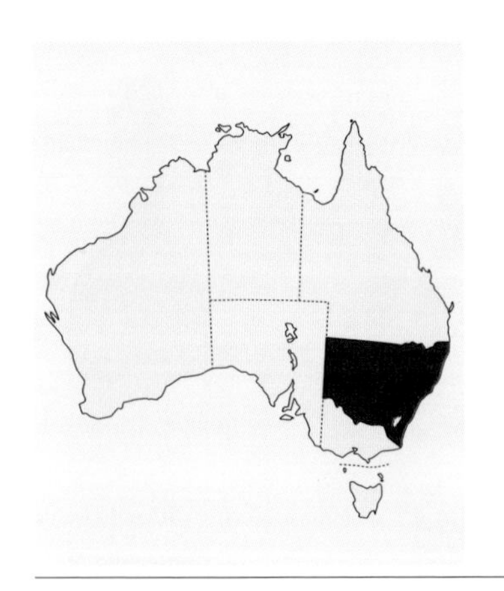

澳大利亚葡萄酒的发祥地

New South Wales

新南威尔士州

■主要栽培品种/西拉斯、赤霞珠、黑皮诺、霞多丽、赛美蓉

■主要生产地/猎人谷、堪培拉区、马奇、瑞瓦瑞纳

澳大利亚葡萄酒的发祥地

以悉尼、堪培拉为中心，新南威尔士州作为澳大利亚葡萄酒产业的发祥地而被人熟知。19世纪20年代葡萄栽培发展至猎人谷，20世纪70年代开始在悉尼周边进行栽培。该州位于大陆东岸，气候多样，在阿尔派谷海拔500米以上的高地进行葡萄栽培。生产量占全国的30%左右，酿造着优质的红、白、甘甜口味、酒精强化葡萄酒。

德保利酒庄的葡萄田。

猎人谷和其他区域

猎人谷是最早进行葡萄种植且葡萄酒酿造最悠久的产区，其分为下猎人谷和上猎人谷两大区域，气候从温暖区域至微热区域过渡，作为赛美蓉和霞多丽产地而被人熟知。

“马奇”一词在原始土著居民的语言中意为“拥有丘陵的巢穴”，该产区气候温暖，收获时期比猎人谷较晚。栽培有赤霞珠品种，酿造着国内最高品质的葡萄酒之一。

自1912年起，伴随着灌溉技术的开发，瑞瓦瑞纳开始葡萄酒生产，其气候炎热干燥，需要利用源自马兰比吉河的灌溉用水。该地生产量较高，占国内生产量的15%，使用赛美蓉酿制着贵腐葡萄酒。

1924年创建的德保利酒庄。

2012德保利圣山赛美蓉&霞多丽白葡萄酒

具有清香柠檬、酸橙、药草的香味和新鲜的酸味。与料理搭配形成的轻松口感充满魅力。

（德保利酒庄）750ml

2012德保利迪恩长相思葡萄酒

可以轻松乐享到轻轻草坪和柑橘类香气等长相思品种的特征。辛辣和清爽的酸味给余味带来自然感。

（德保利酒庄）750ml

2011德保利迪恩黑皮诺葡萄酒

夹杂着微弱橘黄色的红宝石色泽。红莓果般的果实香气中能够感受到微弱的薄荷香。涩味润滑、微量。

（德保利酒庄）750ml

2009德保利贵族一号葡萄酒

具有果香的油桃和杏酱、蜂蜜等香气。丰富的甜味和高度的酸味完美均衡。

（德保利酒庄）375ml

苹果乐园西拉干红葡萄酒

新鲜的黑莓和洋李等果实香气浓郁四射。能够感受到高海拔产地特有的薄荷般清凉香气。

（洛根酒庄）750ml

绝景西拉斯维奥涅尔葡萄酒

“Weemala”在原始土著语言中意为“绝景”。此款是该绝景中诞生的西拉斯品种精品。具有优雅的香气和润滑的口味。

（洛根酒庄）750ml

喀里多尼亚霞多丽白葡萄酒

白桃和梨般香气中，飘逸着新鲜奶油、榛子等香气。浓厚的口感和缜密的酸味令人感觉到其柔和特性。

（喀里多尼亚澳大利亚酒庄）750ml

蒙特马库拉德黑皮诺葡萄酒

呈明亮的红宝石色。具有草莓和木莓的芳香香气。还富含新鲜的果味和柔和的单宁。

（喀里多尼亚澳大利亚酒庄）750ml

2010玫瑰山庄宝石西拉斯白葡萄酒

在洋李和黑莓的浓厚果香之中夹杂着薄荷般的清爽香气。这可谓是澳大利亚西拉斯的特征。

（玫瑰山庄）750ml

2011玫瑰山庄宝石霞多丽白葡萄酒

菠萝和芒果等南方水果的果香和橡木酒樽产生的香子兰香气相融合。在余味中仍能感受到奶油酸味。

（玫瑰山庄）750ml

2010塔拉克赛美蓉葡萄酒

呈蛋淡黄柠檬色调，具有柠檬和酸橙般的香气，浓厚的味道具有透明感。非常适合与腌泡鱼贝类佳肴搭配饮用。

（塔拉克）750ml

2007塔拉克西拉斯葡萄酒

以浓缩的莓果果实风味为中心，香料香和酒樽香等香气完美汇聚。丰富的果味和辛辣味形成其个性。

（塔拉克）750ml

智利葡萄酒

智利在16世纪被西班牙人征服后，由于基督教的宗教仪式而进行葡萄酒的酿制。随后，自1851年起，开始正式酿制葡萄酒。最初以国内消费为中心，而自从使用欧洲系葡萄实施近代化酿造后，向欧洲各国、日本和美国等大幅度出口，不断成长。

免受葡萄根瘤蚜侵害的唯一国度

20世纪90年代，智利凭借廉价美味的葡萄酒而备受瞩目，其葡萄酒酿制历史可以追溯至16世纪。征服者西班牙人将葡萄带入智利，并开始葡萄酒的酿制。19世纪中叶，富裕的大地主们从法国进口赤霞珠、梅尔诺、黑皮诺、霞多丽等高级葡萄品种，并引入同国的技术指导者，开始新时代的葡萄酒酿制工程。

19世纪后半期，害虫葡萄根瘤蚜猖獗，美国、欧洲的葡萄田受到其侵害，处于毁灭状态，而智利是唯一一个免受其害的国家。之前种植的葡萄树苗的后代毫发无损地保留下来，贵重的欧洲系古木至今仍采取传统栽培。

智利葡萄酒的产地南北纵跨1400km，分为北部、中部、南部，尤其中部的地中海性气候非常适合葡萄的栽培。由于雨量低，很少受到霜霉病的侵害，也利于不依赖农药的有机栽培。栽培品种中，赤霞珠等黑葡萄大约占76%。此外，很长时间以来，梅尔诺和被混为一谈的佳美娜其实最初是法国波尔多地区栽培的稀有品种，近年来，伴随人气的增长，栽培面积也在不断扩大。

何谓智利葡萄酒法律？

20世纪70年代之后，智利葡萄酒出口量急剧增加，为了维持葡萄酒品质的提高，智利在1976年制定了葡萄酒法律。截至1986年进行了3次修改。其特征是——原产地称呼葡萄酒法律：被称为DO法的制定栽培地域认定，和对栽培葡萄品种进行规定。在其他南半球的葡萄酒生产国，并没有对栽培地域和品种进行规定的国家。此外，DO法对标签上的原产地、葡萄品种、收获年份、封瓶标识等也进行了规定。

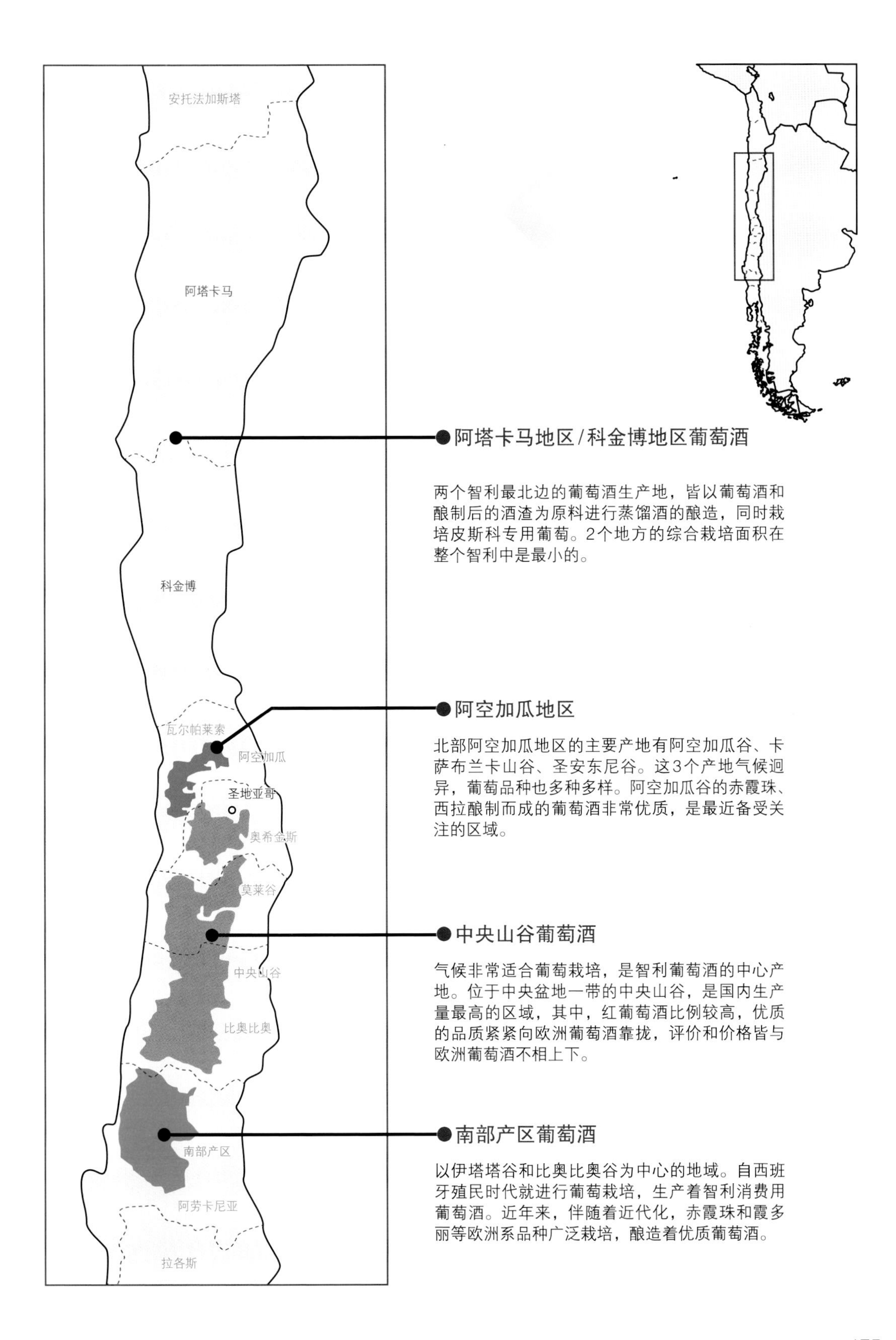

阿塔卡马地区/科金博地区葡萄酒

两个智利最北边的葡萄酒生产地，皆以葡萄酒和酿制后的酒渣为原料进行蒸馏酒的酿造，同时栽培皮斯科专用葡萄。2个地方的综合栽培面积在整个智利中是最小的。

阿空加瓜地区

北部阿空加瓜地区的主要产地有阿空加瓜谷、卡萨布兰卡山谷、圣安东尼谷。这3个产地气候迥异，葡萄品种也多种多样。阿空加瓜谷的赤霞珠、西拉酿制而成的葡萄酒非常优质，是最近备受关注的区域。

中央山谷葡萄酒

气候非常适合葡萄栽培，是智利葡萄酒的中心产地。位于中央盆地一带的中央山谷，是国内生产量最高的区域，其中，红葡萄酒比例较高，优质的品质紧紧向欧洲葡萄酒靠拢，评价和价格皆与欧洲葡萄酒不相上下。

南部产区葡萄酒

以伊塔塔谷和比奥比奥谷为中心的地域。自西班牙殖民时代就进行葡萄栽培，生产着智利消费用葡萄酒。近年来，伴随着近代化，赤霞珠和霞多丽等欧洲系品种广泛栽培，酿造着优质葡萄酒。

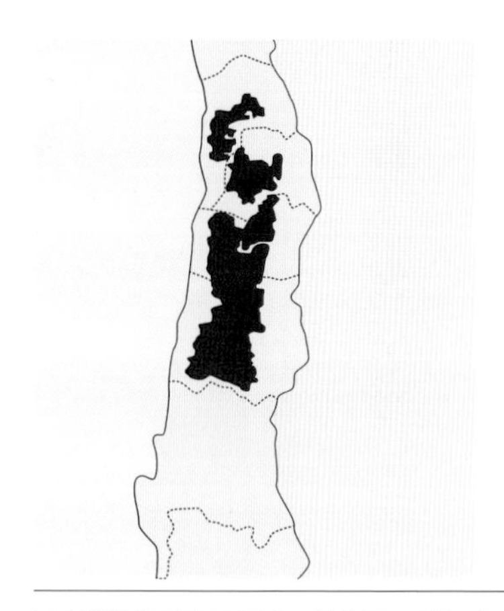

Chile
智利

支撑智利葡萄酒的主力地带

Aconcagua / Central Valley

阿空加瓜地区、中央山谷

■主要栽培品种/赤霞珠、佳美娜、西拉、黑皮诺、霞多丽、长相思、派斯

■主要生产地/*阿空加瓜地区……阿空加瓜谷、卡萨布兰卡山谷、圣安东尼谷、其他、*中央山谷……美宝谷、兰佩山谷、库里科斯谷、莫莱谷

■两大优质葡萄酒产地

北部的阿空加瓜地区和中央地带的中央山谷在生产量和品质上皆是智利葡萄酒酿制中心。

位于阿空加瓜地区的阿空加瓜谷承蒙稳定的地中海地区恩惠，是葡萄栽培的理想区域。由优质赤霞珠、西拉酿造而成的优质葡萄酒备受关注。位于北部的卡萨布兰卡山谷气候寒冷，栽培着黑皮诺和霞多丽等。

■诞生顶级红葡萄酒的中央地区

位于中央盆地地带的中央山谷是智利生产量最大的地域。红葡萄酒生产比例非常高，不乏一些可与欧洲葡萄酒相媲美的高品质葡萄酒。

美宝谷呈温暖的地中海气候，其欧洲系葡萄品种栽培历史悠久，红葡萄酒占生产量的85%左右。赤霞珠占栽培面积的一半以上。兰佩山谷位于美宝谷南侧，红葡萄酒比例较高，种植着优质的梅尔诺品种。

库里科斯谷气候温暖、微湿。酿造着红、白、起泡葡萄酒等多种类型，白葡萄酒生产比例占40%以上，以种植着国内面积最多的长相思为傲。莫莱谷冬季降雨量较高，栽培着霞多丽、梅尔诺品种。此外，该地区还栽培着一直以来与梅尔诺品种混为一谈的佳美娜品种。该品种在原产地法国受到害虫侵害，全部毁灭，属于稀有品种。

柯诺苏庄园的酿造厂。

2011旭日佳美娜红葡萄酒

佳美娜原本是法国波尔多的品种，如今作为智利的代表品种而被人熟知，人气高涨。

（干露庄园）750ml

2011蒙嘉斯酒庄佳美娜珍藏红葡萄酒

具有黑莓和黑胡椒等辛辣感，以及杉树等清爽感。柔和的涩味形成丰富的口感。

（蒙嘉斯酒庄）750ml

2010卡丽德拉酒园霞多丽白葡萄酒

具有杏和梨、红苹果和蜂蜜般香气。紧缩的酸味形成味道主体，令果味立现。

（卡丽德拉酒园）750ml

2011赤霞珠红葡萄酒

樱桃和草莓酱等果实香气中，可以感受到黑胡椒和肉豆蔻等辛辣感。单宁柔和且怡人。

（巴斯克）750ml

2012霞多丽白葡萄酒

使用的葡萄来自代表着智利的霞多丽品种生产地——卡萨布兰卡山谷等。该辛辣白葡萄酒果味浓郁，味道新鲜。

（巴斯克）750ml

2012蒙特斯欧法霞多丽白葡萄酒

具有洋槐花、洋梨、菠萝等甘甜而华丽的香气。酸味显著，属于性价比极高的一款葡萄酒。

（蒙特斯）750ml

2012柯诺苏维奥涅尔白葡萄酒

杏和白桃、蜂蜜等香气中可以微微地感受到白胡椒般的香料香气。酸味稳定，味道具有饱满感。

（柯诺苏庄园）750ml

2013柯诺苏琼瑶浆葡萄酒

荔枝和麝香、甜瓜、白玫瑰等甘甜等异国情调香气给人留下深刻印象。清澈的甘甜和浓烈的酸味令余韵十分浓厚。

（柯诺苏庄园）750ml

2012柯诺苏西拉红葡萄酒

呈夹杂着深黑色的红宝石色调。具有直率的果香和香料、干药草的香气。口感润滑，单宁丰富。

（柯诺苏庄园）750ml

2010旭日梅尔诺红葡萄酒

具有果实和香料、干药草等深邃香气。浓烈的单宁和酸味形成其优雅感。

（干露庄园）750ml

2010卡丽德拉酒园佳美娜珍藏红葡萄酒

熟成的黑莓般果香中，可以感受到香料和黑土般的口感。甜味、酸味、涩味完美均衡。

（卡丽德拉酒园）750ml

2009魔爵赤霞珠红葡萄酒

“Don Melchor”是干露庄园公司创始人的名字。以该名命名的此葡萄酒强劲有力、酒体浓厚，是智利最高级葡萄酒之一。

（干露庄园）750ml

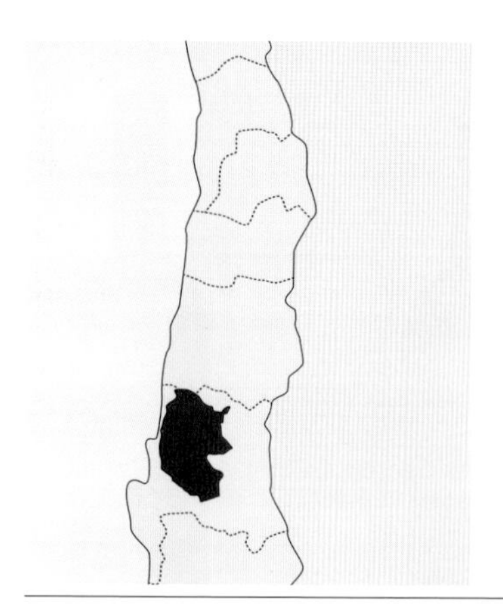

凭着产地开发而备受关注的南部

Region Sur Meridional

南部产区

■主要栽培品种/*南部产区……亚历山德里亚麝香、派斯、赤霞珠、霞多丽、 *比奥比奥谷……黑皮诺、长相思、雷司令、其他
■主要生产地/*伊塔塔山谷、比奥比奥谷

■从传统品种向欧洲品种转变

南部产区以伊塔塔山谷和比奥比奥谷为中心，从西班牙殖民地时代便进行葡萄栽培，生产量占智利整体的10%左右。长时间以来，多栽培面向国内消费的西班牙系传统葡萄——派斯，而近年来转变为欧洲系品种栽培的酿造厂不断增加，作为新型产地而备受关注。

■获得重生的两大山谷

伊塔塔山谷是智利葡萄栽培的发祥地。冬天寒冷、降水量高，夏天气候炎热，因此收获着优质葡萄，在殖民地时代葡萄酒产业便欣欣向荣。随后葡萄酒酿造的主流转向中央区域。然而随着最先进技术的发展、生产过程现代化，以及适合葡萄栽培土壤的再次开发，赤霞珠和霞多丽等欧洲系品种栽培日益壮大。该传统产地因其新生再次备受瞩目。

比奥比奥谷和伊塔塔山谷同样，是近年来不断进行产地开发的地域。该山谷寒冷的气候与法国的波尔多地区相似，非常适合霞多丽、雷司令等品种的栽培。酿造着酸味浓烈且优质的葡萄酒。此外，内陆区域和沿海区域等地不断引进优良品种，在黑皮诺和赤霞珠等品种上均取得了较大成效。

柯诺苏庄园的酿造厂。

NV柯诺苏低糖起泡葡萄酒

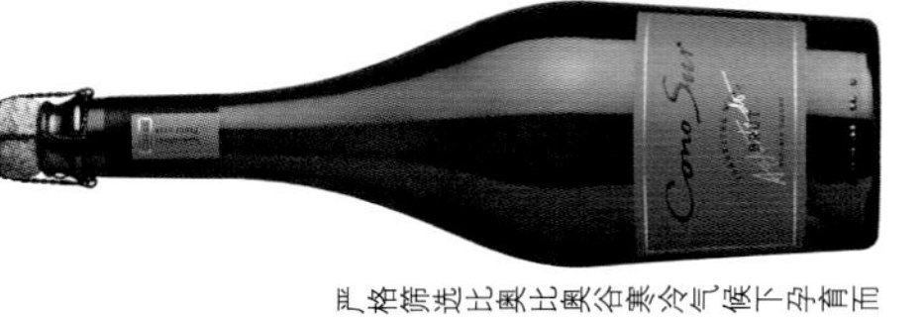

严格筛选比奥比奥谷寒冷气候下孕育而成的葡萄。新鲜的酸味和迸发的气泡成为该起泡葡萄酒的一大特色。

（柯诺苏庄园）750ml

NV柯诺苏玫瑰红起泡葡萄酒

该玫瑰红起泡葡萄酒仅使用比奥比奥谷的寒冷气候下孕育而成的黑皮诺品种。美丽的色泽和纤细的气泡充满魅力。

（柯诺苏庄园）750ml

2012柯诺苏黑皮诺玫瑰红葡萄酒

在木莓和樱桃般的轻快果香中可以感受到干药草的口感。该葡萄酒是一款果味清爽的玫瑰红葡萄酒。

（柯诺苏庄园）750ml

2012柯诺苏雷司令珍藏葡萄酒

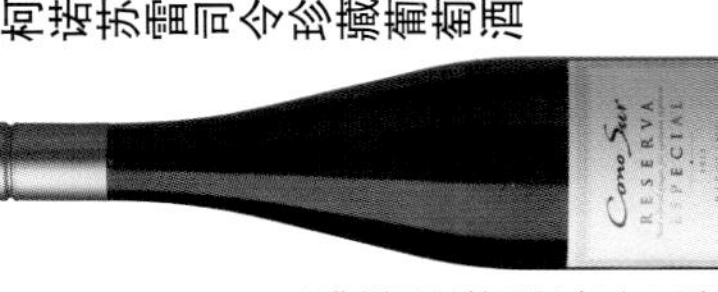

在柠檬和酸橙系香气中可以感受到橙子和茉莉花等口感，十分优雅。清凉的酸味具有矿物质感。

（柯诺苏庄园）750ml

2012埃米利亚纳生态黑皮诺干红葡萄酒

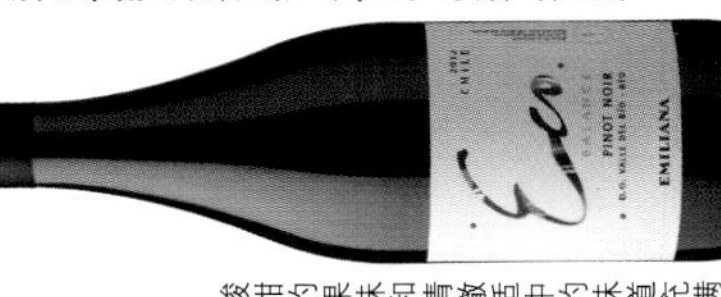

酸甜的果味和清澈适中的味道充满魅力。可以乐享到黑皮诺的个性，性价比极高。

（埃米利亚纳庄园）750ml

智利加西亚酒庄霞多丽白葡萄酒

该葡萄酒由比奥比奥谷产的霞多丽品种酿造而成。由于一部分在法国橡木酒樽中熟成，因此其新鲜感和奶油感绝妙均衡。

（智利加西亚酒庄）750ml

智利加西亚酒庄黑皮诺红葡萄酒

在樱桃等红色果实的香气和轻快怡人的酸味中，可以微弱地感受到其微弱的甘甜。涩味低，给人留下紧缩的印象。

（智利加西亚酒庄）750ml

2012埃米利亚纳生态长相思白葡萄酒

具有葡萄柚等柑橘类和嫩草、草原等清新香气。优雅的酸味让人感受到其清凉感。

（埃米利亚纳庄园）750ml

萨尔塔/西北部葡萄酒

萨尔塔是西北部的代表性生产地。在安第斯山脉的山麓——海报1500~2000m的高地处栽培着葡萄。该地域的白葡萄特浓情·里奥哈诺是阿根廷的代表性品种。具有柔和果香和轻快的口感。卡法亚特谷、萨尔塔偏北的拉里奥哈作为特浓情的知名产地而闻名遐迩。

门多萨/中央西部葡萄酒

位于中央西部的门多萨是国内最大的葡萄酒产地。生产量占阿根廷全部葡萄酒生产量的70%。其中，红葡萄酒比率占一半左右，同时还酿造着白和玫瑰红等多彩葡萄酒。主要品种是马尔白克，它也可以称得上是阿根廷的代名词。虽然原产于波尔多，但由于该地的气候条件酿造的葡萄酒更加馥郁、果味更加显著，受到世界性高度评价。此外，圣胡安是阿根廷的第2大产地。大量生产着日常消费用葡萄酒。

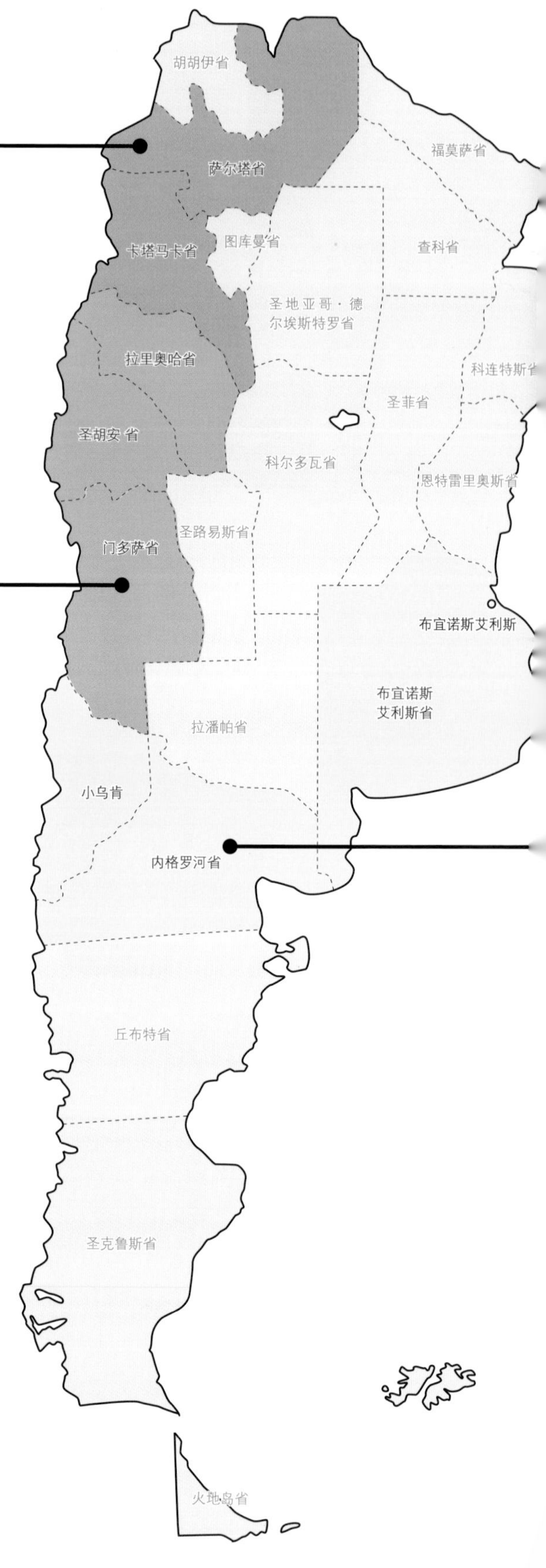

阿根廷葡萄酒

截至20世纪70年代，阿根廷葡萄酒以廉价的餐桌葡萄酒居多，同时几乎全部是国内消费，而自1977年起进行了葡萄的改革。譬如栽培技术的改良、最新技术的引进、来自海外资本的投入等。如今以出口为前提，进行着葡萄酒的酿制。

●南部葡萄酒

该产地分布于黑河和科罗拉多河流域。其温差大，但无霜害，因此也栽培着早熟葡萄品种。此外，还进行着直接食用、葡萄干的生产。

分布于安第斯山麓处的产地

阿根廷位于智利东侧，中间夹隔着安第斯山脉。由于吹自安第斯山脉的风既温暖又干燥，所以葡萄充分熟成，病害极少，有机栽培十分发达。同时，由于处于高地区域，降雨量少，但是灌溉设施齐全。

16世纪中叶，西班牙开拓者将葡萄引入阿根廷，从此阿根廷开始进行葡萄酒酿制工作。但这些葡萄酒几乎全部属于国内消费专用的廉价产品。自20世纪70年代起，阿根廷对葡萄品种进行改革、引进最新技术、实施来自海外的资本投入等等，开始酿造着国际水准的优质葡萄酒。其中红葡萄酒占生产量的70%左右，门多萨产区的麝香品种非常知名。萨尔塔地区的特浓情品种是阿根廷白葡萄酒的代表性品种，受到人们的高度评价。

？何谓阿根廷葡萄酒法律？

1956年，阿根廷针对面向国际市场出口而制定了葡萄酒法律。同时，还设立了国立葡萄栽培酿造研究所I.N.V.，对葡萄栽培、葡萄酒酿制、品质管理、出口销售等进行管理。此外，阿根廷还制定了栽培地原产地称呼葡萄酒法律：DO法，如今有3个产地被认定。不过，阿根廷并没有像智利那样对葡萄品种等进行标准规定。

位于西北部高地的特浓情产地

Salta

萨尔塔

■主要栽培品种/马尔白克、赤霞珠、特浓情・里奥哈诺
■主要生产地/提诺加斯塔、圣塔玛利亚、菲安巴拉

■海拔2000米的葡萄田

萨尔塔是阿根廷葡萄酒的主要产地之一，也是西北部的代表性地域。知名的卡法亚特产葡萄酒被称为阿根廷的珍宝。几乎所有葡萄酒位于安第斯山脉山麓、海拔1500~2000米的高地处，生产地广跨南纬22°~29°。阿根廷位于南半球因此北部比较温暖。一年有340天以上的晴天，白天非常炎热，日夜温差最大相差25°。此外湿度平均15%，属于半沙漠气候。因此葡萄栽培于被灌溉的山涧溪谷处。但是该气候可谓是葡萄栽培的理想要素。

■特浓情的名产地

萨尔塔的代表性品种是白葡萄特浓情・里奥哈诺。特浓情与红葡萄马尔白克并存。作为阿根廷代表性品种，具有柔和的果香、均衡的酸味和轻快的口感。

阿根廷卡法亚特谷由于特浓情的栽培也被世界所熟知。该谷海拔约3000米，雨量少，非常适合葡萄的栽培，因此培育了很多优质葡萄酒。

萨尔塔周边的西北部有胡胡伊、卡塔马卡、图库曼、拉里奥哈等葡萄酒生产地，尤其是用拉里奥哈产的特浓情酿造而成的高品质葡萄酒受到国际性好评。

米歇尔托理诺酿造厂。

2012库马有机赤霞珠红葡萄酒

深邃的红宝石色。具有醋栗和红胡椒、杉树、黑橄榄等香气，口感浓厚，余韵中残留着辛辣感。

（米歇尔托理诺）750ml

2012库马有机马尔白克红葡萄酒

具有黑莓般果香和黑土般矿物质感。伴随着润滑的冲击力，果味四溢，干练的涩味将口味汇聚。

（米歇尔托理诺）750ml

2012库马有机特浓情白葡萄酒

新鲜的白桃和白花的香气纤细扩散。含入口中，瞬间便可感受到其甘甜，同时，新鲜的酸味带来爽快感。

（米歇尔托理诺）750ml

2011唐大卫黑皮诺珍藏红葡萄酒

木莓酱等果香中，夹杂着酒樽熟成的香子兰和烤肉的口感。味道浓烈而沉稳。

（米歇尔托理诺）750ml

2011唐大卫马尔白克珍藏红葡萄酒

该马尔白克葡萄酒具有美国橡木和法国橡木熟成的强劲感。味道浓厚，余韵中可感受到香子兰和烤肉香。

（米歇尔托理诺）750ml

2012唐大卫霞多丽珍藏白葡萄酒

红苹果、洋梨、菠萝等新鲜果香中，可以感受到显著的黄油和蜂蜜香气。圆润的酸味馥郁四散。

（米歇尔托理诺）750ml

2012黑皮诺珍藏葡萄酒

夹杂着紫色的明亮红宝石色。新鲜的木莓和紫罗兰香气等赋予了华丽感。甘甜的单宁和沉稳的酸味是其一大特征。

（米歇尔托理诺）750ml

2012马尔白克珍藏葡萄酒

可以乐享到新鲜的黑色系果实香气和咖啡、可可等口感。

（米歇尔托理诺）750ml

2012特浓情珍藏葡萄酒

使用手摘的特浓情。桃子和橘子花、茉莉般异域风情香气纤细扩散。

（米歇尔托理诺）750ml

2011周期系列马尔白克/梅尔诺红葡萄酒

由马尔白克和梅尔诺各50%混制而成。由于酒樽的熟成，香气饱满，味道兼备浓厚和优雅。

（米歇尔托理诺）750ml

2011周期系列长相思白葡萄酒

葡萄柚等柑橘类香气和香料香中，夹杂着熏制香气。新鲜的果味和清新的酸味构成利落的余味。

（米歇尔托理诺）750ml

2009至尊红葡萄酒

在拉丁语中，“Altimus”意为“至尊”。属于阿根廷最优质的红葡萄酒之一。可以乐享到在法国橡木内熟成18个月的成熟感。

（米歇尔托理诺）750ml

阿根廷的代表性马尔白克产地

Mendoza

门多萨

■主要栽培品种/马尔白克、赤霞珠、伯纳达、梅尔诺、西拉、佩德罗·席曼尼斯、霞多丽、特浓情·里奥哈诺
■主要生产地/迈普、路冉得库约、巴杰得乌考

葡萄酒生产量位居国内首位

门多萨位于中央西部，是阿根廷最大的生产地，约占国内生产量的70%。其中，红葡萄酒的生产比例较高，不过也栽培有白和玫瑰红等品种。由于石灰质土壤居多、气候温暖、雨量少，因此灌溉系统利用安第斯的冰雪融水，像网眼似的通向四面八方，从而为葡萄栽培供给必要的水分。以往，日常消费专用的廉价餐桌酒占主流，而如今，也酿造着马尔白克等高价位顶级葡萄酒。此外，该地域还栽培着直接食用、葡萄干等多种用途的葡萄。

马尔白克之都

马尔白克红葡萄酒是门多萨的主流品种、也是阿根廷葡萄酒的代名词。该品种具有浓厚的色泽和丰润的香气，于19世纪初由法国波尔多地区引入此地。由于气候条件，阿根廷的马尔白克品种与原产地波尔多相比，由其酿制而成的葡萄酒酸味少、更加成熟、果味更加显著而馥郁。如今，作为该国的代表性葡萄酒而名气大涨。被称为“马尔白克之都”的门多萨周边酿制而成的葡萄酒，更以高人气和高销售量为傲，受到世界级好评。

翠帝酒庄的酿制厂。

翠帝酒庄的酒窖。

2011艾拉莫马尔白克红葡萄酒

该马尔白克葡萄酒承蒙阿根廷的气候风土，发挥出了其独自的个性。通过法国橡木和美国橡木的熟成，味道馥郁。

（卡帝那）750ml

2011翠帝酒庄陈酿马尔白克红葡萄酒

具有清澈馥郁的香气。冲击力强劲，整体核心味道缜密，浓缩的果味和橡木香气完美均衡。

（翠帝酒庄）750ml

2011艾拉莫黑皮诺红葡萄酒

寒冷的气候孕育出浓缩的果味和沉稳的酸味。具有辛辣润滑的单宁，可在晚宴期间优雅出场。

（卡帝那）750ml

阿鲁帕曼塔·纳塔尔霞多丽白葡萄酒

苹果等果香和黄花般的香气占主体。口感柔和、酸味尖锐而新鲜。余韵自然。

（阿鲁帕曼塔葡萄园）750ml

奥特可罗娜伯纳达红葡萄酒

呈非常明亮的红宝石色。红色系果实的气息中夹杂着黑橄榄般香气。显著浓烈的酸味十分鲜丽。

（霍米伽酒庄）750ml

2011翠帝酒庄陈酿霞多丽白葡萄酒

呈闪耀的黄色色泽。具有苹果派和香子兰、烤肉般香气。浓厚的酸味构成核心味道，余韵微长。

（翠帝酒庄）750ml

2010盾牌赤霞珠红葡萄酒

“Broquel”在西班牙语中意为“盾牌”，在阿根廷表示“保护家族羁绊和传统之物”。该酒属于华丽酿造的一款葡萄酒。

（翠帝酒庄）750ml

2011盾牌霞多丽葡萄酒

具有红苹果和洋梨蜜、桂皮等复杂香气。浓缩的果味和香子兰香气完美均衡，酒体浓厚圆润。

（翠帝酒庄）750ml

2012拉维特马尔白克白葡萄酒

可乐享到樱桃和草莓般柔和果味。柔和的涩味和馥郁的酸味形成味道的轴心，且均衡感卓越。

（拉维特酒庄）750ml

2010拉维特长相思白葡萄酒

白桃、粉葡萄柚、柑橘类等刺激香气令其十分诱人。怡人自然的酸味形成其浓厚感。

（拉维特酒庄）750ml

2010卡罗酒庄红葡萄酒

以赤霞珠和马尔白克为主体，在法国橡木中进行12~18个月的熟成。该红葡萄酒酒体浓厚，属于长期熟成类型。

（卡罗酒庄）750ml

何谓新西兰葡萄酒法律?

新西兰食品卫生安全局（NZFSA）基于葡萄酒和食品相关法律，对品质标准、标签标记等进行管理。2006年，新西兰制定了有关葡萄酒和蒸馏酒的地理性称呼GI。2007年，设定了下列规定——除了酿制年份，当对原产地、品种名称、收获年份进行标记时，必须使用该葡萄酒85%以上。此外，根据粮食法律，对防氧化剂和酒精度数（通常情况下，葡萄酒的最大度数为15%）进行了规定。

北岛葡萄酒

19世纪50年代，初次进行葡萄酒酿制，是该国葡萄酒的发祥地。岛内最大的产地是生产量位居国内第2名的霍克湾，栽培有波尔多红葡萄品种和长相思等。此外，以吉斯伯恩、怀卡托、怀赫科岛、奥克兰、马丁堡等为基地的怀拉拉帕地区等，酿造着高品质葡萄酒。

南岛葡萄酒

位于东北部的马尔堡是国内最大的葡萄酒产地。凭着香气清爽、秀逸的白诗南，其名扬世界，而白诗南也可谓国际化品种特征的标准。此外，位于世界最南端的产地——中奥塔哥产区的优质黑皮诺备受关注，正在急速发展。此外，还有内尔逊、坎特伯雷、怀帕拉等产地。

新西兰葡萄酒

葡萄酒酿制历史较短，但其品质受到世界性高度评价。此外，积极引进软木塞的代替栓——螺旋盖，如今，新西兰生产的葡萄酒中，大约90%使用螺旋盖。

突飞猛进的新葡萄酒之国

新西兰的葡萄酒酿制由18世纪的移民引进。该国四周环海，属于海洋性气候。南北两岛皆分布着10个葡萄酒生产地，但由于两岛间隔1600m，因此气候和土壤迥异，葡萄的收获时期也存在时差。

该国的葡萄酒酿制历史较短，而使其闻名世界的契机便是品质卓越的长相思品种。20世纪70年代，南岛的马尔堡开拓了葡萄田，进入80年代后，其馥郁的果味和尖锐的味道引起国际性好评。此外，位于南岛内陆部分的中奥塔哥产区也生产着优质的黑皮诺。近年来，海外资本不断投入，新西兰葡萄酒产业开始正式化，出口量也占世界前列。

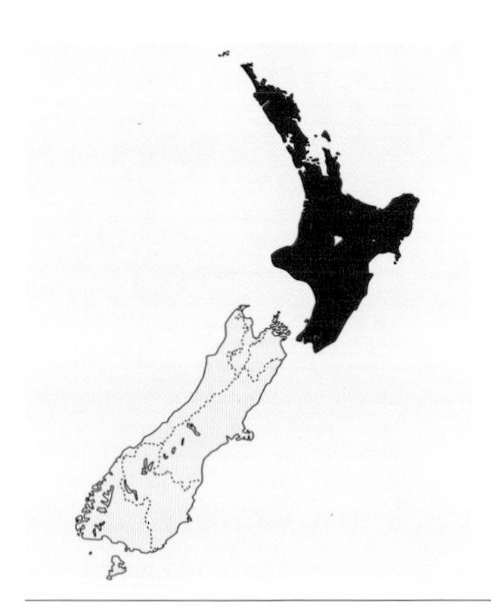

开启葡萄酒历史的温暖北部

North Island

北岛

■主要栽培品种/长相思、黑皮诺、霞多丽、雷司令、白皮诺、赤霞珠、梅尔诺

■主要生产地/霍克湾、吉斯伯恩、怀卡托、奥克兰、马丁堡、北地

■新西兰葡萄酒的发祥地

1819年，欧洲传教士将葡萄树种植在北地，随之，19世纪50年代，霍克湾初次进行葡萄酒的酿制，从此，该国的葡萄酒产业便从温暖的北岛发祥起来了。

霍克湾是北岛最大的葡萄酒产地，生产地位居国内第2名。其历史已经超过100年。在汇集有50余家葡萄酒厂的葡萄酒产地，以赤霞珠、梅尔诺等欧洲系红品种为中心，也栽培有长相思、霞多丽等多种品种。

那塔拉瓦酿制厂。

位于最东端的城镇吉斯伯恩周边也自古便进行葡萄栽培。宛如“霞多丽之都”一般，霞多丽占种植面积的 半左右。此外，赛美蓉等白葡萄酒专用品种的栽培十分盛行。

■其他个性化产地

20世纪30年代，西海岸酿造了国内初款商业用葡萄酒。位于广阔奥克兰北部的马塔卡纳地区，汇集了备受世界瞩目的优秀酿制厂。此外，休闲胜地怀赫科岛生产着波尔多风格红葡萄酒，其高品质和高评价紧追法国。

以马尔堡为基地的南部怀拉拉帕地区，汇集着众多知名酿造厂。近年来，该地酿制的黑皮诺品种备受关注，迅速发展。

2011三叠石霞多丽白葡萄酒

具有苹果和梨般清新果香。新鲜而轻快的酸味带来自然感，属于一款浓厚的白葡萄酒。

（叶兰兹庄园）750ml

2011霍克湾天秤西拉红葡萄酒

酿造厂名称“Bilancia”在意大利语中意为“天秤”。该豪华葡萄酒的浓缩果味和酸味、丝绸般单宁完美均衡。

（天秤酿制厂）750ml

2009万圣节前夕梅尔诺红葡萄酒

具有新鲜的洋李和醋栗等果实风味，以及橡木酒樽带来的香子兰和烤肉口感。味道润滑而辛辣。

（万圣节前夕）750ml

2011霍克湾弗里塞尔西拉红葡萄酒

呈深邃的红宝石色调。浓厚的果香中夹杂着白胡椒和肉豆蔻的辛辣香气。该葡萄酒将典型的西拉品种特征展现无疑。

（弗里塞尔）750ml

2011霍克湾弗里塞尔霞多丽白葡萄酒

白桃和热带水果的香气中夹杂着黄油和烤肉香料的风味，香气十分复杂。圆润的酸味是其一大特征。

（弗里塞尔）750ml

2010那塔拉瓦梅尔诺红葡萄酒

熟成的洋李果香中，混杂着香料、咖啡、橡木的香气。其浓缩感强、单宁纤细、余韵悠长。

（那塔拉瓦）750ml

2012斯泰博梅尔诺红葡萄酒

呈深邃的红宝石色调。具有洋李等果实香气和烤肉般香气，整体轻快。非常适合与雏鸡美食等肉类料理相搭配。

（那塔拉瓦）750ml

2011那塔拉瓦霞多丽白葡萄酒

菠萝片般闪耀的金黄色令人震撼。充盈的香气复杂而柔和，余韵悠长怡人。

（那塔拉瓦）750ml

2012马丁堡特拉长相思干白葡萄酒

呈夹杂着绿色的淡黄色调。具有葡萄柚、柑橘类和草坪的清香。其芳香丰富，酸味柔和。

（马丁堡庄园）750ml

2012马丁堡杰克森雷司令干白葡萄酒

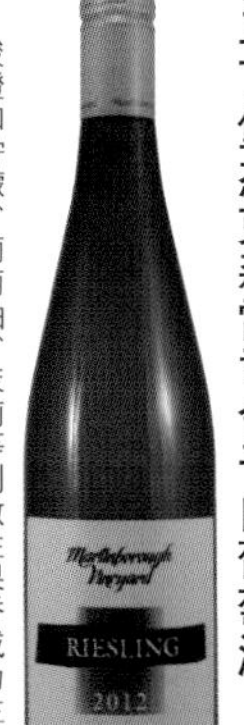

酸橙和柠檬、葡萄柚、茉莉等刺激性果香成为主体。味道优质，丰富的酸味赋予了该酒清凉感。

（马丁堡庄园）750ml

2004怀赫科岛戈尔迪红葡萄酒

浓缩的果香、香料和雪茄等复杂香气中，可以微弱地感受到薄荷和桉树油的清爽香气，酒体浓厚。

（戈尔迪葡萄园）750ml

2010马丁堡黑皮诺红葡萄酒

马丁堡庄园是新西兰产黑皮诺的开拓者。具有甘甜水果味和烟熏感。

（马丁堡庄园）750ml

闻名世界的长相思

South Island

南岛

■主要栽培品种/长相思、黑皮诺、霞多丽、雷司令

■主要生产地/马尔堡、内尔逊、坎特伯雷、中奥塔哥

■国内最大的葡萄酒名产地

20世纪70年代前半叶，位于东北部的马尔堡丌始葡萄田的开垦，是新西兰最大的葡萄酒产地。其日照时间长、秋季时长长、昼夜温差大、土壤优质等，优质条件得天独厚，栽培着极其卓越的霞多丽。国内霞多丽的85%左右，均产自该地域。其具有强烈的果味、药草般清爽香气、鲜明清澈的味道，品质受到世界性高度评价。

■世界最南端孕育的黑皮诺

中奥塔哥产区作为世界最南端的葡萄酒产地而非常知名。与其他葡萄酒产地皆是海洋性气候相对，唯独该处是大陆性气候。其充分发挥了高山地带的寒冷气候，孕育着优质的黑皮诺。该产区的黑皮诺葡萄酒，不仅果味明快，同时纤细感和复杂感兼备，被评价为“仅次于气候相似的法国勃艮第”，正在实现迅速发展。

内尔逊居住着众多艺术家，风格化葡萄酒居多，近年来，由于葡萄酒的热潮，生产量突飞猛进。在中央东部的坎特伯雷，广阔平原部分基督城、作为寒冷产地正在发展的北部怀帕拉等皆是主要产地，生产着霞多丽、黑皮诺等。

乔治・米歇尔酿造厂。

2018中奥塔哥国歌黑皮诺红葡萄酒

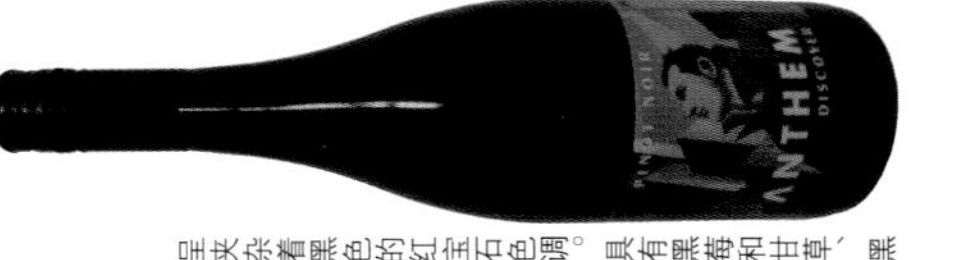

呈夹杂着黑色的红宝石色调。具有黑莓和甘草、黑胡椒等复杂香气。味道强劲，甘甜的单宁十分饱满。

（国歌葡萄酒）750ml

2011三叠石长相思白葡萄酒

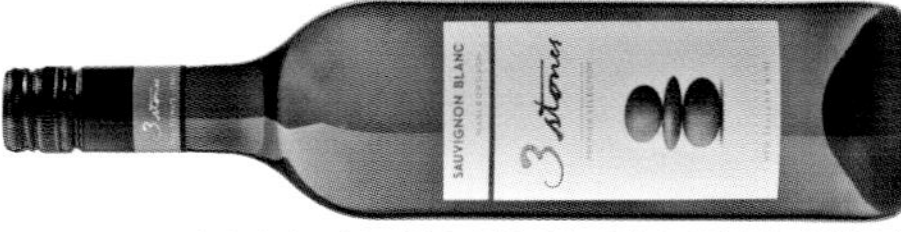

该葡萄酒具有昼夜温差大产地特有的充实果味和紧缩酸味。其香味清爽，属于辛辣口味的白葡萄酒。

（叶兰兹庄园）750ml

2011 X酒庄黑皮诺红葡萄酒

具有轻快的果香和紫罗兰般的花香。樱桃般的果味和酸味在口中四溢。来自橡木的柔和香气残留在余韵之中。

（叶兰兹庄园）750ml

2011舍伍德地层系列黑皮诺干红葡萄酒

其味道轻快、香气馥郁。涩味低，非常容易与日本料理相搭配。作为日常的餐桌用酒充满魅力。

（舍伍德葡萄园）750ml

2009乔治・米歇尔霞多丽白葡萄酒

具有熟成的洋李、白桃糖汁等香气和黄油般的奶油香气，醇厚的酸味令人倍感亲切。

（乔治・米歇尔）750ml

2011乔治・米歇尔玫瑰红葡萄酒

优雅的粉红色调十分美丽，由100%黑皮诺酿造而成的稀有玫瑰红葡萄酒。其香气馥郁，味道纤细。

（乔治・米歇尔）750ml

2012马尔堡图胡雷司令白葡萄酒

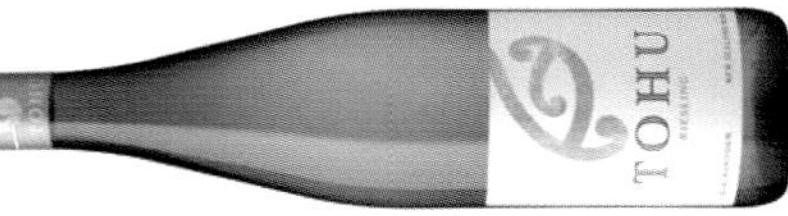

呈夹杂着亮绿的淡黄色，具有水果般的香气。该辛辣白葡萄酒的柑橘系清爽感沁人心脾。

（胡威）750ml

2010预言石庄园灰皮诺白葡萄酒

具有洋梨和白桃、蜂蜜般浓缩香气。醇厚的酸味悠长，与余韵中的个性化苦味共同形成其核心味道。

（预言石庄园）750ml

2013思兰尼珍藏长相思白葡萄酒

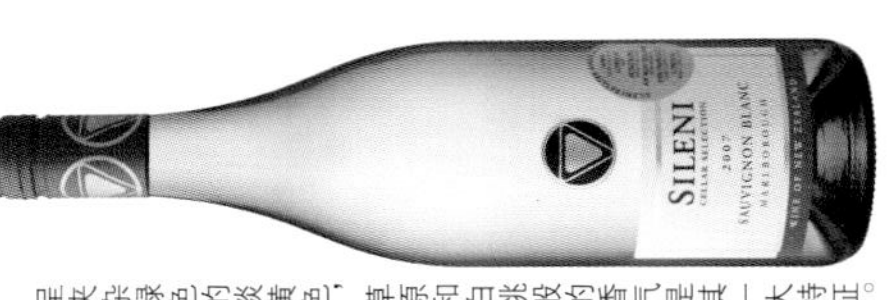

呈夹杂绿色的淡黄色，草原和白桃般的香气是其一大特征。具有轻快的甜味和浓烈的酸味。

（思兰尼葡萄园）750ml

2011洛朋琼瑶浆白葡萄酒

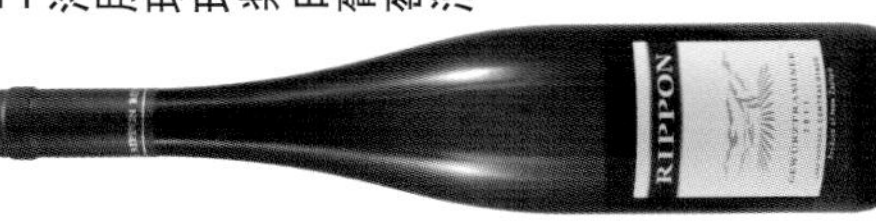

采取有机农法实施葡萄栽培。荔枝和玫瑰花等香气给人留下深刻印象，属于果香十足的辛辣白葡萄酒。

（洛朋庄园）750ml

2011马尔堡迟摘赛美蓉白葡萄酒

呈夹杂着绿色的深黄色，具有洋李和苹果、柑橘花的香气，以及蜂蜜般的浓缩感。其口感浓厚，余韵中夹杂着果味。

（金字塔谷庄园）750ml

奥勒芬兹河地区葡萄酒

该生产地南北纵贯奥勒芬兹河沿岸。酿造着日常消费专用的低价位葡萄酒。

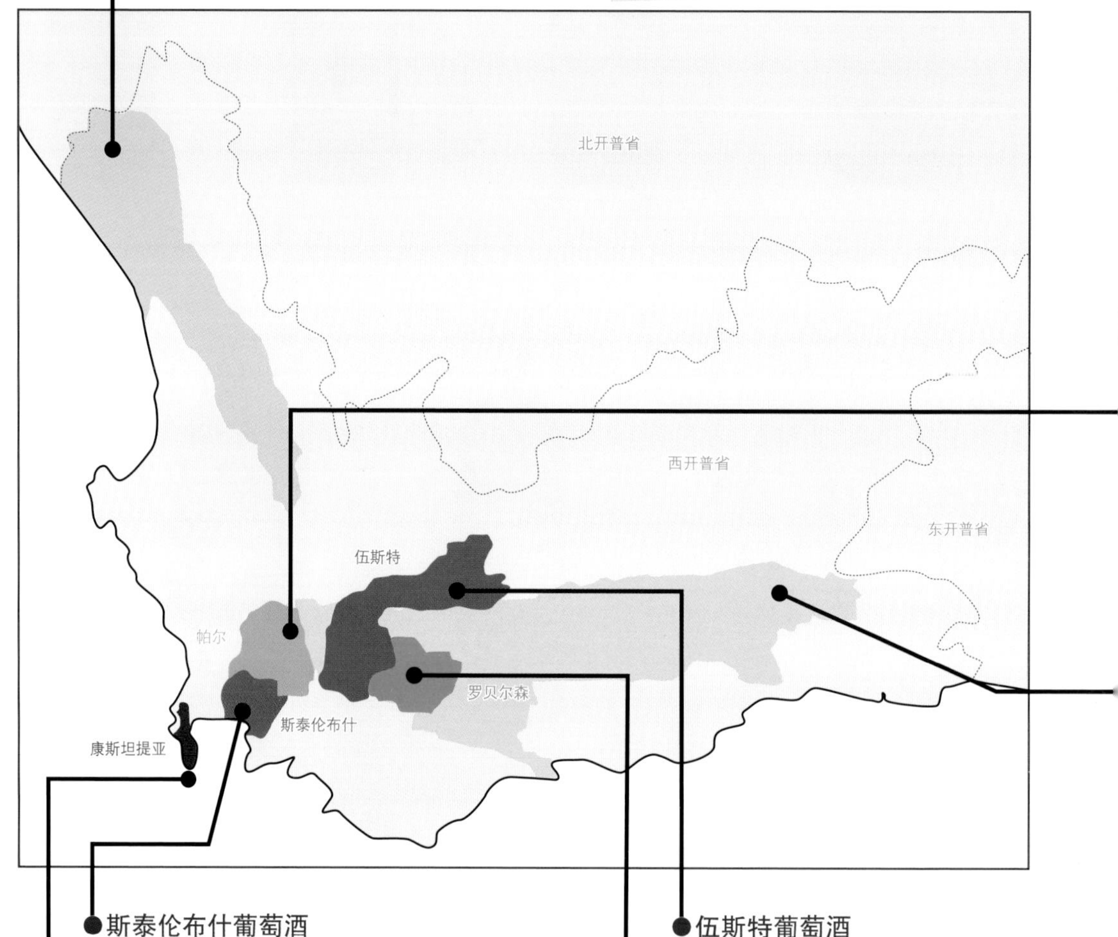

斯泰伦布什葡萄酒

作为仅次于开普敦的第2殖民地，由法国移民开始了葡萄的栽培。其气候得天独厚，是国内首屈一指的葡萄酒产地。红葡萄酒赤霞珠、白葡萄酒霞多丽的品质受到高度评价，此外，还栽培有杂交而成的固有品种——皮诺塔吉。由于景色优美，观光游览的人们也在不断增加。

伍斯特葡萄酒

该产地位于内陆部分，距开普敦大约1小时的车程。其夏季炎热、降雨量少，需要进行灌溉。生产的大多数葡萄酒均作为原酒（未装瓶的葡萄酒）进行销售。也是白兰地产地。

康斯坦提亚葡萄酒

该地域比较寒冷，但年降雨量多，可达1000mm。其土壤呈沙质，排水性能佳，使用霞多丽和长相思酿造着优质白葡萄酒。

罗贝尔森葡萄酒

土壤呈石灰质，多生产霞多丽等白葡萄酒。

南非葡萄酒

南非葡萄酒，不仅品质知名，生产地的美景也十分著名。进行葡萄栽培的开普敦周边，作为开普植物保护区，2004年被收录为世界遗产。海外投资也不断增加，葡萄酒产业正在迎接一个新的时代。

●帕尔葡萄酒

承蒙较冷气候的恩惠，该产区酿造着优质的葡萄酒，同时，南非最大型酿造厂KWV的基地也位于此处。出口专用的葡萄酒生产盛行，赤霞珠、皮诺塔吉、西拉斯、霞多丽等受到国际性好评。惠灵顿、帕尔·西蒙伯格等新型产地也备受关注。

●小卡鲁地区葡萄酒

年降雨量极其少，仅200mm，为了灌溉，葡萄田分布在河流沿岸。酿造着甘甜葡萄酒和雪利酒、类似于波特的酒精强化葡萄酒、白兰地。

由于民主化而迅速发展的葡萄酒产业

开普敦开始种植葡萄7年后，南非于1659年初次进行葡萄酒的酿制。西开普敦州的沿海周边承蒙地中海性气候的恩惠，几乎所有的葡萄酒生产地均位于此处。主要产地有斯泰伦布什等，进行着优质葡萄酒的酿造。

葡萄酒产业虽稳步发展，但20世纪初却发生了生产过剩的问题。为此，国家组织设立了南非葡萄种植者合作协会（KWV），对价格、生产、上市进行了调整。

1994年，由于民主化，经济制裁瓦解，以此为契机，葡萄酒产业的现代化迅猛加速，生产量一跃发展至世界第7位。栽培品种有赤霞珠、西拉斯、梅尔诺、霞多丽、固有品种皮诺塔吉等。

？何谓南非葡萄酒法律？

南非气候、地势、土壤条件等多样化，每个地域的葡萄酒具有各自的特征，1973年，该国制定了原产地称呼制度（WO）。该法律将原产地细分为地区、地域、产区。WO对原产地、葡萄品种、收获年份进行了规定，除保证其特征外，对达到一定标准的葡萄酒，贴有保证条“No.A”。此外，南非并不实施生产地等级划分、品质分类。

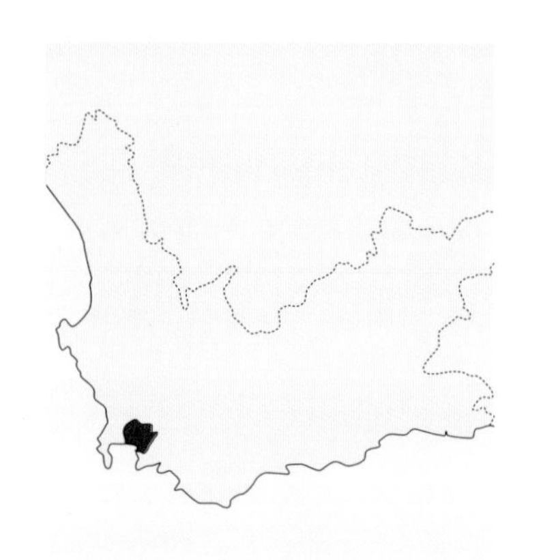

集期待和关注于一身的人气产地

Stellenbosch

斯泰伦布什

■主要栽培品种/梅尔诺、赤霞珠、皮诺塔吉、长相思
■主要酿造厂/劳伦斯堡、朗泽拉克、托卡拉、摩根斯特

得天独厚的气候和土壤

斯泰伦布什是仅次于开普敦，作为第2殖民地被开垦的城市。1688年，由于南特敕令的废除，从法国逃亡而来的胡格诺教徒在该片土地上大量种植农作物。他们注意到该地区溪谷的气候和肥沃的土壤与欧洲非常相近，从此开始葡萄的种植。这也奠定了当下开普葡萄酒的基础。

该地区气候呈地中海性气候，平坦地区炎热、溪谷周边寒冷。土壤类型富于多样化、起伏连绵，气候变化大，是国内首屈一指的葡萄酒生产地。包括邻近的帕尔和弗朗斯胡克地域，被称为“葡萄酒之乡”，也是省名。近年来，追求混合风样式酿酒厂汇集的美丽田园风光以及美味葡萄酒的国内外观光客逐渐增加，这也成为斯泰伦布什的新型产业。

劳伦斯堡的葡萄田。

高品质的红白葡萄酒

由赤霞珠酿制而成的红葡萄酒、由霞多丽酿制的白葡萄酒皆品质较高，斯泰伦布什的葡萄栽培面积占国内的15%左右。

此外，斯泰伦布什大学还设有葡萄酒专业，葡萄栽培和酿制的研究非常盛行。由黑皮诺和神索杂交而成的南非固有品种——皮诺塔吉便诞生于此大学。

摩根斯特的尼德堡庄园。

劳伦斯堡霞多丽珍藏白葡萄酒

洋梨、金冠苹果的丰富果香中夹杂着白土般矿物质感。通过酒精熟成，霞多丽的个性得以充分发挥。

（劳伦斯堡）750ml

劳伦斯堡葡萄园赤霞珠红葡萄酒

具有醋栗利久酒、针叶树和黑胡椒般深邃香气。满足感十足的果味和柔和的涩味令其百饮不厌。

（劳伦斯堡）750ml

雷内克长相思有机葡萄酒

南非认定的第一号有机葡萄酒。果实和花香、精致的酸味和悠长的余韵如同故事般连贯，优雅的余韵使其非常紧缩。

（雷内克）750ml

红色释放葡萄酒

该葡萄酒的广告宣传语是——“按一下电脑键盘的Esc键，便会从电脑中释放出该款葡萄酒，令人重新振作起来。”

（红色释放）750ml

帕拉迪霞多丽白葡萄酒

呈闪耀的淡黄色。洋梨等果实、白胡椒、干药草等香气馥郁且复杂。非常适合周末时段在餐桌旁悠闲饮用。

（帕拉迪）750ml

拉兹家族酒庄品丽珠红葡萄酒

具有深红玫瑰般高贵感和浓郁的香气。味道浓密，却感觉不到压抑感。口感如丝绸般柔和。

（拉兹家族酒庄）750ml

拉兹家族酒庄纯酿白诗南葡萄酒

具有柑橘花和木梨、蜂蜜等浓密感。浓烈的酸味十分辛辣，余韵中飘逸着药草香气。

（拉兹家族酒庄）750ml

朗泽拉克先驱皮诺塔吉葡萄酒

仅使用优良收获年份葡萄酿造而成的该酒，堪称皮诺塔吉最高品质的葡萄酒之一。浓厚且复杂、干练且优雅的香味令人震撼。

（朗泽拉克）750ml

朗泽拉克皮诺塔吉葡萄酒

红色系果实和黑色系的香气共存。仅通过其果味就可以感知到无尽的复杂香味以及酿造者之卓越。属于酒体适中的红葡萄酒。

（朗泽拉克）750ml

渥瑞森黑皮诺红葡萄酒

以传统的勃艮第为榜样酿造而成的南非顶级黑皮诺葡萄酒。具有烟熏般的香气，十分高贵。

（渥瑞森）750ml

摩根斯特劳伦斯河谷红葡萄酒

由梅尔诺、赤霞珠、品丽珠酿造而成的波尔多混酿葡萄酒。厚重的果实感和熟成过程形成的浓厚感十分卓越。

（摩根斯特）750ml

雷内克康纳斯顿有机葡萄酒

该葡萄酒的自然香气将浓缩的果实力度一展无遗。果味和酸味、柔和的涩味完美均衡，百饮不厌。

（雷内克）750ml

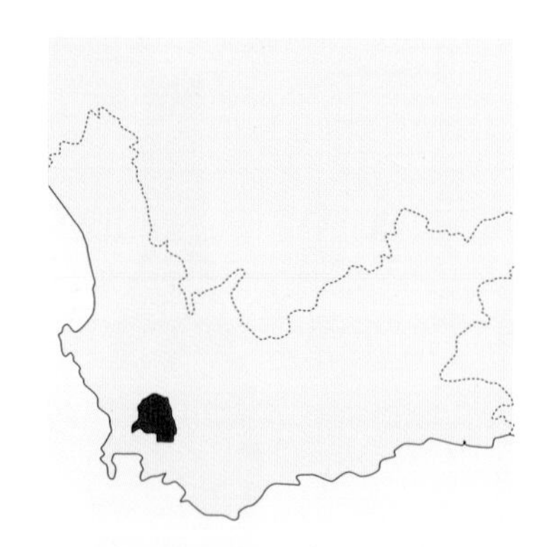

欧洲化开普葡萄酒

Paarl and others

帕尔产区、其他

■主要栽培品种/西拉斯、赤霞珠、皮诺塔吉、白诗南、霞多丽
■主要生产地/弗朗斯胡克谷、惠灵顿、帕尔·西蒙伯格
■主要酿造厂/朱伯特·陶拉德

KWV总部所在地——帕尔

帕尔产区位于开普敦偏东50公里处，是座美丽的城市。其气候比较寒冷、夏季较长、冬季湿润，非常适合酿造高品质葡萄酒。栽培品种多种多样，最初以酒精强化葡萄酒为主流，如今生产着赤霞珠、皮诺塔吉、西拉斯、霞多丽、白诗南、长相思等用于出口的葡萄酒，受到国际性好评。

南非最大型酿制厂KWV的总部位于此地，其栽培面积广阔，生产着自主品牌葡萄酒。该产区多现代化酿造厂，观光产业也十分盛行。

汇集40家以上酿制厂

帕尔产区气候得天独厚，汇集了40余家众多酿制厂。在法国胡格诺教徒开垦的贝格河流域，拥有南非首屈一指的美食城市——弗朗斯胡克谷。从历史背景上讲，该产区仍残有法国的气息，这也对葡萄酒产生了巨大影响。

此外，正在迅速发展的惠灵顿生产着大量充满潜力的品牌，作为新型产地而备受关注的帕尔·西蒙伯格等地的葡萄酒酿造范畴在不断扩展。

托卡拉酿造厂。

分布着广阔的葡萄田。

NV珍珠石玫瑰红葡萄酒

该珍贵玫瑰红起泡葡萄酒由高比例维奥涅尔品种混酿而成。气泡宛如奶油般，酸味中伴随着甘甜。玫瑰红的色调由西拉品种形成。

（珍珠石）750ml

荷伯克劳夫酒庄西拉红葡萄酒

黑色系果实香气中，馥郁、优雅的扩散着黑胡椒、黑橄榄、鼠尾草等香气。味道优雅而纤细。

（荷伯克劳夫酒庄）750ml

荷伯克劳夫酒庄皮诺塔吉葡萄酒

果香和香料香、黑土和雪茄等香气纯粹。精心的味道能让人联想到酿造过程的用心。

（荷伯克劳夫酒庄）750ml

荷伯克劳夫酒庄霞多丽白葡萄酒

具有柔和的花香和白桃、洋梨般香气，十分优雅，轻快的酸味令该酒在同一等级中脱颖而出。

（荷伯克劳夫酒庄）750ml

荷伯克劳夫酒庄维奥涅尔白葡萄酒

具有柑橘花和莲花蜜等浓密香气，整体十分优雅。味道饱满、余味苦涩。

（荷伯克劳夫酒庄）750ml

朱伯特·陶拉德霞多丽有机葡萄酒

使用有机栽培的霞多丽品种。典型的洋梨、红苹果般的果香中夹杂着矿物质感。

（朱伯特·陶拉德）750ml

朱伯特·陶拉德西拉斯有机葡萄酒

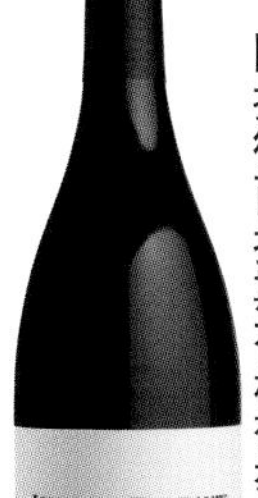

使用有机栽培的西拉品种。整体上来说香味和味道十分柔美。浓烈的味道中夹杂着熟成感，口感润滑而优美。

（朱伯特·陶拉德）750ml

南瑞山长相思白葡萄酒

可以强烈地感受到柑橘类和干药草等香气。浓厚自然的酸味是其一大特征，类似于白桃的甘甜呈现在余韵中。

（南瑞山）750ml

托卡拉长相思白葡萄酒

沃克湾是近年来备受关注的生产地，青草和白桃般香气强烈。自然风格化的酸味是其一大特征。

（托卡拉）750ml

托卡拉霞多丽白葡萄酒

呈淡黄色色调。清凉的果香占主体。甘甜和酸味完美均衡，风格优雅、余味自然。

（托卡拉）750ml

卢茨维尔白诗南白葡萄酒

南非最北端生产地酿造的白诗南葡萄酒。水果的香气占主体，属于酸味轻快的辛辣白葡萄酒。

（卢茨维尔酒庄）750ml

卢茨维尔梅尔诺红葡萄酒

南非最北端生产地酿造的梅尔诺葡萄酒。果实和花香优雅，轻快浓厚的涩味赋予了余韵满足感。

（卢茨维尔酒庄）750ml

专栏

世界各国葡萄酒消费量

经过多次葡萄酒热潮后，日本的葡萄酒消费量在不断增加。然而，与传统国家相比仍是极少的。希望更多的人能够感知到葡萄酒的魅力。

每年仅3瓶？与欧洲相差悬殊

下图为2009年的数据，是OIV发布的世界人均每年的葡萄酒消费量。

也许你会为第1名被卢森堡夺得而感到意外，这是因为消费税等因素的关系，在卢森堡可以很便宜地买到葡萄酒。据推测，比起卢森堡国民大量饮用葡萄酒，周边各国国民购买的瓶数更多。

而日本人均葡萄酒消费量为2.3L（2009年），如果以每瓶750ml进行换算的话，约3瓶。倘若知晓多次葡萄酒热潮的人，可能会感觉少得可怜吧。法国等传统国家是40~50L，是日本人的20~25倍。

另外，根据国税局2010年的调查，日本人喝得最多的酒类是啤酒，占整体的33%。包括葡萄酒在内的果酒为2.8%。

人均葡萄酒消费量（2009年）

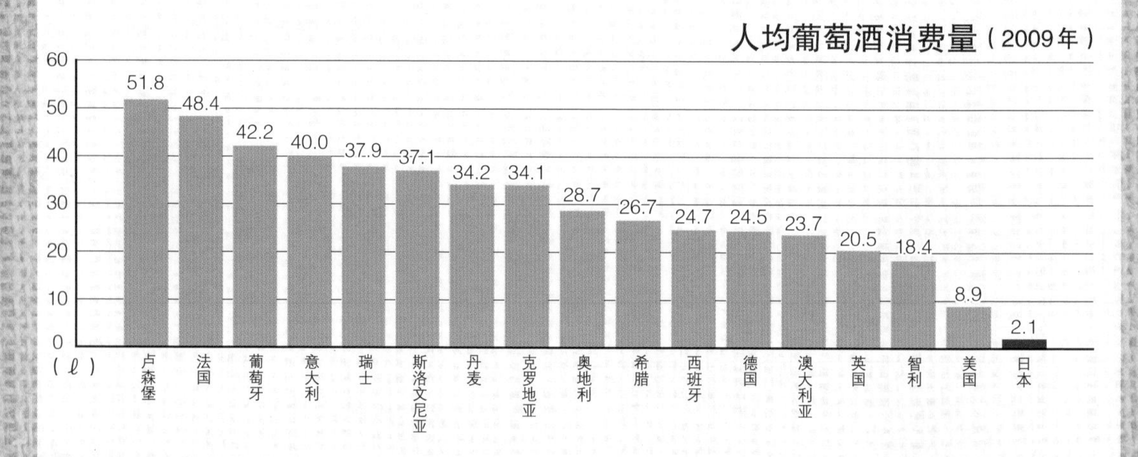

注）1. 根据OIV（国际葡萄・葡萄酒机构）发布的资料
2. 年次为2009年

附 录

迷你小知识

侍酒师的工作

用心极致、敏锐感知

对侍酒师这项工作而言，葡萄酒相关知识和服务技能是必需的，而最重要的是用心观察可能会影响到酒类和料理的多种事项，时刻拥有一颗好奇心和探求心。

酿造幸福之旅即是侍酒师的工作

对侍酒师要求的第一项工作便是品质管理。另外，为了能够第一时间提供所推荐的饮料，还需要进行库存管理。侍酒师，便是葡萄酒储存仓库的值班者。

下一个主要工作内容，就是思考并挑选与当天料理相搭配的葡萄酒，并应客人的要求进行准备。从准备至提供，实施一条龙服务。同时，还要理解每个人的味觉各不相同，根据环境和身体状况，感觉也会发生变化，为了能让饮者以最好的状态去品饮，便要学会等待最佳时机。

在进行温度管理的同时，还要准备与其相符的酒杯以及醒酒器、冷酒器等必需器材。用心去保证所有客人都能够乐享饮食时光，一边对时机进行估算，一边往返于葡萄酒仓库和客人席位之间。此外，葡萄酒仓库既寒冷潮湿，又十分阴暗。为了保证厌光葡萄酒的品质，还要保证酒窖温度在10℃ ~16℃，湿度在60%~80%。

乍一看，侍酒师貌似一个光鲜的职业，然而人们看到的仅是它微小的一部分，实际上，这个职业还有众多不显眼的事项。另外，平日里还要对嗅觉和味觉进行训练以及相关的记忆。

除了食用・饮用外，还需要对人们进行观察，与众多人建立融洽的关系。

知识和技巧不是为了展现的，而是为了进行服务，为了让该场景能给客人留下

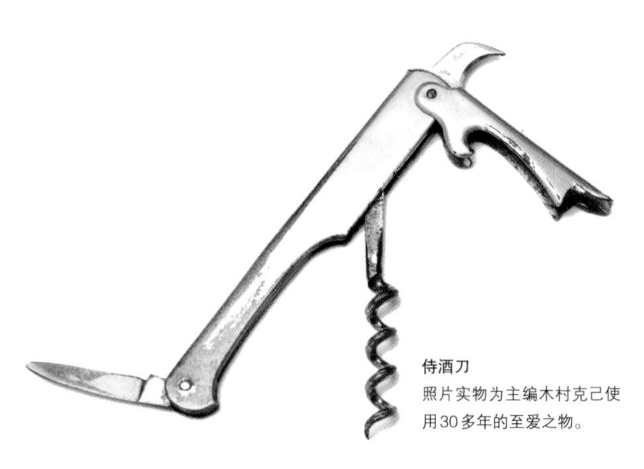

侍酒刀
照片实物为主编木村克己使用30多年的至爱之物。

自左向右依次是日本侍酒师协会（JSA）、巴黎侍酒师协会（ASP）、全日本侍酒师协会（ANSA）的侍酒师徽章。

幸福的记忆。敏锐理解所有的感觉，作为专业人员，能够对所有饮料了如指掌，这便是侍酒师。

围裙、开瓶器……侍酒师的七大道具有哪些?

葡萄型的侍酒师徽章和被称为“Tablier”的围裙皆是侍酒师的象征。还有的人佩戴银质试酒碟“Tastevin”。必备的侍酒刀，将切开瓶套的刀和软木塞螺旋开启器一体化，在此原理下，可以将软木塞拔起。擦拭瓶口等处的花纹干巾（餐巾布）；除去瓶内的沉渣，或者以接触空气为目的进行转移时，需要使用醒酒器；而在注入之际，为了能够看到沉淀物，会使用蜡烛架。

木村克己

酒瓶的形状

葡萄酒酒瓶的形状多种多样。有的设计是为了表示产地，也有的形状带有一定的功能。

根据产地而变化的酒瓶形状

初期的葡萄酒酿制，使用一种名为“Amphora（双耳细颈椭圆土罐）”的土器。18世纪90年代，开始使用类似现在的细长葡萄酒酒瓶。

最初，酒瓶底部很大，呈一种厚实的形状，而随着酒瓶储存、船运等葡萄酒的发展，为了无间隙排列、不易破碎，开始变化成如今的形状。

也有的产地使用个性化形状的酒瓶，只要一看到该酒瓶，便能马上将产地定位。此外，即使是同样细长的酒瓶，既有流线形，也有平肩形，各产地均存在差异。这是为了充分发挥该产地葡萄酒的性质。

左侧列举了通常使用的葡萄酒酒瓶形状。其中，波尔多型和勃艮第型使用较广，但各有独自的特征。

熟成葡萄酒需要对沉淀物进行留意

即使同在法国，波尔多和勃艮第酒瓶的肩部各不相同。

波尔多多长期熟成的葡萄酒，在向酒杯倾倒葡萄酒时，需要通过肩部阻止沉淀物渗入杯内。而与波尔多葡萄酒相比，勃艮第葡萄酒多熟成时间较短，因此不能使用同样的形状。

同时，除了肩部，波尔多瓶底的凹槽也较大，也是为了防止沉淀物的渗入。

该形状除了波尔多外，还用于赤霞珠等长期熟成型的葡萄酒。

此外，为了长期保存，使用可以遮光的深绿玻璃也是波尔多型的一大特征。通常情况下，马上饮用类型的白葡萄酒和玫瑰红，使用透明的淡绿色酒瓶。

主要的酒瓶形状及其葡萄酒

波尔多型

波尔多葡萄酒的代表性形状。倾倒时为了阻止沉淀物，呈平肩形。

香槟酒型

为了承受瓶内二次发酵时产生的气体压力，玻璃较厚、整体牢固。

勃艮第型

沉淀物较少，因此流线型瓶肩形状是其特征。卢瓦尔地区等也使用该形状。

莱茵・莫泽尔型

瓶肩曲线更加溜顺、又细又高。德国莱茵地区呈茶色、莫泽尔地区呈绿色。法国阿尔萨斯也使用该类型。

凯隆世家酒庄副牌干红葡萄酒

➡P103

NV汉诺至高白葡萄酒

➡P123

2012夏布利白葡萄酒

➡P109

2011心连心雷司令白葡萄酒

➡P143

软木塞的作用

中世纪法国修道士唐·培里侬曾讲道——软木塞才是最好的瓶塞。那么为什么用软木塞封瓶后平放保存呢？

最适合熟成的弹性和膨胀性

在中世纪使用软木塞之前，人们曾使用纸张和木头、布料等作为瓶塞。软木塞以橡木树皮作为原料。将其做成圆筒形，长度为35~55mm，长期熟成类型多使用较长的瓶塞。

软木塞的性质，包括弹性和膨胀性。将瓶口密封可防止空气的渗入和液体的泄漏，而将葡萄酒横放保存，通过软木塞和葡萄酒的接触，软木塞将膨胀，也会防止外部空气的渗入。

然而，它有时会产生一种被称为“软木塞味”的劣化味。此外，软木塞橡木的成长需要一段时间，需要保证树木的健康。

因此，最近出现了塑料制软塞和螺旋塞，此外，基于循环再利用的观点，还出现了经济型的纸质包装袋和可回收塑料瓶等，容器也呈现多样化。最近，博若莱新酒在容器上引进可回收塑料瓶，成为全世界的热门话题。

在拔塞前确认霉菌和液漏

从外观上不能识别出软木塞味，因此需要通过品尝来确认。利用外观霉菌和液漏进行识别。附着在软木塞外侧的霉菌，可以维持湿度，因此葡萄酒的品质没有问题，而液漏可能说明软木塞的弹性较差。在这种情况下，最好仔细地品尝一下该葡萄酒是否已经氧化。

醒酒的操作方法

你在餐厅见过侍酒师进行醒酒吗？下面将说明一下醒酒的目的和方法。

鸭型醒酒器

让葡萄酒达到更佳状态
去除沉淀物、打开香气

所谓醒酒，就是将葡萄酒从酒瓶转移至其他容器的过程。其目的在于——

· 去除沉淀物。

· 与空气接触。

· 促进氧化，打开香气，使涩味圆润。将熟成过程中产生的还原味道脱氧。

· 提升温度（达到室温）。

通过醒酒，可以让有沉淀物的葡萄酒、香味尚未充分打开的未熟成葡萄酒达到更佳状态。

关于醒酒的方法，为了防止沉淀物的渗入，缓缓地将酒瓶肩部倾斜，之后将葡萄酒注入醒酒器。侍酒师为了防止沉淀物的渗入，会尽量使用蜡烛照射瓶肩周围。

倾倒时所需的时长，根据葡萄酒的特性而各不相同。

在餐厅，可以根据侍酒师或葡萄酒协调员的建议确定是否需要醒酒。在家庭饮用时，当想让坚硬的香气更加柔和时，醒酒也是一种方法。

醒酒容器包括多种设计，既有开口的，也有带盖的等等。

葡萄酒用语辞典

A

AOC法律（原产地称呼控制制度）

法国于1935年制定的葡萄酒制度。以保护原产地为目的，对每个生产地的指定葡萄品种、栽培方法和酿制方法进行了详细规定。成为世界葡萄酒生产国葡萄酒法律的模版。

B

波尔多液

由石灰和硫酸铜配制而成的一种农药。用来防治黑疸病、霜霉病、晚腐病、褐斑病等。

C

Climat

法语中表示气候、风土。各划分区域的不同气候称为“微气候”。在勃艮第，还可以表示根据地形特征划分的每块葡萄田。

餐桌葡萄酒

可以轻松享用的日常葡萄酒，其中价格适宜的葡萄酒占主流。在法国称为“Vin de France”，在意大利称为“Vino”，在德国和奥地利称为“Vine”。

沉淀物

果汁或葡萄酒的粒状固体沉淀成分。主要形成于红葡萄酒熟成的过程中，包括酒石和单宁等。通常可以通过除渣方式（将上面清澈部分转移至其他容器内）去除，而有的葡萄酒也会将其一起熟成以增加美味。

陈酿

法语中葡萄酒发酵槽（Cuve）的派生词，指某一大桶的葡萄酒属于精品。当同一生产者酿制品种、收获年份、品质等级等不同种类葡萄酒时，需要对不同的要素进行区别。

冲击力

葡萄酒入口瞬间的印象及感觉，对强弱进行判断。强烈的时候并非全是浓厚酒体类型。即使冲击力弱，但余韵较长，有时也可以判断其为浓厚酒体。

D

DOC法律（原产地称呼管理法）

意大利于1963年制定的葡萄酒法律。对规定葡萄品种、产地、收获量、混酿率等要素的DOC葡萄酒进行认定。达到更严格条件的葡萄酒可以提升至DOCG，以此提高意大利葡萄酒的整体品质。

单宁

导致葡萄酒涩味的成分。主要来源于葡萄果皮和种子中富含的多酚。涩味比起味觉更接近触觉，其质地经常用坚实、粗涩、光滑来表达。

等级划分

在法国，对每个葡萄田和生产者酿制的葡萄酒品质和可能性进行评价，并设定级别。勃艮第的葡萄田、香槟酒的村庄、勃艮第的产区存在着各种等级。

独立酒庄

法语中意为“领地、所有地”。在勃艮第地区，指从葡萄栽培至葡萄酒酿制一条龙操作的生产者。多家族经营的小规模酿制厂。

E

Etiquette

法语中，该词指葡萄酒的标签。最初是证明行李里面是何种物品的“货签”。上面记载着可以推测葡萄品种、生产地气候、风土、收获年份等香气特性的信息，以及保证品质的信息。

二氧化硫

为了抑制葡萄酒酸化、不期待的微生物和酵母活动而添加的物质。以亚硫酸钠和焦亚硫酸钾等形式，用于防止酿造过程和葡萄田霉菌的产生。使用时有相关的法律规定。

二氧化碳浸渍发酵法

被称为“碳酸气体浸渍法”的酿造方法。不搅碎黑葡萄，直接放入纵型大桶内，利用其重量压碎葡萄。通过发酵产生的二氧化碳，涩味和苦味成分减少，仅色素易于浸渍。

F

发酵

所谓酒精发酵，就是酵母吸收糖分，产生酒精和二氧化碳的现象。当糖分没有后，发酵便停止，也可以像酒精强化葡萄酒那样加入酒精，冷却后停止发酵。

风土条件

法语中意为“土地”。在葡萄酒用语中，表示对味道产生影响的土壤、地形、气候等多方面条件。广义上笼统地表示与葡萄酒酿制相关的多种要素。

G

Grand Cru

法语中，将特定的葡萄田、酿造厂称为“Cru”。Grand（伟大的）Cru便是酿制优质葡萄酒的葡萄田或酿制厂。常被使用于波尔多的梅多克和圣埃米利永产区、勃艮第等。

高温浸渍发酵法

法国的酿制方法之一。搅碎葡萄后，在大桶内以70℃蒸气加热30分钟左右，以为了破坏果皮细胞，更易于色素的浸染。虽然色调变深，但涩味会变淡。

贵腐

贵腐菌是灰葡萄孢菌的一种，繁殖于熟成的葡萄上，可以溶解果皮的劣质成分，使水分蒸发，给葡萄带来一种浓厚的独特风味。贵腐葡萄酒味道极其甘甜，具有浓厚和显著的香气。

过滤

将葡萄榨汁时产生的果实碎渣、发酵繁殖的酵母和微生物等固体物质过滤的工程。从离心分离机和粗孔过滤到微米精密过滤，有多种多样的材质。

J

浸皮

法语称为“Macération Pelliculaire”。在白葡萄酒酿制工程中，当用压榨机将果皮和果肉分离时，不要马上分离，低温下浸渍数小时至1天左右，更多地提取香气成分。

酒窖

保持葡萄酒最佳状态的储存仓库。主要建造在酒庄的地下。该处比地上温度低、湿度高，适合葡萄酒的储存。在意大利称为“Cantina”。

酒精强化葡萄酒

在正在发酵的葡萄酒或葡萄果汁中加入葡萄蒸馏酒（以葡萄原料的蒸馏酒）而酿制成的葡萄酒。亦称为“加强葡萄酒”。

酒商

葡萄酒的批发商。从有协议关系的葡萄酒商家购买葡萄酒，在自家公司储存熟成、混酿、封瓶，并对葡萄酒冠以本公司之名进行销售、上市的工商业者。优秀酒商的葡萄酒酒质稳定、值得信赖。

酒体

葡萄酒入口时感到的重量感和馥郁感，尤其用于表现红葡萄酒的核心味道。从浓厚、味道显著的类型，依次分为浓厚酒体、适中酒体、轻盈酒体。

酒庄

在法语中，最初表示“城堡”。在波尔多地区，葡萄园所在的领地内，设立着城堡般华丽公馆，因此该词开始表示酿制厂本身。

军刀开启香槟酒

用军刀开启香槟酒瓶塞的艺术。中世纪法国海军首次出海仪式上举行的仪式。如今，在结婚仪式等庆祝宴席仍会表演该艺术。

M

Macération

Pelliculaire → 请参照

"浸皮"。

Mariage

将"葡萄酒与食物非常搭配"比喻为法语的"结婚"一词。组合的可能性是无限的，稳定味道的葡萄酒和起泡葡萄酒的搭配料理范围十分广泛。

O

欧洲种葡萄

用于葡萄酒酿制的一大半葡萄归属于葡萄属。其中，欧洲原产的品种称为"欧洲种葡萄"、多数受高度评价的葡萄品种都是该欧洲种葡萄。

P

平静葡萄酒

在酿造过程中无碳酸气体残留、不起泡的葡萄酒。大多数葡萄酒皆是该种风格。其中，也有融入微量二氧化碳、口感微辣的平静葡萄酒。

葡萄根瘤蚜

原产与北美东部的葡萄寄生虫。19世纪60年代，它使整个欧洲的葡萄田处于毁灭状态。欧洲葡萄对该害虫无免疫力，因此可以将具有抵抗力的美国葡萄作为砧木进行嫁接。

R

软木塞味

来自软木塞的异味。主要源自化合物三氯乙酸（TCA）。渗入葡萄酒中，便会闻到黑霉菌或报纸般味道。在美国和澳大利亚，为了避免软木塞味的发生，使用螺旋盖的葡萄酒在不断增多。

S

试酒碟

品尝酒时使用的银制杯。倒入容器中的葡萄酒对着光，为了利用反射可以很好地鉴定葡萄酒的色泽，其内侧呈凹凸状。圆形的凹槽用于红葡萄酒，波状的凹槽用于白葡萄酒。

收获年份

葡萄酒原料——葡萄的收获年份。根据气候条件的差异，每个收获年份的葡萄酒味道均存在较大差距。尤其欧洲会对每个收获年份的收成情况进行评价，这也影响着葡萄酒的价格。

熟成

将酸味和单宁刚结束强烈发酵的葡萄酒，变化为醇厚均衡味道的过程，即为"熟成"。通常在酒樽或不锈钢等大桶内进行熟成，也有瓶内熟成的情况。

死亡酵母法

法语中意为"沉淀物上侧"。葡萄酒在酿制之后，通常会进行除渣，而该方法是有意让葡萄酒和沉淀物接触的酿制方法。通过与沉淀物接触，赋予葡萄酒复杂的风味。

酸

葡萄酒用语中表示酸味。它是赋予葡萄酒清爽浓缩味道的要素。主要成分是酒石酸和葡萄酸。当酸味不足时，味道将会变得不自然且无活力，而当酸味比例过多时，又会感到单薄且酸涩。

T

调配

在法国葡萄酒中，将品种、产地、收获年份等要素不同的葡萄酒相混合的工程。以恰当的比例将多种葡萄酒混合，可提高味道的均衡感和深邃感，将品质均一化。

X

香气

感知到的葡萄酒香气总称。原料葡萄持有的果实系香气为第一香气；通过酵母和乳酸菌等，在酿造过程中产生的香气为第二香气。通过熟成产生的香气称为“酒香（Bouquet）”。

橡木

用于葡萄酒熟成的酒樽材料，栖的一种。根据产地和加工方法，赋予葡萄酒的风味不尽相同。美国产的甘甜香气较强，法国产的则是一种优雅纤细的香气。

新世界

通常指葡萄酒酿制历史较短的美国、智利、阿根廷等欧洲以外的葡萄酒生产国。近年来，也指欧洲中随着栽培和酿制技术进行，品质得以提高的国家。

醒酒

将葡萄酒的一部分转移至醒酒器的过程。通过除去沉积在瓶底的沉淀物、与空气接触，可以促进氧化，打来葡萄酒的味道和香气等。侍酒师可以预测出醒酒导致的香气变化。

醒酒器

将葡萄酒从酒瓶中转移的玻璃制容器。有鸭型等多种形状。通过葡萄酒与空气接触，可以实现醒酒。

修剪

葡萄的修剪分为2种。休眠期修剪（冬季修剪）以树木长势的保持、收获量和品质的保持、培形方法的修建等为目的；生长期修剪（夏季修剪）以收获量品质、糖度、着色、品质调整等为目的。

Y

液面

在品尝之时，酒杯内葡萄酒表面部分即为“液面”。酒精度数越高，则中心部位凹陷，呈凹形，根据中心部分色泽的深浅，可以对酒精度数进行判断。

压榨

在葡萄上施加压力，将其榨成果汁或葡萄酒的工程。用力过猛的话，会出现苦味或涩味，因此柔和慢慢地压榨，可以打造出味道清澈、口感润滑的葡萄酒。

氧化

葡萄酒与氧气接触后会发生变化，新鲜的味道消失。有意进行氧化的雪利和马德拉会产生深邃感，而普通的早饮葡萄酒一旦氧化，将易形成水哒哒的苦味。

有机农法

思想家鲁道夫·斯坦纳提倡的一种农法。该农法基于月亮圆缺等天体运动对农场生命力产生影响这一观点，遵循农事日历进行葡萄的栽培。

余韵

饮入葡萄酒后，在口中残留的风味。通常，余韵较长的葡萄酒比较优质。构成余味的风味有多种要素，各要素保持完美均衡是最理想的。

Z

招牌酒

餐厅挑选市面上与本店料理相搭配的葡萄酒，并以恰当的价格提供给客人的葡萄酒。通常以小瓶装或酒杯的形式售卖。对于挑选哪种葡萄酒，它就是该店招牌的体现。

中间商

以勃艮第地区为中心，收购独立酒庄和葡萄酒农家的优质葡萄酒，在自家公司熟成并贴上本公司标签，再销售给酒商上市的地域中间商。

问：葡萄酒并未标记保质期？

答：基本上，酒精饮料皆无保质期。然而，这需要合适的保存状态，尤其葡萄酒并非酿制之后就开始劣化，封瓶之后还会熟成。能够随时品尝到不同香味的饮料就属葡萄酒了。观察标签上标记的收获年份，可以自行决定饮用的最佳时机。

问：葡萄酒的酒精成分表示？

答：不管是国内销售还是出口，酒精成分的表示需要依据法律进行标记。可以用“°”或者“%”表示。葡萄酒原料葡萄的糖度并不固定，此外，酿造而成的葡萄酒还会加入水分或酒精进行调整，成品葡萄酒的酒精成分会存在一定的差异。因此，酒精的表示可以存在 ±1度的误差。也就是标记为“酒精成分13°”的葡萄酒，酒精成分为12°~14°。

问：喝剩的葡萄酒的保存方法？

答：保存喝剩的葡萄酒时，必须注意“空气（氧化）”。葡萄酒开瓶后，与空气接触后会与氧气结合，经过时间的流逝，打破香味的均衡。所以重要的一点是尽可能不要让葡萄酒与空气接触。普通的葡萄酒可以封严后放入冰箱内。如果剩余的量少，可以用于料理的烹制。在烤肉之前撒上红葡萄酒，可以让肉更加柔软。白葡萄酒则适合浸味。

问：何谓防氧化剂（亚硫酸盐）？

答：亚硫酸盐具有防止葡萄酒发酵过程中氧化、杀除野生酵母等细菌的作用。葡萄酒长期熟成后，品质也会提高，但却容易氧化，不加入防氧化剂的葡萄酒难以长期保存。

各国均对亚硫酸盐的允许最高量进行了规定。在规定的范围内，其对人体的影响微小甚微，在全世界已使用数百年。然而，为了达到最小限度的添加量，需要以下条件——

- 使用适熟期收获的葡萄。
- 在搅碎葡萄前低温保存，收获后，尽可能尽快搅碎处理。
- 使用低温发酵性质的酵母。
- 彻底地对酿造场地进行卫生管理。

问：取下密封帽后，软木塞长出了霉菌。

答：饮用时，偶尔会在软木塞上侧看到霉菌。在湿度较高的地下储存仓库长期熟成的葡萄酒，会在软木塞上侧长出霉菌，封瓶时不小心的洒落、来自葡萄酒瓶塞的渗透，都会导致霉菌的产生。

问：葡萄酒的另类饮用方式？

答：以法国为首，欧洲各国有一种“热酒”饮用方式，即热的葡萄酒，也就是将葡萄酒加热后饮用。这种方式可以在寒冷时暖体、在感冒时加入桂皮饮用还可以去除酒精成分以便于儿童饮用。

此外，温暖的地中海地区还会在玫瑰红葡萄酒中加入冰或水，以葡萄酒为基酒形成鸡尾酒。

葡萄酒的原产地和传统国日常便会轻松享用葡萄酒。

问：葡萄酒价格由什么决定？

答：葡萄酒的价格范围非常广泛，经常发生变动。既有比水还便宜的葡萄酒，也有上万元的葡萄酒。

作为价格高涨的理由之一，高级葡萄酒会给人一种奢华的印象。

此外，生产量受到限制的葡萄酒品牌也很多，形成了一种稀少价值的概念。

作为现代的一种特征，美国、英国、亚洲的投资家还会预约销售葡萄酒的期货——期酒（法语意为“新酒”），通过竞争酿造高价位。

问：熟练打开瓶塞的方式？

答：开瓶器（用于拔开软木塞）有多种类型，为了成功开瓶，推荐使用杠杆式开瓶器“侍酒刀”。也有销售开瓶器的专卖店，可以试着去咨询一下。